中國茶全書

——贵州毕节卷——

毕节市农业农村局　主编

中国林业出版社

图书在版编目（CIP）数据

中国茶全书. 贵州毕节卷 / 毕节市农业农村局主编 . -- 北京 : 中国林业出版
社 , 2021.10
ISBN 978-7-5219-0820-6

Ⅰ . ①中… Ⅱ . ①毕… Ⅲ . ①茶文化—毕节 Ⅳ . ① TS971.21

中国版本图书馆 CIP 数据核字 (2020) 第 189856 号

出 版 人：刘东黎
策划编辑：段植林　李　顺
责任编辑：李　顺　陈　慧　薛瑞琦
出版咨询：（010）83143569

出 版：中国林业出版社（100009 北京西城区德内大街刘海胡同 7 号）
网 站：http://www.forestry.gov.cn/lycb.html
印 刷：北京博海升彩色印刷有限公司
发 行：中国林业出版社
版 次：2021 年 10 月第 1 版
印 次：2021 年 10 月第 1 次
开 本：787mm×1092mm 1/16
印 张：16
字 数：300 千字
定 价：228.00 元

《中国茶全书》
总编纂委员会

《中国茶全书·贵州毕节卷》
编纂委员会

出版说明

2008 年，《茶全书》构思于江西省萍乡市上栗县。

2009—2015 年，本人对茶的有关著作，中央及地方对茶行业相关文件进行深入研究和学习。

2015 年 5 月，项目在中国林业出版社正式立项，经过整 3 年时间，项目团队对全国 18 个产茶省的茶区调研和组织工作，得到了各地人民政府、农业农村局、供销社、茶产业办和茶行业协会的大力支持与肯定，并基本完成了《茶全书》的组织结构和框架设计。

2017 年 6 月，在中国林业出版社领导的指导下，由王德安、段植林、李顺等商议，定名为《中国茶全书》。

2020 年 3 月，《中国茶全书》获中宣部国家出版基金项目资助。

《中国茶全书》定位为大型公益性著作，各卷册内容由基层组织编写，相关资料都来源于地方多渠道的调研和组织。本套全书可以说是迄今为止最大型的茶类主题的集体著作。

《中国茶全书》体系设定为总卷、省卷、地市卷等系列，预计出版 180 卷左右，计划历时 20 年，在 2030 年前完成。

把茶文化、茶产业、茶科技统筹起来，将茶产业推动成为乡村振兴的支柱产业，我们将为之不懈努力。

王德安

2021 年 6 月 7 日于长沙

地球彩带——百里杜鹃

中国十大避暑名山——阿西里西

国家级自然保护区——威宁草海

七星关区茶马古道上的陕西会馆

七星关区茶马古道上的陕西会馆石刻

七星关区茶马古道上的陕西会馆木雕

茶马古道（金沙段）渔塘河义渡石刻

世界最高海拔 2277m 茶园（贵州乌撒烤茶茶业有限公司生产基地）

采茶姑娘

茶园春早

晨曦（贵州乌蒙利民农业开发有限公司生产基地）

纳雍县骟岭镇平箐村梯式茶园

纳雍县生态茶园

大方奢香古镇全景

大方奢香古镇一角

贵州雾翠茗香生态农业开发有限公司生产基地

贵州三丈水生态发展有限公司生产基地

纳雍县山外山有机茶业开发有限公司生产基地

贵州府茗香茶业有限公司生产基地

贵州乌蒙利民生态农业开发有限公司生产基地

金沙梦樵茶业有限责任公司生产基地

品茗活动现场

"金沙贡茶"地理标志图

原生态的黄金芽茶

绿水青山——赫章县金凤湖

序一

　　茶叶的前世今生，书写着毕节这片土地上的人生百态。那些祖辈先民生活、耕耘、勾勒过的山山水水，在远方又好似握在五指之中，从远古的山峦步步走来的厚重，都沉寂在一片片沉浮舒展的茶叶里，与现代文明交相辉映，不断适应新形势，焕发出新的生命力。

　　为贯彻落实习近平总书记向首届中国国际茶业博览会致贺信时提出的"弘扬中国茶文化""谱写茶产业和茶文化发展新篇章"的重要指示精神，根据贵州省茶叶协会的统一安排，毕节市茶产业协会牵头编纂《中国茶全书·贵州毕节卷》（以下简称《毕节卷》），旨在修典为用、资政续教，向建党一百周年献礼。

　　《毕节卷》的出版，是反映毕节茶历史、茶文化、茶产业全貌的科普性读物，也是毕节茶产业发展历史上的一件大事。

　　中国是茶的故乡，茶深深地融入了国人的生活，成为传承中华文化的重要载体。毕节作为中国茶原产地的核心区，茶叶的种植、加工、贸易历史悠久。毕节现存众多野生和人工种植的古茶树，威宁出土的"烤茶"罐等，都充分说明了毕节先民在千年以前就有制茶、饮茶的习俗。《汉书》记载："西汉建元六年（公元前135年），遣汉中郎将唐蒙通夷，携枸酱、茶、蜜返京……"明代奢香夫人携海马宫茶等大定府农特产品进京，上贡明太祖朱元璋。朱元璋品之甚喜，赐予金银珠宝，旨建黔中驿道。驿道纵横贵州，打开了与川、滇、湘的通道，促进了各民族的交流，也将毕节茶销往全国各地，形成了著名的盐茶古道，从而促进了毕节茶叶生产和贸易的发展。《大定府志》《平远州志》等均记载了"清池茶""平桥茶""姑箐茶""太极茶""化竹茶"等作为贡茶的历史。正是茶，让毕节这片神奇而古老的土地，在历史上较早地架起了西南少数民族与中原文化沟通交流的桥梁和纽带，开启了毕节多种文化融合发展的大门。

　　中华人民共和国成立后，毕节茶产业得到很好的发展，建立了毕节地区周驿茶场、大坡茶场等大型茶场和许多社队茶场，并产生了以"乌蒙毛峰""道开佛茶""贵茗翠剑""府茗香"等为代表的一批名茶。进入21世纪，一系列促进茶产业发展的规划和文件相继出台，激励了毕节民营茶企如雨后春笋般发展起来，有效刺激了茶产业的快速壮大。毕节，也因地处茶的原产地区域和独特的地理、气候、土壤等条件而先后获得了"中国高山生态有机茶之乡""中国贡茶之乡""中国古茶树之乡"等美誉，"金沙贡茶"获得国家农产品地理标志认定。

毕节茶有幸入选鸿篇巨著"中国茶全书"系列，是毕节茶界全面梳理和总结毕节茶历史、茶文化、茶产业千载难逢的极好机会。《中国茶全书·贵州毕节卷》作为一部反映毕节茶全貌的专著，在编纂的过程中，我们力图通过对毕节古往今来茶历史、茶文化和茶产业资料的收集、整理、研究和汇编，以臻从全方位和多维度来解读毕节、宣传毕节、展示毕节，为毕节茶产业乃至文化旅游、贸易流通等发展提供可资利用的资料源泉，进一步催生出毕节又好又快发展的新动力，不断开创毕节茶业发展的新辉煌。

周明宽

2018 年 12 月

序二

人间有佳品，茶为草木珍。高山云雾出好茶，好茶生在乌蒙山，位于乌蒙腹地的毕节，物华天宝、人杰地灵、资源富集、神奇秀美。这里，冬无严寒、夏无酷暑、雨热同季、春秋相连，得天独厚的地理优势和气候条件馈赠了毕节林茶相间的良好生态系统；高海拔、低纬度、多云雾、寡日照、无污染的特殊自然条件，孕育了高品质的茶叶山珍。茶是大自然赐予磅礴乌蒙这片热土最美的"绿色珍宝"，是枝繁叶茂间正吐露着芳华的"绿色银行"。"客来一杯茶、饭后茶一杯"，热情好客的毕节人民，诚邀天下四海宾朋前来畅饮一杯干净、生态、有机、绿色的"毕节茶"。

毕节茶，贵在厚重。南方有嘉木，黔地出好茶。世界茶源于中国，毕节地处茶树原产地区域。溯源到秦汉以前的种茶饮茶历史，积淀着千百年厚重质朴的历史韵味。透过时空隧道，黄尘古道见证着昔日茶马互市、商旅往返的繁忙景象。翻阅史书古籍，《华阳国志》《大定县志》等史料记载毕节"种植、制作、饮用茶叶"；《贵州通志》著有"平远府茶产岩间，以法制之，味亦佳"；公元前 135 年，汉武大帝赞誉清池茶为"贡茶"；明太祖朱元璋赐名海马宫茶为"竹叶青"，命岁岁上贡并厚赐。淌过时间河流，邂逅古韵茶香。浸润辉煌灿烂的历史文化和红色文化，毕节茶的清香悠远离我们渐行渐近。

毕节茶，优在净洁。茶，源自山野，长于田园，出自指尖，成于心血。毕节茶源于环境、基于生产、成于技艺。俯瞰云里雾里的一座座高山茶园，茶树梯次种植，绿色穿梭云间，尽显"茶在山上，山在云中""雾锁千树茶、云开万壑葱"的诗情画意。茶山有树发新叶，素颜有意巧梳妆。毕节古茶树达 10 余万株，29014.4hm² 翠绿的茶园已投产 13588.3hm²，年产优质茶叶 3281t，产值上亿元。毕节人种茶、采茶、晾茶、炒茶，都是顺时而为、应势而制，样样细活、道道工艺，皆是匠心，一片小小葳蕤，最终百炼成精、千煎成茗。钟灵毓秀的山水地貌，得天独厚的气候环境，加上独具特色的制茶工艺，为毕节茶造就了"干净、生态、有机"的金字品牌。

毕节茶，美在和雅。和乃自然之道，雅为修身之方。毕节人把对土地的赤诚、对自然的敬畏、对生活的热爱、对文化的传承都融入了茶。当生长在毕节高山云雾里的茶叶遇上了清冽的山泉水，茶的馨香与水的甘甜慢慢融合，交融出一种平和清雅的韵味，仿佛水能言而茶能语，高山生态茶"香高馥郁、鲜爽醇厚、汤色明亮、回味悠长"的独特气质便展现无余。在自然与人文的交汇中，毕节茶是人与世界的"君子协定""美丽之约"，是对"天人合一、和谐共生"精神的深刻体悟，更是"绿水青山就是金山银山"的生动诠释。

香飘千里外，味酽一杯中。一杯毕节茶，浓缩的是千百年来的厚重记忆，品出的是产业兴、百姓富、生态美的"好味道"。一片叶子，成就了一个产业，富裕了一方百姓，在改革开放春风中延伸出一串"衣食万户、润泽世人"的长长产业链，彰显了毕节人推进农村产业革命、以产业促脱贫的价值追求。毕节市已有 6 个县区被列为贵州重点产茶县，茶产业链覆盖 15.95 万户农户，带动贫困人口 3.96 万人，全市正以"乌蒙山宝·毕节珍好"为公共品牌，全力推出尽显各县（区）特色与气质的太极古茶、金沙贡茶、纳雍高山生态茶、乌撒烤茶等核心子品牌，不断展现毕节茶的精神特质与毕节打赢脱贫攻坚战的坚决与从容。

茗者八方皆好客，香茶有情伴知音。让我们以茶为媒、以茶为文、以茶为友，延续情谊。此刻，我们相聚在这里，展茶、说茶、品茶，尽情感受毕节茶的魅力，为红色革命老区打赢脱贫攻坚战助一臂之力。我们乘着"干净黔茶·全球共享"的东风，真诚希望大家一如既往地关心支持、宣传推介毕节茶。我们也将始终把茶产业作为重点产业来打造，不断提升茶品质、做优茶品牌，以质量立茶、绿色兴茶、文旅活茶，奋力抒写"打赢攻坚战、建设示范区"的新时代篇章。

何云江

2020 年 5 月

前　言

　　《中国茶全书·贵州毕节卷》(以下简称《毕节卷》),是在中国林业出版社、贵州省茶叶协会的统一安排下,在毕节市委、市政府的鼎力支持下,由毕节市农业农村局和毕节市茶产业协会组织编纂,也是第一本全面系统展现毕节茶产业发展的集专业性和史志性于一体的茶全书。全书共十六章,从资料收集、组织编撰、专家评审到成书历时一年有余,以图文并茂的手法、客观纪实的方式,真实反映了毕节市茶叶生产的历史及现状。

　　"神农尝百草,日遇七十二毒,得茶以解之。"这是茶文化界广为流传的一句话。茶,作为迄今为止唯一对全世界产生重大影响的原产地在中国的农产品,已成为世界三大饮料之一。中国是茶的最早起源地,历来有"世界之茶源于中国"的说法。唐代茶圣陆羽所著《茶经》开篇首句:"茶者,南方之嘉木也。"经国内外专家考证,茶最早起源于中国西南部。可见,位于中国西南腹地的毕节,便是茶起源地的核心区域之一。

　　从汉唐时代开始,中国饮茶之风盛行,中国的茶叶和茶文化也随着古代陆上丝绸之路和海上丝绸之路逐渐传播到东亚、东南亚、中东和欧洲,至明代郑和下西洋时最为鼎盛。茶在国外深受欢迎,被称为"神奇的东方树叶","日本茶道""英国下午茶"等都是中国茶文化影响的产物。如今,中国茶产业的发展,在历经两千多年的传承和演变后,有茶人评价为:以前看东,现在看西,西部看贵州,贵州有毕节。截至 2018 年年底,毕节全市茶园总面积已发展到 29014.4hm²,其中投产茶园 13588.3hm²,茶叶年总产量 3281t,形成了集种植、加工、销售于一体的茶产业链,在贵州位于遵义、铜仁、黔南之后。而毕节又以其悠久的种茶历史、独特的自然环境、丰富的茶贸文化形成了毕节茶独特的风格和优良的品质。

　　悠久的种茶历史,奠定了毕节茶的品种。毕节市域内产茶历史悠久,始记于汉代,知名于明代,发展于当代。根据《华阳国志》《贵州通志》《大定府志》等史料记载,毕节的大方海马宫竹叶青茶、金沙清池茶、纳雍姑箐茶等均为明清贡品。汉使唐蒙通夷,以今毕节市金沙县所产清池茶为载体,促进了中原汉文化与贵州少数民族文化的交流,成为叩开毕节乃至贵州茶叶大门的第一人,也被称为开启中国南方丝绸之路的先驱。明

前
言

19

代杰出的彝族女政治家——贵州宣慰使奢香夫人向明太祖朱元璋上贡大定府（今毕节市大方县）所产大方海马宫竹叶青茶等特产，主持修建九驿茶马古道、义渡等，打通了毕节乃至贵州与西南各省商贸往来的大动脉，增进了民族团结和文化交融。毕节市古茶树资源繁多，有乔木型、半乔木型、灌木型，有野生种、栽培种，现存百年以上古茶树数量多达 10 余万株，主要分布在七星关、大方、金沙、织金、纳雍、金海湖等 6 县（区）17 个乡（镇）。2016 年，经中国农业科学院茶叶研究所鉴定，明确毕节的古茶树属于比较古老的秃房种，极具保护价值和产业化开发价值。

独特的自然环境，成就了毕节茶的品质。"自古香茗出深山，好山好水出好茶。"毕节市位于贵州省西北部，东经 103°36.2′~106°43.3′、北纬 26°21.7′~27°46.6′，地处滇东高原向黔中山原丘陵过渡的倾斜地带，总面积近 2.69 万 km²，东靠贵阳市、遵义市，南连安顺市、六盘水市，西邻云南省昭通市、曲靖市，北接四川省泸州市，属于亚热带湿润季风气候，年平均气温 13.4℃，年平均降水量 1022.0mm，年平均日照时数 1247.3h，无霜期 250d 左右。毕节市水资源丰富，境内河长大于 10km 的河流有 193 条，分别流入乌江、赤水河、北盘江、金沙江四大水系，有"高原明珠"草海和"中国十大喀斯特美丽湖泊"乌江源百里画廊三大连湖等称誉。毕节境内地质构造复杂，褶皱断裂交错发育，主要以喀斯特地形和高山丘陵为主，海拔相对高差大，平均海拔为 1400m，最高处为海拔 2900.6m 的赫章县珠市乡韭菜坪，也是贵州最高点，被称为"贵州屋脊"，最低处为海拔 457m 的金沙县清池镇渔河村。由于毕节的岩溶地貌形态多样，"八山一水一分田""一山有四季，十里不同天"的气候变化尤为明显，大气候是冬无严寒、夏无酷暑、四季如春，小气候则是山上山下冷暖不同、高原盆地寒热各异，形成了"高海拔、低纬度、多云雾、寡日照"的独特自然条件，非常适宜多种植物生长。毕节市的茶树正是处于这种独特的自然环境之中原生态生长，新梢持嫩性强，鲜叶内主要营养物质含量较高，所制茶叶产品水浸出物高达 40% 以上，以高山、生态、有机的品质和"香高馥郁、鲜爽醇厚、清心怡神、回味悠长"的特点而闻名。

优特的茶叶产品，塑造了毕节茶的品牌。通常情况下，产茶区的茶叶均有春香、夏苦、秋涩的特点，而毕节由于四季如春，春夏秋三季采制的茶都没有苦涩味，并且还具备了独、特、优三大特点。"独"是指毕节拥有中国海拔最高的茶园，"离天最近、离地最远"；"特"是指毕节茶多为高山生态有机茶，无污染、无公害、有机质多，是养生茶、安全茶、放心茶；"优"是指毕节茶经久耐泡，品质好、口味好、汤色好，夏秋茶可比江浙一带春茶，国内外少有。毕节，有世界最高海拔茶园——威宁彝族回族苗族自治县（以下简称"威宁县"）香炉山茶园（海拔 2277m），中国海拔最高、规模最大的观赏茶叶基地——织金县双堰街道办事处黄金芽观赏茶叶生产基地，"中国美丽茶园"——纳雍骔岭高山有机茶园。

中华人民共和国成立前，毕节茶品种比较单一，只生产绿茶，且多以农户自产自销为主。近年来，茶产业作为毕节市农村产业结构调整的优势产业得到了毕节市委、市政府的高度重视，积极加大政策倾斜扶持和区域品牌的宣传打造，推进茶旅融合发展和古茶树资源保护与产业化开发，再加上科研部门的大力支持和茶企的自主研发，增加了红茶、黄茶、创新茶生产，丰富了茶叶产品种类，毕节茶出现了产销两旺的大好局面，初步形成了中国高山生态茶之乡产业带、中国贡茶之乡产业带、中国古茶树之乡产业带、乌撒烤茶产业带，培育了乌撒烤茶、奢香贡茶等知名品牌和贵州乌撒烤茶茶业有限公司、纳雍县贵茗茶业有限责任公司等17个省级龙头茶企，并积极组织毕节茶参加全省、全国各类斗茶大赛，全市获得省级以上"茶王奖""特等奖""一等奖"39个，在贵州省各市州名列前茅。

丰富的茶风茶俗，提升了毕节茶的品位。过去，由于交通不便，人们的生产生活"十里不同风，百里不同俗"，饮茶作为中国融入百姓生活最深的习俗之一，各地茶俗茶礼大同小异，主要存在的还是因地域、民族、文化的不同产生的差异。

彝族是毕节世居民族，其茶俗茶礼最具有地方代表性，其中最著名的当属威宁县的乌撒烤茶。乌撒烤茶在威宁本地称"罐罐茶"，因其烹茶方式和用具独特，独具高温产生的豆香味引人入胜而广受消费者青睐。烤制乌撒烤茶的用具有火盆、水壶、烤茶罐、茶盅、杂木炭等。独具特色的乌撒烤茶罐属于良渚文化系列的"良渚黑陶"，被称为世界上保存最好的古代工艺文明活化石，是用"贵州屋脊"上的"观音粉"加乌沙等原料手工制作，用4500多年前的"堆烧"工艺高温烧结而成，有耐高温、保香气、透气不透水的特点，至今已有3000多年历史。乌撒烤茶的烤制方式分为：备具、烘罐、投茶、烤茶、冲水、去沫、补水、分杯等8大步骤，特别是烘罐和烤茶特别讲究火工和技术，整个烤制流程充满了仪式感和人生哲学。当彝家人将一罐精心烤制的乌撒烤茶双手奉上，那浓郁独特的豆香味便让人心旷神怡，如果再佐以炭火烤土豆、威宁荞酥、玉米花等地方特色食品，那味道总让人唇齿留香、回味无穷。茶器是伴随着人们饮茶的需求产生的，一般具有浓郁的地方文化特色和民族特色。在毕节，具有代表性的茶器除了乌撒烤茶罐，还有大方漆器、织金砂器等，以其独有的特色经久不衰。至于其他民族的茶俗茶礼，一脉相承之中各有特色，但崇尚积德行善施义茶的习俗依旧传承至今，充分彰显了毕节人的乐善好施。

一个地方的茶文化，最能集中展现的地方莫过于茶楼茶馆。里面不仅可以品到地方佳茗，还可以了解地方文化。那些被茶"冲泡"出来的故事，围绕茶展开的技艺表演，因茶而创作的诗词书画、歌舞戏剧，以及饭后茶余讨论的话题，无不是一个地方文化的生动体现。新中国成立前，毕节茶馆主要受巴渝茶文化影响，大多建在茶马古道上，供来往客商饮茶歇脚、交流商贸信息，影响较大的有江西会馆、陕西会馆、四川会馆。现在的茶馆，大多建在景区、公园或优雅之所，茶的种类已不局限于当地所产，消费的主要群体已不是过往商贩、行脚挑夫，为了满足不同消费者的需求，茶馆也呈现出各具特色的风貌。但毕节的茶诗、茶文、茶歌、茶剧等仍然带着浓郁的地方特色和粗犷豪迈的少数民族生活烙印。

天然的矿泉水源，彰显了毕节茶的魅力。毕节境内海拔落差大，山峦重叠，丘谷绵延，生态秀美，井泉溪流星罗棋布，山泉、井水经过深层过滤，杂质低、水质软，清甜回甘。沏茶汤色明亮，茶香沁人肺腑，最能充分显示出茶的色、香、味。比较有名的泉水有：大方古井、马摆大山山泉、乌箐山泉、母乳泉等。

任何一个产业的发展，都要与时俱进，紧跟时代步伐。近年来，毕节为了加快推进茶产业的健康有序发展，把毕节茶的资源优势转变为经济优势，毕节市、县两级出台了扶持茶产业发展的优惠政策，高度重视茶叶科研机构和行业协会的建设工作，科学制定了具有前瞻性的茶产业发展规划，引导和鼓励市内外茶企业、人才参与茶产业发展，涌现出了蔡定常、谭正义等一批茶行业代表人物，茶产业带动贫困农户脱贫致富的作用越来越明显。

在地方党委政府的牵头引领下，毕节市狠抓金沙贡茶等地理标志认证和纳雍县出口茶叶基地建设，逐年扩大茶叶基地规模，严格茶叶产品质量地方标准建设和质量监管，开发茶叶新品，培育茶叶品牌，拓展茶叶市场，使毕节茶产品结构得到不断优化，全面形成了政府引导、部门联动、茶企为主、市场运作、群众受益的茶产业良性发展局面，毕节茶也得以走出毕节，走向更广阔的平台。

本书在编纂过程中，由于时间紧、任务重、范围广、难度大，加之体例要求和篇幅限制等原因，沧海遗珠之憾难免，白玉微瑕之处亦有，特此说明，并请读者朋友见谅。

编者

2018 年 12 月

凡例

一、本书定名为《中国茶全书·贵州毕节卷》（以下简称《毕节卷》）。

二、《毕节卷》以马克思主义、毛泽东思想、邓小平理论、"三个代表"重要思想、科学发展观、习近平新时代中国特色社会主义思想为指导，运用辩证唯物主义和历史唯物主义的立场、观点和方法，实事求是地记述毕节市七县三区茶叶发展的历史和现状。

三、《毕节卷》史实，上限自事类的发端时间，下限至2019年12月。

四、《毕节卷》总体架构按《中国茶全书·贵州卷》编纂委员会印发的编写大纲执行。编写体例按章节结构划分编排：章编号从"一"连续编号，直到附录之前；节编号只在所属章范围内从"一"连续编号。章节编号排版格式：第一章　×××××；第一节××××；一、×××××；（一）×××××。扩充型编号排版格式：1.×××××；1）×××××；（1）×××××；①×××××。

五、《毕节卷》所涉及地名，按历史记载，首次出现时，括注今名；单位称谓，首次出现时用全称并括注简称，以后均用简称。

六、《毕节卷》资料主要来源于毕节市档案馆馆藏档案、市（县、区）方志和部门志或专志；数据以地（市）、县（区）统计部门的官方统计为准。

七、《毕节卷》中"度、量、衡"均采用国际标准，即：hm^2，m，m^2，km，km^2，g，kg，t……

目 录

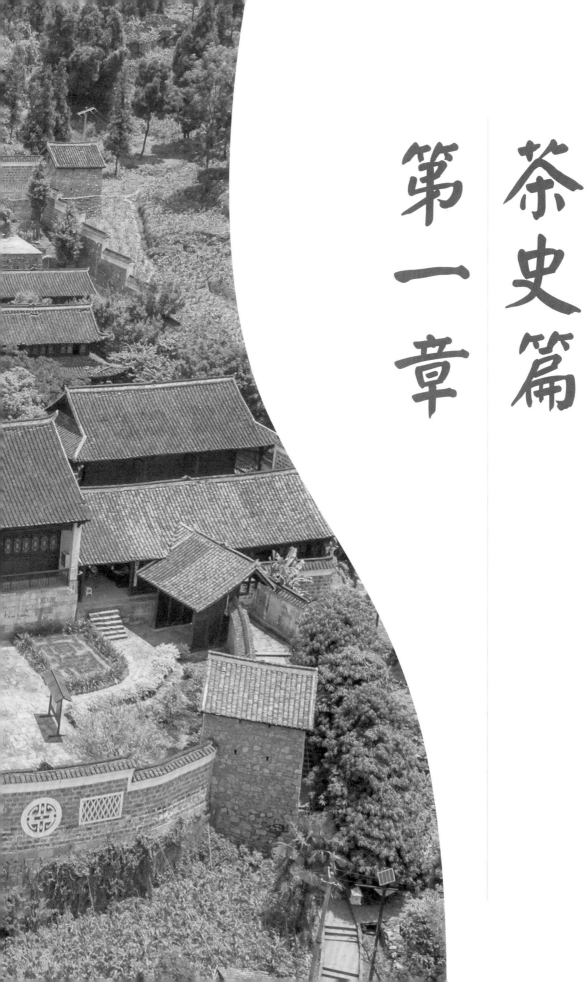

第一章　茶史篇

毕节市产茶历史悠久，茶遗迹、茶文物、古茶树等默默地诉说着历史的沧桑。根据《华阳国志》《贵州通志》《大定府志》等史料记载，毕节的大方海马宫竹叶青茶、金沙清池茶、纳雍姑箐茶等均为明清贡品。汉使唐蒙通夷，以今毕节市金沙县所产清池茶为载体，成为叩开毕节乃至贵州茶叶大门的第一人。

第一节　毕节茶起源与发展

一、古代茶事

西汉扬雄在《方言》中说："蜀西南人，谓茶曰设。"《华阳国志》载："平夷县，郡治，有洮津、安乐水。山出茶、蜜。"《华阳国志·巴志》又载："周武王伐纣，实得巴、蜀之师，著乎《尚书》……其地东至鱼腹，西至僰道，北接汉中，南接黔、涪，土植五谷，牲具六畜，桑、蚕、麻、苎、鱼、盐、铜、铁、丹、漆、茶、蜜……皆纳贡之。"晋傅撰《七海》记载有"南中茶子"，由此说明当时南中有了茶的栽培，反映了人工栽培茶树的存在。

在秦以前，中国西南地区属于古梁州。秦汉时期，今天的毕节这片地域分属犍为郡、牂牁郡、平夷县、汉阳县、漏江县、鳖县、存鄢县、夜郎县地。

秦始皇二十六年（公元前 221 年），大将常頞奉秦始皇之命出使夜郎，将夜郎国之地域改置为夜郎、汉阳二县，归蜀郡管辖。常頞还对今宜宾经毕节至曲靖一段的道路进行了改造，筑成了历史上著名的"五尺道"，并在"五尺道"上设置驿站，成为了南中地区与秦始皇中央王朝的联系纽带。

《蜀中广记》卷六十五引《神农本草经》："茗生益州川谷，一名游冬，凌冬不死，味苦微寒，无毒，治五脏邪气，益意思，令人少卧。"《神农本草经》是秦汉时人假托神农所著。这段话的大意是说茶生在益州的山川河谷，经冬不死，有治病功效。

《汉书》载："西汉建元六年（公元前 135 年），遣汉中郎将唐蒙通夷，携枸酱、茶、蜜返京……"《贵州古代史》也载："西汉建元六年（公元前 135 年），遣中郎将唐蒙通夷，发现夜郎市场上除了僰僮、笮马、髦牛之外，还有枸酱、茶、雄黄、丹砂等商品，商业发达，市场繁荣。"汉中郎将唐蒙受汉武帝委派，征发巴蜀途经清池期间，因品尝到回味甘甜的清池茶后而盛喜，临走时，他带上清池茶上贡汉武帝。汉武帝品尝后，大加赞誉，又从稳定疆域、安抚少数民族的角度出发，亲自将此茶命名为"夜郎茶"，并传旨作为贡茶。唐蒙出使夜郎，不单是汉朝一次简单的政治外交活动，而是汉文化与贵州少数民族经贸与文化的大交流，唐蒙率兵走过的这条道也因此被后人叫作夜郎古道。

贵州古为夜郎国。从汉初开始，受到来自中原、长江、西南夷等多种文化的冲击、渗透和融和，加上自身的土著文化和创新，形成了独特而厚重的夜郎古文化，赫章县可乐乡古夜郎遗址群发掘被评为 2001 年度全国十大考古新发现之一（图 1-1）。西汉元鼎六年（公元前 111 年），夜郎国灭，分犍为置牂牁郡，2 年后，又分牂牁郡置益州郡，益州郡治所在滇池附近，将犍为郡的汉阳县析出设置"平夷县"，归属牂牁郡管辖，平夷从此成为县治机构。据《中国历史图集》中西汉、东汉、三国和西晋地图明显标示：平夷县只有一处，即今毕节市之七星关、大方、纳雍。

图 1-1 赫章可乐古夜郎遗址出土陶罐

东晋常璩《华阳国志·南中志》说："平夷县，郡治，有洮津、安乐水，山出茶、蜜。"一个"出"字充分说明了平夷县"茶事"的存在，里面包含了茶叶的生产、加工、贩运和品饮等过程。

明代，南中地区茶叶已经普遍种植。《明史·食货志四》记载："洪武末，置成都、重庆、保宁、播州茶仓四所，令商人纳米中茶"，并在乌撒（今威宁）增设茶马市场。明洪武十七年（公元 1384 年），明朝廷规定，每年从乌撒市马 6500 匹，每匹给三尺① 布，一斤② 茶，或一斤盐，茶马古道较为繁忙。《大定府志》记述："《华阳国志》云，平夷产茶蜜，此大定土物之见于古籍者。"这就是说，平夷这地方产茶和蜜，仅见于《华阳国志》，其他古籍还没见到。明初，大定土司奢香夫人前往南京朝拜朱元璋，除了向朝廷献马 23 匹外，还进贡了大批茶叶，深得朱元璋喜爱并厚赏金银及丝织品等物。奢香夫人为报答朱元璋的恩典，也方便驿使往来，亲率各部，披荆斩棘，开辟了以偏桥（今施秉县境）为中心的两条驿道：一条经水东（今贵阳东北）过乌撒（今威宁）达乌蒙（今云南昭通）；一条向北经草塘（今修文县内）、六广（今修文六广镇）至黔西、大方到毕节二铺迢迢五百里③，史称"龙场九驿"。

乾隆《贵州通志》载："茶出平远山岩间，制如法，味甚佳。"明清时期，来自平远州的朝廷贡茶主要产自姑箐村（现为纳雍县管辖），故而，有人编了这样几句诗，进行了形象的描述，"姑箐贡茶披月霜，恰似幽兰吐芬芳；滋味人间珍稀少，黄帝赐名誉奢香"。据当地人讲，姑箐村原叫鹁箐村。鹁又名鹁鸪，是一种鸟；箐，森林覆盖的山凹、

① 1 尺 ≈ 0.33m。
② 1 斤 =500g。
③ 1 里 =500m。

图1-2 七星关区大屯土司庄园

川。后来便慢慢演变成了姑箐，说明这里原始植被很好。明洪武四年（公元1371年），奢香夫人（图1-2）在现在的纳雍县乐治镇设立行馆，有效维护茶叶交易。位于织金县北部的茶店乡地处川盐入县境必经之地，滇东北走廊的交通要道之上，古称倮龙、保龙，系彝语音译，意为石城。明设保龙桥塘，清设倮龙汛。因过往商贾多于此歇脚饮茶而改名茶店。

《续茶经》载："威宁府茶出平远，产岩间，以法制之，味亦佳。"古人对贵州的茶、毕节的茶，早已指出茶的本身品质很好，问题出在"土人不善制"，如果"以法制之，味亦佳"。可见"制法"是最关键的环节。

地处古茶道（又称古盐道）旁的清池商贾云集，商人们把清池茶运到四川、南京等地出卖，再把清池需要的盐巴（即食盐）、日用品等物品运过来出卖。在今天金沙清池与古蔺交界处的古渡口，还保存有立于清同治年间的三块贡茶碑，其中一块就记载道"清水塘茶，渡船经古蔺出川，畅销各地，连年税贡，惜产少耳"。

《贵州通志》载，"黔省各属皆产茶，贵定云雾山最有名"，云雾茶"为贵州之冠，岁以充贡"。除云雾茶外，务川都濡茶、普定朵贝茶、织金平桥茶、金沙清池茶、思州银钩茶、湄潭眉尖茶、贞丰坡柳茶、都匀毛尖茶、大方海马宫茶等都很有名，并借助茶马古道和丝绸之路的传播，促进了与东南亚等地的茶文化交流，更在中国古代对外交往中发挥了重要作用。

《毕节县志·食货志》载，"梅、兰、桂、菊、桃、茶、李……"，把茶列为"花之属"，有"茶味如花香"之意。

现存于贵州省博物馆的威宁县中水汉墓群鸡公山文化遗址发掘的陶罐文物与威宁一带人民群众用于饮茶的茶罐非常相似；金沙、纳雍、大方、七星关、织金等县区仍然保存着许多树龄超过千年的野生乔木型、小乔木型和人工栽培灌木型古茶树，经中国农业科学院茶叶研究所有关专家现场鉴定，属比较古老的秃房品种。这些史实均说明毕节市产茶、饮茶历史悠久。史载或民间传说作为贡茶的有：金沙清池茶、大方海马宫竹叶青茶、纳雍姑箐御茶、七星关太极茶、织金平桥茶、黔西化竹茶。

多种史料显示：勤劳聪慧的劳动人民凭借着从生产生活中总结出来的经验与智慧，不断推陈出新，将传统的制茶工艺、饮茶习俗、泡茶功夫、茶歌茶剧、茶器茶具、茶艺表演等元素不断融合提升，积淀形成了文化底蕴丰厚的奢香茶文化、乌撒烤茶文化、贡茶文化，这是我们做大做强毕节茶产业不可多得的宝贵财富！

二、近代茶事

开门七件事，柴米油盐酱醋茶。这是人们在长期的生产生活中形成的必备物品。然而，在近代，毕节长期处于落后的农耕作业之中，广大群众始终处于日出而作、日落而息的状态之下，靠天吃饭的现象比较突出，造成耕作管理粗放、生产力非常低下；加上交通闭塞，经济发展非常落后，许多生活用品需要从外地调入，且价格比较昂贵。所以，在实际生活中，人们的追求目标主要是果腹，茶叶作为一种奢侈品始终没有得到有效重视。

然而，由于"客来一杯茶，饭后茶一杯"是待客之礼，对于好客的毕节广大群众来说，又不得不在家备有些许茶叶。因此，他们便在田边地角、房前屋后的地方零星种植一些茶树，有的则直接利用野生茶林，农闲时间采摘一些茶青制作成干茶。这样，一方面既能解决待客的需要，另一方面还能拿到集市上换取食盐、布匹等生活用品。据不完全统计，毕节在 1949 年 11 月 28 日解放时，境内没有成片茶园，茶园面积约 800hm^2，产量约 161t。

三、当代茶事

20 世纪 50—60 年代，茶叶主要是由外贸部门收购外销换取外汇为主，供销部门配合收购并负责边销或内销。为了提高茶叶生产积极性，相关部门出台了一些政策或措施。如：贵州省农业厅下发《关于 1956 年所收购的茶种价售农业社时价款补贴的通知》，贵州省毕节专员公署对外贸易局经请求同意，明确从 1964 年 8 月 1 日起，每出售 50 公斤 [④] 南边茶奖励布票 5 市尺 [⑤]、化肥 5 公斤。毕节地区革命委员会生产领导小组下发《关于转发"毕节地区茶叶工作会议纪要"的通知》，明确将"分户采摘、分户加工、谁采谁得"的做法，改为"集体采摘、集体加工、集体交售"。这些政策或措施对促进茶叶生产起到了一定的积极作用，但由于国内经济发展比较困难，物资非常匮乏，所以茶叶生产始终作为副业没有得到重视。

1988 年，在党中央、国务院的关怀下，成立了毕节"开发扶贫、生态建设"试验区，

---

④ 1 公斤 =1kg。
⑤ 1 市尺 =1 尺 ≈ 0.33m。

明确把"三林一茶"（速生林、经济林、果木林各 1 亿株，茶叶 20 万亩⑥）工程列为试验区建设工作的重中之重来狠抓落实，组建了毕节地区林果药茶开发公司。1997 年初，该公司研制的"道开佛茶"，被中国当代著名茶学专家陈椽誉为"高原佳茗"（图 1-3）；毕节市林业局还把承担的"3356"工程与茶园种植结合起来狠抓落实；农技推广部门积极引进推广茶树密植免耕技术、茶园果树间套作技术、绿茶炒青全滚筒加工等先进技术，在有效提高茶叶产量和效益的同时，从而极大地提高了茶农的生产积极性，加快了茶叶生产种植。

图1-3 当代著名茶学专家陈椽题字

然而，进入 20 世纪 90 年代中后期，由于国际、国内茶叶市场疲软，粮食安全问题日益突出和广大农民群众尚未完全解决温饱，加上部分地方错误地认为"茶不当饭吃，挖了茶叶种粮食"，出现了大规模的"毁茶种粮"现象。

在《关于加快茶产业发展的意见》文件下发一周年之际，毕节地委、行署根据当地实际，制定下发了《关于加快高山生态有机茶产业发展的实施意见》文件，对全区茶产业发展的目标与任务、措施与方法作出了指导性的安排。同时，制定《毕节地区茶产业发展规划（2008—2020 年）》，全市迅速掀起了发展高山生态茶产业的热潮（图1-4、图1-5）。

图 1-4 纳雍县玉龙坝镇茶树育苗基地

图 1-5 贵州雾翠茗香生态农业开发有限公司生产车间

随着毕节茶产业的发展，加强茶文化宣传和茶叶产品推介，提高茶产业经济效益和社会效益被提上了议事日程。经毕节地委、行署同意，毕节试验区首届"生态原茶·香

---

⑥　1 亩 =1/15hm²。

图1-6 纳雍罐罐茶

图1-7 中国高山生态有机茶之乡授牌
仪式上纳雍滚山珠表演

溢乌蒙"万人品茗活动于2012年4月28—29日在七星关区人民公园举行（图1-6），参展茶企免费提供产品供广大市民品尝，使广大市民对该市高山生态茶产业发展有了全新的认识。特别是全市各级各部门狠抓以生态茶园、绿色防控、有机认证、清洁生产为核心的高山生态茶产业发展，加大历史悠久的乌撒烤茶文化、奢香茶文化、古茶树资源保护与产业开发。2009年金沙县荣获"中国贡茶之乡"称号，2010年纳雍县荣获"中国高山生态有机茶之乡"称号（图1-7），2016年毕节市七星关区荣获"中国古茶树之乡"称号，纳雍县水东乡姑箐村、金沙县清池镇、七星关区亮岩镇太极村被列为"贵州省十大古茶树之乡"。其间，2011年2月，时任贵州省委书记栗战书视察贵州大定府茶业开发有限公司时，为该公司题词"融入国际化、实现现代化、体现人文化、突出生态化"。2012年10月7日，时任国务院总理温家宝在贵州毕节视察途径大方县奢香大道时，只见他面带笑容、神采奕奕地健步走进临街的大方海马宫竹叶青茶叶专卖店，与店主握手并亲切交谈。店主激动地告诉温总理："大方海马宫竹叶青是历史名茶，明代奢香夫人上贡朱元璋后由其赐名。现在，大方海马宫竹叶青仍然深受广大消费者的青睐，还是当地农民群众致富的主导产业。"温总理听到后连声说道："好！好！好！"充分肯定了毕节走茶产业脱贫之路的做法。

2014年5月，原毕节地区人大工委副主任赵英旭当选为毕节市茶产业协会会长后，在他的倡导下，毕节试验区连续5次举办"奢香贡茶杯"春季斗茶赛和大众品茗活动，组织选手参加全省手工制茶加工、茶艺技能大赛（图1-8）。据统计：全市获得省级以上"茶王奖""特等奖""一等奖"39个，手工制茶荣获"一等奖"3项，在全省各市州名列前茅；"金沙贡茶"已获农产品地理标志认定。

图 1-8 2018 年贵州秋季斗茶赛毕节分赛场　　　　图 1-9 茶农穿行在生态茶园之中

　　中国农业科学院茶叶研究所副所长鲁成银先生直言中国高原生态有机茶原产地是毕节！（图 1-9）毕节市委、市政府研究并下发了《毕节市茶产业三年行动方案（2018—2020 年）》文件，努力朝着高山生态茶产业帮助广大农民群众脱贫致富奔小康的目标而奋勇前进！

　　截至 2018 年，全市茶园总面积已发展到 29014.4hm^2，其中投产茶园 13588.3hm^2，茶叶总产量 3281t，并创造了在海拔 2277m 的威宁县炉山镇建立了世界最高海拔茶园，在织金县双堰街道办事处 1400m 的地方新建了中国海拔最高、规模最大的黄金芽观赏茶叶生产基地，在纳雍县打造了中国最美的"猪—沼—茶"生态循环经济茶园，在金沙县积极推广茶园套种绿肥技术（图 1-10）。

图 1-10 金沙梦樵生态茶园

第二节　毕节茶的遗迹

一、毕节茶文物

　　在毕节的历史上，茶文物并不多，主要有威宁县中水镇鸡公山考古遗址中发现的乌撒烤茶罐、赫章县可乐乡夜郎考古遗址中发现的古陶罐（图1-11）。

图1-11　奢香故里古彝民族茶文化

二、茶马古道

　　《平远州志》（图1-12、图1-13）记载："清康熙道光年间，织金县境内有不少高大古茶树，物产种类记载有茶叶；织金'平桥'一带以茶上公粮（一斤茶抵一斤皇粮），每年上贡青茶四担[⑦]。"在金沙县清池镇江西会馆，现在还存有古老的制茶工具揉捻机（图1-14）。

图1-12　《平远州志》

图1-13　《平远州志》记载茶事

图1-14　古老的制茶工具

---

⑦　1担＝50kg。

古平夷，今贵州毕节。西汉元鼎六年（公元前 111 年）置平夷县（今毕节市七星关、大方、纳雍），治所在今毕节七星关区，隶牂牁郡。晋建兴元年（公元 313 年）置平夷郡，平夷县为郡治，东晋文帝时改为平蛮郡、平蛮县。据《华阳国志》载："自僰道（今宜宾）、南广（今盐津至镇雄一带）有八亭，道通平夷（今毕节）。"这条路是著名的茶马古道的一部分。当时蜀地茶叶冠盖天子六饮，香气遍布全国，而益州川谷中所产的"茗"，指的就是平夷山上所产的"平夷茶"，成为上贡朝廷的贡茶，今七星关成为了盐茶的集散地。在历史的长河中，毕节市由于山高林深、交通不便，明代随着与四川盐茶贸易量的逐年增多，先后形成了三条四川入毕下云南通往东南亚的茶马古道（盐茶古道），赤水河—亮岩—七星关—赫章—威宁—云南；赤水河—瓢井—大方—纳雍—水城—云南；赤水河—清池—源村—金沙—黔西—织金—安顺—云南。在今大方县瓢井镇粮管所还能见一块残存的石刻图像，图像为农户用大象犁地；远在威宁县头趟驿站古驿道旁至今保存完好的石像雕塑；位于七星关区中华南路 41 号的毕节陕西会馆，又名春秋祠、陕西庙，是清朝乾隆年间陕西在毕节的盐帮客商筹资修建的，由造型秀雅、工艺精湛的临街门面、戏楼、大殿、厢房、钟鼓楼等组成，2013 年 5 月 3 日，国务院将陕西会馆核定公布为第七批全国重点文物保护单位"茶马古道"贵州毕节段的 17 个文物景点之一。这些都无不印证明清时茶马古道的辉煌历史。

奢香夫人（1358—1396 年），彝族名舍兹，又名朴娄奢恒，元末明初人，出生于四川永宁（今古蔺），系四川永宁宣抚司、彝族恒部扯勒君亨奢氏之女，是彝族土司、贵州宣慰使陇赞·蔼翠之妻，婚后常辅佐丈夫处理政事。明洪武十四年（公元 1381 年），蔼翠病逝，因儿子年幼，年仅 23 岁的奢香夫人承担起重任，摄理了贵州宣慰使一职。奢香夫人摄理贵州宣慰使职后，筑道路，设驿站，沟通了内地与西南边陲的交通，巩固了边疆政权，促进了水西今贵阳及贵州社会经济文化的发展。

奢香夫人组织领导贵州境内各族人民凿山开道、修建驿路，修通了贵阳至毕节的驿道，并置龙场、六广、谷里、水西、奢香、金鸡、阁鸦、归化、毕节 9 个驿站。驿道纵横贵州，打开了与川、滇、湘的通道，促进了各民族的交往，推动了社会经济文化的发展，稳定了西南的政治局面，确定了与明王朝的臣属关系，今毕节市境所产的古茶成为了上贡朝廷的贡茶，奢香贡茶由此而来。贵阳至毕节的驿道成为了茶马古道重要组成部分。

三、义渡碑

盐茶古道是当年商贸往来的一条主线（图 1-15、图 1-16）。金沙茶从作为贡茶到成为商品，得益于水上交通和盐茶业的繁荣。在盐茶古道旁的三岔河口，往西是鱼洞河与蜗牛河汇聚而来的里匡岩河段，往北是马蹄潭—大河口水系，交叉点不远处是当年奢香夫人游泳的"活鱼塘"和岜灰洞。往东是鱼塘河，一直注入赤水河，然后汇入长江。元至顺元年（公元1330年），川盐入黔过鱼塘河，设清水塘哨，开鱼塘河渡。后来随着盐业发展、茶叶销售和其他商品交易，产生了清池集镇。清咸丰元年（公元1851年），川黔两省邻边州府官员感动于盐商、茶商及茶农的辛苦，首开义渡，来往客商不收船费，但拒渡为富不仁之人，故在渡口崖壁上刻有"川黔义渡"四字（图1-17）。

图 1-15 盐茶古道上的马蹄印

图 1-16 金沙县清池镇盐茶古道

图 1-17 金沙县清池镇盐茶古道上的义渡碑

四、贡茶碑

金沙县清池镇鱼塘河贡茶碑在盐茶古道旁，俗称"三块碑"（图1-18）。原碑四块，清嘉庆年间的那一块早被破坏消失。现存三块，是清同治九年元月十六日（公元1870年2月15日）重振贡茶文化、重开鱼塘河义渡，为弘扬善举和彰显周洪元贤士为开义渡身

图1-18 金沙县清池镇贡茶碑

亡之功而建。清池贡茶运到这里集中，通过两条道运送出境。其一是人背马驮翻山越岭到四川古蔺，其二是用船运到赤水的黎明关进入长江，在湖北改用大船载运进京。两条道路同样繁忙。贡茶碑名"鱼塘河义渡碑"，碑联"敢以扁舟为海尾，聊将书舫作津梁"。碑文一为序360余字，另为州府官晓谕"黔西州正堂加六级"和"叙永直隶军粮府事坐补潼洲正堂加五级"，有阴刻印章。贡茶碑见证了当年盐茶古道的繁荣。

五、江西会馆

清池镇彭氏民居，建于盐茶古道旁。这里小地名叫"大田湾"。彭氏民居建于清道光十五年（公元1835年），迄今184年。彭氏先祖彭础才祖籍江西婺江，为盐茶古道的繁华所吸引，和许多同乡离乡背井来此落业，以酿酒、交易茶叶和商品发家立业。民居为穿斗式木结构，悬山顶建筑，分前后二厅，前厅有槽门，宽敞明亮，宽大的天井是商品交易的场所。天井两边和正面是商品交易市场，左边是百货市场，主营烧酒、生漆、猪油、盐及其他产品；右边是茶馆和茶叶交易市场，主销和收购清池茶。当时，可以用清池茶来换酒、盐和其他商品。前厅现已毁坏只剩部分石级。后厅现存浮雕、线雕多种图案，内容丰富。面向正房左边雕塑内容为二十四孝。檐柱上8个石础均有细琢精雕。大门左右石础上刻有"俯行狮象"，石墁天井建设精巧，前平栏后贴底。前厅堂屋前檐柱上刻有一副对联"花前堪酌酒，月下好吟诗"（已散佚）。彭氏民居是当年盐茶古道繁华的见证之一。

江西会馆建于清光绪十九年（公元1893年），占地面积约2000m²，坐北朝南（图1-19）。该馆原为宗教活动场所，信仰佛教，又称万寿宫。会馆建筑特点是：中轴线上自南而北依次是鱼池、小桥、山门、戏楼、前殿、正殿、后殿；东南置两厢房，分设僧庵、

斋膳舍等；围砌约 4~6m 高的墙垣为砖坯构筑；内有终年积水的石井两口，右为活泉井，泉水自底下冒出来；左为积泉井，积聚右井中过滤去的井水，专供煮茶敬佛之用，两井之间有一专门用白眼沙土制作的过滤层。活泉井水满后，从水道里流入前面鱼塘里，这里原有三幢阁楼。

主体建筑之一"戏楼"为九脊梁重檐歇山式木结构建筑，高 8.5m，四角翘起，筒瓦盖顶。角下檐板处浮雕龙云纹图案，戏楼排面构件上，均镌有人物战场、飞禽走兽等浅雕图案。三进殿宇均为硬山式木结构建筑，其门窗、斜撑、柁峰板上均刻有不同的花纹图案。东西两厢均为硬山式木结

图 1-19 古遗迹江西会馆

构建筑。中殿为"品茗堂"，左边为煮茶品茶厅，专供煮茶品茶用，兼茶具经营，煮茶用水来自"积泉井"；右边为茶叶交易厅，摆放来自各地的名茶，主要是清水塘茶（和合茶、杆杆茶等）；堂前门楣上有一箔金匾烫有"品茗堂"三个金字；门两边对联为"风景这边好，贡茶天下知"。前院为品茶观戏和交易的地方。每年农历正月初八至十五，在馆里举办"皇会"；六月六举办"圣地会"；二月十九、六月十九、九月十九举办"观音会"。这段时间是最热闹的，来自四面八方的香客、信徒和商人汇集在这里，拜佛的拜佛，做生意的做生意。

六、可乐遗址

《史记》记载夜郎国是一个有 10 万精兵的古国，夜郎国的历史大致追溯到战国至汉成帝河平年间，存在约 300 年后神秘消失，是中国历史上神秘的三大古国之一。由于其历史原貌与都邑所在史籍少有记载，近年关于夜郎古国属地问题一直存在争议。

可乐乡位于贵州省赫章县城西约 60km，地处黔西北乌蒙山脉的中段。《史记·正义》记载："西南夷在蜀之南，今泸州南大江南岸，协州、曲州本夜郎国。"赫章在蜀之南，在"夜郎国"的位置。

20 世纪中叶，考古工作者在赫章县可乐乡发掘汉墓 7 座，出土文物 300 多件，引起全国史学界的轰动。2000 年 9—10 月，贵州省文物考古研究所在可乐乡发掘夜郎墓葬 108 座，出土文物 547 件。此次考古，因出土文物特别多，反映历史文化底蕴丰厚，被评为 2001 年度全国十大考古新发现之一。陶器出土不多，器形主要为单耳小茶罐，还有盘口瓶、圈足单耳小杯等，其中特点突出的是折腹饰 3~4 个乳钉的单耳罐，陶器皆黄褐色，夹细砂，手制，火候不高。

国家文物局专家组认为赫章可乐遗址是目前贵州出土文物最多、内涵最丰富的遗址，是贵州夜郎时期具有重要价值和突出特色的地方遗址，被誉为"贵州考古发掘的圣地、夜郎青铜文化的殷墟"。2001 年 6 月 25 日，国务院批准并公布可乐遗址为全国文物重点保护单位。

看准了夜郎文化产业发展的潜力，早在 2003 年，赫章县把"历史文化兴县"作为经济社会发展的"三县战略"之首，在加强对全国重点文物保护单位——可乐遗址保护的同时，对可乐遗址进行合理利用，并开展全县民族民间文化的抢救及传承工作。成立了历史文化兴县领导小组，并请贵州省文物考古研究所和河南洛阳考古勘探队，对可乐遗址 9.4km² 核心保护区进行钻探调查，初步探明保护区有 15 个墓群、3 个遗址、1 万多座墓葬；委托北京大学考古文博学院编制《可乐遗址保护规划》，规划包括 100km² 保护范围，包括 23.6km² 遗址区内重点的 9.4km² 遗址本体保护建设项目、遗址原址文化展示建设项目、遗址博物馆和 3 个民族园文化产业园区项目、夜郎文化旅游度假区项目等。

七、历史贡茶

（一）金沙清池茶

金沙清池茶最早作为贡茶，要追溯到西汉时期（图 1-20）。

《汉书》载，西汉建元六年（公元前 135 年），汉中郎将唐蒙受汉武帝的委派，征发巴蜀士兵千人，加上粮食、布帛、金银、珠宝等辎重队伍 1 万余人，从赤水河口符关（今四川省合江

图 1-20 历史悠久的金沙清池贡茶

南关上码头）出发，沿赤水河上行，来到了紧邻古蔺的清池，曾在清池停留一天。当地少数民族为了迎接唐蒙，将家中刚刚炒制的新茶让唐蒙品尝，口干舌燥的唐蒙和他的军队品尝到回味甘甜的清池茶后，赞叹不已："我们从都城出发，走了近一年，还没有品尝到这么好的茶。"临走时，唐蒙向当地村民购买了清池茶上供汉武帝，并劝夜郎王多同归附了汉家王朝。汉武帝品尝后，大加赞誉，亲自将此茶命名为"夜郎茶"，并传旨作为贡茶。西汉扬雄《方言》中称："蜀西南人，谓茶曰蔎"，就是指今天的清池茶。

《大定府志》载，明洪武年间，当时的宣慰土司奢香夫人前往南京朝拜朱元璋，除了向朝廷献马 23 匹外，还进贡了大批茶叶，得到了朱元璋的赏赐。为感皇恩，奢香夫人开道筑路，劈山架桥，无畏山势险峻、水流湍急之难阻，主持修建龙场九驿，上接元代入川大道的"黔蜀周道"，下连湖南、四川、云南等数省，一改贵州"羊肠险恶无人通，落落千秋无通款"的险阻闭塞状况，贯通边疆、中原两地的政治、经济、文化，为贵州乃至整个西南地区经济发展、社会进步作了巨大贡献，谱写了民族大团结新篇章。位于古驿道（又称盐茶古道）上的清池商贾云集，商人们把清池茶运到四川、南京等地出售，再把清池需要的盐巴、日用品等物资运过来出售。在今天的金沙清池与古蔺交界处的古渡口，还保存有立于清同治年间的三块贡茶碑，其中一块就记载到"清水塘茶，渡船经古蔺出川，畅销各地，年年岁贡，惜产少耳"。

到清嘉庆年间，清池学子郜左立通过宰相周璜，向嘉庆皇帝进献"清池毛尖"。嘉庆皇帝揭开茶壶盖，清香扑鼻，茶水黄绿透明，轻呷一口，回味绵延，不觉惊问："爱卿，今年龙井受灾，质量下降，此茶何来？"周璜急忙向皇帝禀明了茶的来历，并借机恳求皇帝下旨免收清池地方皇粮，以茶代粮进贡。嘉庆皇帝准奏。若干年后，清池回龙湾团练罗子舟，在其任期内，抓获义军头领焦联升，官封武德校尉，他也下大力生产清池茶，并每年进京上贡。

金沙县清池镇自古以来就是"黔茶出山、川盐入黔"的古驿站。经有关专家考证，金沙应是中国西部乃至中国贡茶文化的发祥地之一，至今，金沙县还生长着 40 余株有上千年历史的人工栽培的古茶树（图 1-21）。在大桠，一棵硕大的茶树立于路旁，主干直径60cm、高 4.5m，根系异常发达，

图 1-21 金沙古茶树群

树冠覆盖面积达 $60m^2$，被当地人称为"神茶树"。传说它是当年奢香夫人的义子——鱼塘河呰灰洞土酋的儿子流涉才为置路标，引导奢香夫人去鱼塘河而培植的茶树之一，也是后来茶农们为抗拒朝廷的残暴苛捐而毁掉茶树、民间为纪念奢香夫人而保留幸存下来的古茶树（图1-22）。

图 1-22 金沙县清池镇古茶树

金沙清池茶树品种资源较丰富，除有野生大茶树外，还有大叶、中叶、小叶 3 种类型，其品种优良，发芽早，产量高，比其他品种提前 10~15d，叶长且柔软，是适宜制高级绿茶的好品种。金沙清池茶传统的制作方法：清明前后采摘 1 芽 1 叶，每锅投叶 1~1.5kg，当鲜叶变成绿色，芽叶柔软，散发茶香，即可起锅，后用 50℃ 锅温炒干。制成的清池茶形似"鱼钩"，颗粒重实，色泽翠绿，清香馥郁，滋味醇厚，回味甜甘，汤色明亮。

（二）大方海马宫竹叶青茶

大方海马宫竹叶青茶收录于《中国茶经》，属黄茶类名茶（图1-23）。具有条索紧结卷曲，茸毛显露，青高味醇，回味甘甜，汤色黄绿珀亮、色如青竹，叶底嫩黄匀整明亮的特点，具有"一饮生津破闷，再饮情思朗爽，三饮得道通灵，使君融入和、静、清、园之境地……"《华阳国志》载："平夷产茶蜜。"《大定县志》载："茶叶之佳以海马宫为最，果瓦次之。初泡时，其味尚涩，迨泡经两三次，而其味转香，故远近争购，啧啧不置。"

海马宫竹叶青茶由彝族土司、贵州宣慰使奢香夫人上贡明朝开国皇帝朱元璋，以其外形全芽整叶、白毫显露、醇厚甘甜，未窨化却透浓烈花香味而龙颜大悦，因汤色似竹叶色泽乃赐名"竹叶青"，命岁岁上贡并厚赐，旨建黔中驿道。

图 1-23 历史名茶大方海马宫竹叶青茶

（三）纳雍姑箐茶

纳雍姑箐茶亦称"姑箐贡茶"，据清康熙十二年（公元1673年）《贵州通志》载："平远府茶产岩间，以法制之，味亦佳。"纳雍建置较晚，该县大部地区属大定县，而姑箐一带毗邻织金，又属平远州（今织金县）。"平远府茶产岩间"就是指现在的姑箐（图1-24）。

图1-24 纳雍县水东镇姑箐古茶树

据当地老农说：姑箐茶原来采摘较细嫩，制工亦较讲究，且品质和韵味独特而深受人们喜爱。由于过去对茶叶生产不太重视，茶园失管，采摘粗糙，精细制作工艺已失传。如今的制作工艺是每年4月采茶旺季，采摘1芽4、5叶茶青，用新砂锅杀青，锅温160~180℃为宜，茶青下锅，勤翻炒，抖闷结合，直到透匀为度；杀青后茶叶倒入簸箕内，用双手进行搓揉成条形；置于阳光下晒或用煤火烘至半干；放置一段时间，再将半干茶叶进行复炒，炒前先洒水在茶叶上，让叶质变软，复炒至干。

评品姑箐茶时，汤色以黄汤明亮为优，黄暗或黄浊为次。香气以清悦为优，有闷浊气为差。滋味以醇和鲜爽、回甘且收敛性弱为好；苦、涩、淡、闷为次。叶底以芽叶肥壮、匀整、黄色鲜亮的为好，芽叶瘦薄黄暗的为次。由于纳雍姑箐茶在加工中有半炒半晒后发酵微火复炒的特点，形成的毛茶品质别有风格，即外形条粗，茶汤耐泡，可冲泡3~4次，当地汉、苗民族有砂罐熬饮的习惯，对"形粗味美耐泡"的姑箐茶更加别具一格，普遍反映姑箐茶味口感舒适，清香醇和，苦涩味轻，回味甘甜，是提神解渴最佳饮品、怡赠宾客的珍贵特产。

（四）七星关太极茶

据《华阳国志》《茶经》等有关史料记载，早在秦汉时期的平夷县就种植、制作、饮用茶叶，清代还出产了著名的"太极贡茶"，而且茶叶独具特色，品质极佳。在七星关区太极村有一个传说：相传在清代，太极村有一姓张名陆的进士在京为官，一天他听说皇帝腹泻，御医开了很多方子都没治好，张陆就把自己从家乡带来的茶献给皇帝。皇帝喝了太极茶以后三天便痊愈了，从此皇帝将太极茶封为"贡茶"。

太极茶产于七星关区亮岩镇太极村，平均海拔900m，地形复杂，冬无严寒，雨水充沛，气候湿润，云雾多，漫射光强，土层深厚，空气清新，生态环境优良（图1-25）。该村有一条名叫太极河的赤水河支流沿山绕行，转了270°，呈现S形大拐弯，把村庄一分为二，形成了一个完美的天然"山水太极图"。据考证，明末清初时期，太极村是重要的物资流通集散地，当时的太极村，码头、客栈、天井等比比皆是，周边的小吉场、燕子口、清水铺等地的老百姓都来这里赶场，所以这里又被称为"太极场"。

由于太极村地势较平，土壤又多为黄中带红的"马血泥"，而且水源丰富，出产的水稻很有名气，当地人习惯把这里称为"水田坝"。水田坝出产的太极古茶最大特点是叶子宽大、味道醇厚，一罐茶可以熬好四五开，而且几天以前熬的和新加进去的茶叶一样，随煮不烂，大人小孩都喜欢喝。因而当地还流传着一首歌谣："水田坝人真是勤，家家有个茶叶林。还有一个熬茶罐，茶水解渴又提神。"

图1-25 七星关亮岩镇太极村古茶树

（五）织金平桥茶

据《平远州志》记载，织金平桥茶产于城西二十里的杨家湾，传说在清道光年间，由大定知府带到京城，乃年年上贡青茶四担。

平桥茶产于平桥、杨家湾等村。这里是酸性黄泥、煤、山地和黄沙泥，pH值4~4.8，极适宜茶树生长，加之茶园土壤肥沃，有机质达1.15%~6.39%，氮、钾含量也较丰富（图1-26）。

清康熙年间"织金平远茶"零星种植，有大叶型永久茶、中叶型清贡茶和老元茶、小叶型鸡咀茶，特别是中叶型茶树萌发较

图1-26 织金县中寨乡原始森林

早、芽叶肥壮、叶厚而软、茸毛较多、持嫩性长。据调查，平桥一带（现织金县绮陌办事处中坝村）有古茶数量为 2 万余株，多为灌木型状分散生长。经贵州省茶叶科学研究所分析，平桥茶生化成分含量比较丰富且协调，是适制高级绿茶的优良原料；茶叶中多酚类物质含量适中，氨基酸含量则很高（这与当地火石子地有关），咖啡碱、水浸出物和儿茶素等含量也较丰富。

平桥茶加工工艺细致讲究，以 1 芽 1、2 叶为主，炒茶用当地的砂锅，通过三炒两揉而成。即开始用 120~160℃锅温杀青，起锅后在竹盘中手揉约 15min，再投锅二炒，此时锅温较低，时间较长，炒至半干左右，再揉几分钟，摊凉约 20min，最后三炒至干。其品质特征外形条索紧结，香高味醇耐泡，饮后回甘明显，口舌生津、颊齿留香，余味数小时而不散，茶汤金黄透亮，叶底黄绿嫩亮。

（六）黔西化竹茶金雀

黔西化竹金雀茶产于黔西县大箐坡。

关于黔西化竹金雀茶，有个美丽的传说。一日，乾隆帝要李世杰同他品茶，边喝茶边要李世杰说家乡的事情。李世杰就以茶谈茶，据说大箐坡有口终年不竭的泉井水，井旁有丛茶树，茶树上栖着一只金丝雀。人们采摘树上的芽作成茶，用树下的泉水冲泡，茶汤里就会出现金丝雀的影子。此茶饮后神清气爽，能治百病，人们称这里的化竹茶为"金雀茶"。皇帝听后，就下令到李世杰家乡取来此茶，用金壶冲泡，茶香虽然扑鼻，但是没有出现金雀，皇帝要李世杰解释。李世杰胆战心惊，若无金雀的影子就犯了欺君之罪，他强作镇静地回答道："此茶需用树下的泉水冲泡才有异香扑鼻，茶水里也才有金雀的影子。"皇帝立即传旨到茶树下取来井水冲泡，但是泡出的茶汤中还是没有金雀的影子，这下皇帝不高兴了，李世杰解释道："启禀皇上，金壶烧水，金杯泡茶于金銮殿上，金雀怎么敢现形呢？"李世杰请求皇帝改用土壶烧水冲泡，当茶叶泡开以后，一股优雅的清香弥散开来，袅袅飘起轻烟，烟雾散后，茶杯里便出现了金丝雀的影子。乾隆帝端起轻轻抿了一口，一股幽香的暖流徐徐进入肺腑，只觉得满齿满口醇香，进入肠胃则感荡气回肠，筋血舒畅。此后，黔西化竹金雀茶就成了连年进贡皇室的"贡茶"。

如今，黔西化竹金雀茶的生产工艺早已失传。

第二章　茶区篇

毕节地处贵州省西北部，"高海拔、低纬度、多云雾"的独特自然条件，非常适宜茶树生长繁育，所产茶叶具有香高馥郁、鲜爽醇厚、清心怡神、经久耐泡的独特风格。按照功能区划分，毕节茶主要有中国高山生态茶之乡产业带、中国贡茶之乡产业带、中国古茶树之乡产业带、乌撒烤茶产业带。

第一节　毕节茶区概况

毕节"低纬度、高海拔、多云雾、无污染"的天然地理气候优势条件造就了茶树生长周期长，新梢持嫩性强，茶叶有效成分含量较高，所产茶叶具有香高馥郁、鲜爽醇厚、清心怡神、经久耐泡的独特风格（图2-1、图2-2）。据《贵州通志》《大方县志》《平远州志》等史料记载，勤劳的毕节人民以"勇于探索、敢于创新"的精神，凭借着从生产中总结出来的经验与智慧，创制出不少享有盛誉的名茶珍品。如产于竹园乡海马宫村的海马宫竹叶青茶曾为明代贡品，收录于《中国茶经》；另外，产于金沙县清池镇的清池茶、七星关区亮岩镇的太极茶、纳雍县水东镇的姑箐茶、黔西县新仁乡化竹茶等均为清代贡茶。毕节市出产历史贡茶主要原因是地处茶树原产地区域，优厚的地理、气候和土壤条件使茶叶内含物中茶多酚、氨基酸含量相对较高。特别是毕节市工矿企业少、环境无污染，非常适合有机茶的生产。因此，毕节获得了"中国贡茶之乡""中国高山生态有机茶之乡""中国古茶树之乡"等美誉。

图 2-1　磅礴乌蒙山（局部）

图 2-2 蓝天白云

毕节是贵州规划建设的高山生态茶优势产业带，为加快推进毕节茶产业发展，曾邀请中国农业科学院茶叶研究所有关专家制定了《贵州省毕节市茶产业发展规划（2011—2015）》；2012 年市委、市政府出台了《关于加快高山生态茶产业发展的实施意见》，并科学规划建设茶叶示范样板和产业带。目前，已建立了 2 个茶叶类省级示范园区（金沙贡茶高效农业示范园区、纳雍高山生态有机茶产业示范园区），启动了 2 个涉茶类省级示范园区（七星关区休闲农业示范园区、金沙县正大循环农业示范园区）、2 个涉茶类市级示范园区（金沙县桂花水乡生态循环农业示范园区、织金县桂花休闲农业示范园区）。通过近年来茶产业的快速发展，毕节市逐渐形成了 4 个具有特色的优势茶产业带，分别是以纳雍县为中心，辐射带动织金县、赫章县茶叶基地建设的"中国高山生态有机茶之乡"产业带；以金沙县为中心，辐射带动黔西县、百里杜鹃管理区茶叶基地建设的"中国贡茶之乡"产业带；以七星关区为中心，辐射带动大方县、金海湖新区茶叶基地建设的"中国古茶树之乡"产业带；以威宁县为主的"乌撒烤茶"产业带。

一、地理环境

毕节市地处滇东高原向黔中山原丘陵过渡的倾斜地带，位于贵州省西北部，东经 103°36′~106°43′、北纬 26°21′~27°46′，东靠贵阳市、遵义市，南连安顺市、六盘水市，西邻云南省昭通市、曲靖市，北接四川省泸州市。全市总面积近 2.69 万 km²，占贵州省总面积的 15.25%。毕节市 10 个县（区）均产茶，其中七星关区、金沙县、纳雍县、威宁县为重点产茶县。七星关区位于地区中北部，川滇黔三省交界处，面积 3412km²，占全地区面积的 12.7%；金沙县位于地区东北部，隔赤水河与四川省古蔺县相望，面积 2524km²，占全地区面积的 9.39%；纳雍县位于地区中南部，地处滇东高原与黔中山原的过渡地带，面积 2448km²，占全地区面积的 9.12%；威宁县位于地区西部，地处滇东高原东延部分，面积 6296km²，占全地区面积的 23.5%。

毕节市地层出露较为齐全，从元古界震旦系至新生界的第四系地层均有分布。地质构造复杂，褶皱断裂交错发育。岩溶地貌形态多样，在市内分布次序为：东部峰林、谷地、峰丛、缓丘、洼地蛔〉西部峰丛、槽谷、丘陵洼地＋西部高原、岩溶、缓丘、盆地、台地。境内出露的岩石以沉积岩为主，面积2.49万 km²，占总面积的92.81%；岩浆岩较少，约0.19万 km²，占总面积的7.19%。沉积岩中以碳酸盐岩类居多，占总面积的62.2%，煤系砂页岩占15.6%，紫色砂页岩和紫红色砂泥岩占12.9%，泥质岩类占2.1%。区内地势西高东低，山峦重叠，河流纵横，高原、山地、盆地、谷地、平坝、峰丛、槽谷、洼地、岩溶湖等交错其间。境内最高处位于赫章县珠市彝族乡与威宁县交界的韭菜坪，海拔2900.6m；最低处位于金沙县与仁怀县、四川省古蔺县交界的赤水河谷，海拔457m。威宁县和赫章县的西部、西北部和西南部平均海拔在2000~2400m之间，属高原、中山地带，为境内第一级阶梯；赫章县东部、七星关区、大方县、黔西县、纳雍县、织金县西部平均海拔在1400~1800m，属中山地带，为境内第二级阶梯；金沙和黔西两县、织金县东部平均海拔在1000~1400m，属低中山丘陵地带，为境内第三级阶梯。土壤类型以黄壤为主，还分布有黄棕壤、红壤、石灰土、紫色土等。

　　毕节市境内主要山脉有西部的乌蒙山、北部的大娄山、西南部的老王山。乌蒙山涵盖赫章县西部和威宁县，其山系是牛栏江、白水河、北盘江和乌江的分水岭；大娄山脉西起赫章县东部，向东经七星关区、大方县北部，进入金沙县，延伸到遵义市境内，其山脉在毕节地区境内是乌江水系和长江水系的分水岭；老王山山脉呈西北—东南走向，西北端与乌蒙山东支相接，向东延伸到六盘水市的水城、六枝一带，为乌江上游三岔河与珠江水系北盘江的分水岭。全地区河长大于10km的河流有193条，分别流入乌江、赤水河、北盘江、金沙江四大水系（图2-3）。属长江流域乌江水系的主要干流有偏岩河、野济河、六冲河、三岔河；属赤水河水系的有赤水河；属珠江流域的有北盘江上游的可渡河；属金沙江水系的有牛栏江、白水河。地区境内属长江流域的流域面积2.56万 km²，

图2-3 支格阿鲁湖

属珠江流域的流域面积 1239km²，分别占全地区总面积的 95.39%、4.61%。其中乌江水系流域面积 1.78 万 km²，赤水河水系流域面积 2943km²，金沙江水系流域面积 4901km²，分别占总面积的 66.2%、10.9%、18.3%。

二、气候特征

毕节市夏无酷暑，冬无严寒，亚热带季风气候比较明显，降水量较为充沛，立体气候突出，年平均气温 13.4℃，年平均降水量 1022.0mm，年平均日照时数 1247.3h，无霜期 250d 左右。海拔相对高差大，垂直气候变化尤为明显，山上山下冷暖不同，高原盆地寒热各异，利于多种动植物生长和生存。

（一）气 温

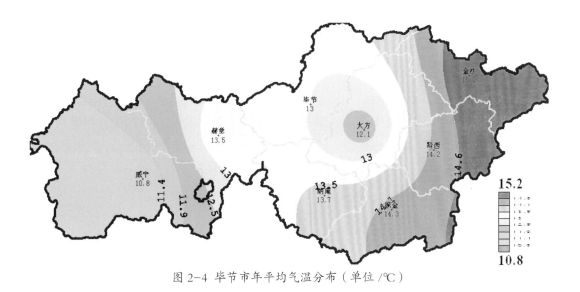

图 2-4 毕节市年平均气温分布（单位 /℃）

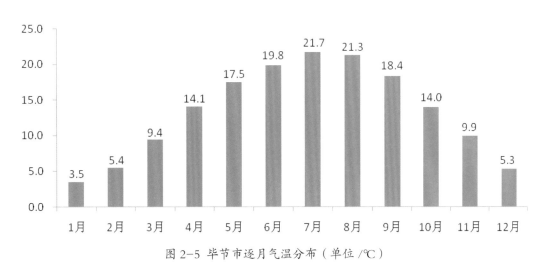

图 2-5 毕节市逐月气温分布（单位 /℃）

毕节市多年平均气温为10.8（威宁）~15.2（金沙）℃（图2-4），各县区平均气温随高度增加而降低，东西部温度差异明显。各地月平均气温为1月最低、7月最高（图2-5）。1月平均气温为1.9（大方）~4.5（金沙、织金）℃，7月平均气温为17.7（威宁）~24.7（金沙）℃。极端最低气温为–15.3（威宁）~–6.8（金沙）℃（表2-1）。

表2-1 毕节市各县区历史极端最低气温

县（区）	极端最低气温（℃）	出现日期
威宁	–15.3	1977年02月09日
赫章	–10.1	1977年02月09日
七星关	–10.9	1977年02月09日
大方	–9.3	1975年12月14日
纳雍	–9.6	1977年02月09日
黔西	–10.4	1977年02月09日
织金	–12.1	1977年02月09日
金沙	–6.8	1977年01月30日

（二）降水量

毕节市降水量分布为夏多冬少，其中7月最多，12月最少（图2-6）。年平均降水量为832.9~1355.4mm，最少为赫章，最多为织金（图2-7）。毕节市平均雨日数达193d，降水特点为多夜雨。年平均暴雨日数为1.2（威宁）~4.6（织金）d。

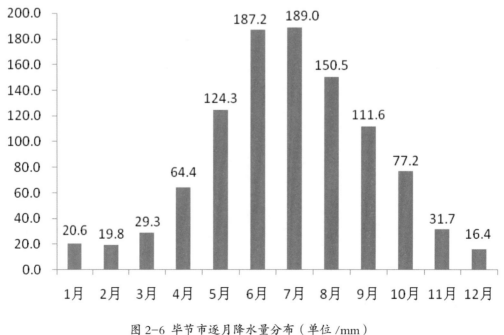

图2-6 毕节市逐月降水量分布（单位/mm）

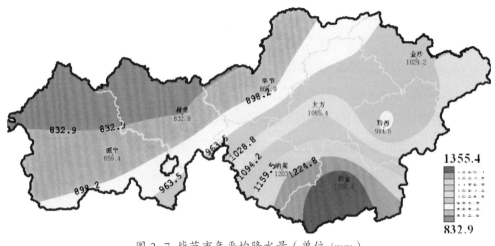

图 2-7 毕节市年平均降水量（单位 /mm）

（三）日照时数

毕节市年平均日照时数分布为西多东少，最多为威宁县 1635.2h，最少为金沙县 1062.7h（图 2-8）。根据多年日照时数统计，毕节市 8 月日照时数最多，为 164.7h，1 月最少，为 58.7h。其中"阳光城"威宁县四季日照都比较充足，无明显差异。

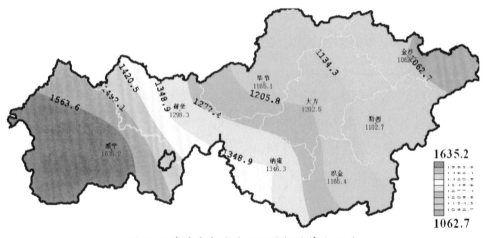

图 2-8 毕节市年平均日照时数（单位 / h）

三、土壤状况

毕节自然条件复杂，土壤类型众多，主要分布有黄壤、黄棕壤、棕壤、紫色土、石灰土、山地草甸土、沼泽土、潮土、水稻土 9 个土类、19 个亚类、68 个土属、202 个土种，共 233.57 万 hm²，占全市土地面积的 86.98%。其中以黄壤、黄棕壤为主，分别占土壤总面积的 38.15%、28.23%，这两种土壤均呈酸性反应，非常适宜茶树的生长发育。

黄壤为全市各种土壤类型之冠，共有 88.98 万 hm²，占全市土壤面积的 38.15%。各县（区）海拔 1900m 以下地区均有分布，属亚热带湿润季风气候条件下发育的地带性土壤。

成土母质以石灰岩、砂页岩、玄武岩为主。这类土壤在风化作用的进行和生物活动的过程中,有机质分解生成大量的有机酸,导致土壤原生矿物受到破坏,土壤中钙、镁、钾等离子不断被淋洗流失,铁、铝等氧化物相对在土层中积累,富铝化作用表现强烈,使土壤呈深浅不同的黄色,心土呈蜡黄色。黄壤矿物质风化程度深,土层深厚,发育层次比较明显,有机质含量低,呈酸性反应,质地黏重。此类土壤由于所处母岩、地势等成土条件的不同,其理化性状和生产性能差异很大。

黄棕壤数量上仅次于黄壤,面积达 65.94 万 hm^2,占全市土壤总面积的 28.23%;主要分布在威宁县和赫章县西部,占黄棕壤总面积的 80.9%,为两县的主要土壤类型;纳雍、七星关、织金、大方等县(区)有零星分布。黄棕壤为亚热带高原山地气候条件下发育而成的地带性土壤,主要分布在海拔 1900m 以上的山梁、山顶和缓丘、高原地带;原始植被为常绿、落叶阔叶混交林,次生植被为稀疏的华山松、云南松、落叶阔叶和灌丛植被;表层有机质积累丰富,但分解缓慢,碳氮比值大,有效磷贫乏,呈酸性反应。

其他土壤类型如石灰土、紫色土、棕壤、山地草甸土、潮土、沼泽土、水稻土等面积为 78.65 万 hm^2,占全市土壤总面积的 33.62%。其中,石灰土、紫色土在各县(区)均有分布;棕壤主要分布在威宁和赫章两县境内海拔 2400m 以上缓坡山腰地带;山地草甸土主要分布在威宁和赫章两县境内海拔 2600m 以上,气温低、湿度大的山顶、山脊等地势平缓处;潮土主要分布在河流两岸的阶地上,由冲积物发育而成;沼泽土面积很少,零星分布在各县(区)。水稻土主要分布在金沙、黔西两县和织金县东部,占全市水稻土面积的 50.0%;其次是七星关区、大方县和赫章县东部,占全市水稻土面积的 30.6%;再次是纳雍县和织金县西部,占全市水稻土面积的 15.7%;威宁县和赫章县西部有零星分布,多在低凹河谷地带,占全市水稻土面积的 3.7%。

第二节　特色优势茶产业带

一、中国高山生态有机茶之乡产业带

"中国高山生态有机茶之乡"产业带是以纳雍县为中心,辐射带动织金县和赫章县茶叶基地建设为主的优势茶产业带。纳雍、织金种植茶叶历史悠久,《贵州通志》载"平远府茶产岩间,以法制之,味亦佳",纳雍建县较晚,大部属大定(今大方县),而纳雍的姑箐毗邻织金,属平远州。"平远府茶产岩间"指的就是纳雍县水东乡姑箐村的姑箐茶。

"中国高山生态有机茶之乡产业"带辖纳雍、织金、赫章三县(图 2-9 至图 2-11),地处东经 104°10′~106°11′,北纬 26°21′~27°28′,土壤以砂页岩发育而成的黄壤土居多,占总土地面积的 50% 以上，土层深厚，有机质含量高，富含多种有益微量元素。区域地势西北高，东南低，最高海拔 2900.6m，最低海拔 860m；年平均气温 13.7℃，年降水量 1262.2mm，年日照时数 1309.6~1486.4h，无霜期 226~267d。冬无严寒，夏无酷暑，夏秋气候温凉、雨热同季，属亚热带高原湿润季风气候区。由于地处云贵高原向西南丘陵过渡地带，土地切割深，山高坡陡，海拔落差大，立体气候明显，天然的高山云雾气候造就了非常适宜茶叶生长的优越农业生态环境，为无公害、有机茶规模化生产奠定了坚实基础。

纳雍县茶叶规模种植始于 1972 年；1998 年随着非公有制经济的发展，县政府出台了一系列优惠政策，部分茶园（场）逐渐承包给个人经营；2009 年县委、县政府出台了更为优惠的扶持政策，加快了"中国高山生态有机茶之乡"的打造；2010 年中国茶叶流

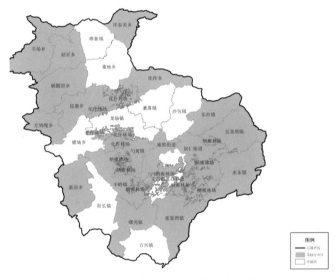

图 2-9 纳雍县高山生态有机茶产业带分布示意图

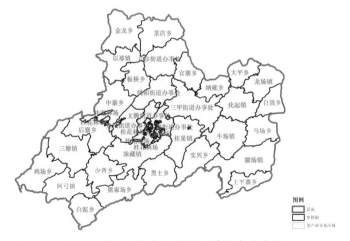

图 2-10 织金县高山生态有机茶产业带分布示意图

图 2-11 赫章县高山生态有机茶之乡产业带分布示意图

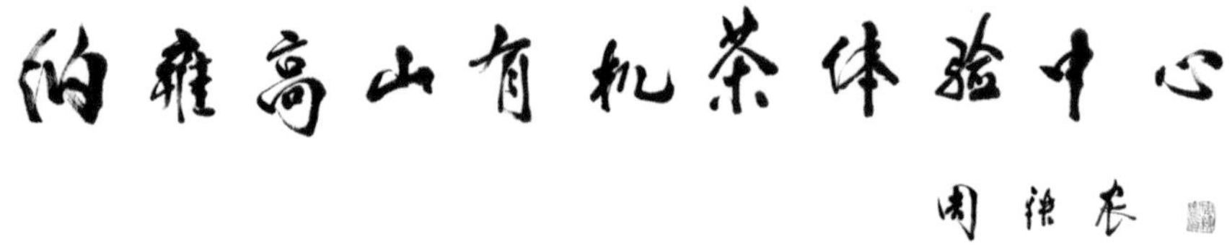

图例
□ 县山
□ 其他
■ 茶叶分布区

纳雍高山有机茶体验中心

周铁农

图 2-12 中国国民党革命委员会中央委员会原主席周铁农题字

通协会授予纳雍具有唯一性定位的"中国高山生态有机茶之乡"称号，全国人大原副委员长、中国国民党革命委员会中央委员会（以下简称"民革中央"）原主席周铁农题写"纳雍高山有机茶体验中心"赠予纳雍（图 2-12）。

近年来，纳雍县认真贯彻落实中央和省、市有关会议精神，围绕茶业增效、茶农增收为目标，加大茶叶生产基地建设、茶叶品质提升和品牌打造的力度，茶产业经济效益不断提高。2018 年，纳雍县茶叶种植面积达 4648hm²、投产茶园 3024hm²，主要种植茶树品种有福鼎大白茶、安吉白茶、龙井 43、黄金芽等，规模上 60hm²、效益明显的茶场有贵州雾翠茗香生态农业开发有限公司、贵州府茗香茶业有限公司等（图 2-13、图 2-14）。纳雍以得天独厚的自然条件，高山生态有机的优势，打造出了具有地方特色的茶叶品牌，注册并创制了姑箐茶、彝岭苗山、雾岭红、雾岭雪芽等商标及品牌，贵茗翠剑、雍熙碧龙、康芪银针等产品多次在国际、国内的茶叶博览、评比会上获得大奖。彝岭苗山茶曾获毕节市"奢香杯"四连冠，2017 年和 2018 年"黔茶杯"名优茶评比全省第一名、"中茶杯"特等奖，2018 年省"太极杯"茶王、贵州省首个绿茶类"特别金奖"。纳雍茶企 26 家，具有名优茶加工能力企业 26 家，7 家茶企获得省级"农业产业化经营重点龙头企业"称号，

图 2-13 贵州雾翠茗香生态农业开发有限公司茶园　图 2-14 贵州府茗香茶业有限公司生态茶园

专业合作社 19 个；共建设销售点 31 个（其中省内销售点 19 个，省外销售点 12 个），主
要为"纳雍高山茶"专卖店及代销点，往北到哈尔滨开设有"哈尔滨纳雍高山茶体验中心"，
往南在广州开设有"纳雍高山茶专卖店"，还在北京、河北等地开设有多个"纳雍高山茶"
销售点；同时组织企业参加河南信阳、遵义湄潭等国际茶博会，大力宣传和推介纳雍高
山茶。织金现有茶园 4992hm^2、投产茶园 2269.3hm^2，种植茶树品种福鼎大白茶、湄潭苔
茶、安吉白茶、黄金芽、本地群体品种等，有茶企 11 家、专业合作社 4 个。赫章现有茶
园 934hm^2、投产茶园 312.8hm^2，有茶企 4 家、专业合作社 2 个。

二、中国贡茶之乡产业带

"中国贡茶之乡"产业带是以金沙县为中心，辐射带动黔西县、百里杜鹃管理区茶叶

图例
□ 县面
□ 乡镇面
▨ 茶产业带

图 2-15 金沙县贡茶之乡茶产业带分布示意图

第二章 茶区篇

031

图 2-16 黔西县贡茶之乡茶产业带分布示意图

图 2-17 百里杜鹃管理区贡茶之乡茶产业带示意图

基地建设为主的优势茶产业带。（图 2-15 至图 2-17）金沙清池茶作为贡茶具有 2000 多年的历史，可追溯到西汉建元六年（公元前 135 年），汉中郎将唐蒙受汉武帝的委派出使夜郎国，用金沙县清池所产"夜郎茶"上贡汉武帝。

从汉初开始，受到来自中原、长江、西南夷等多种文化的冲击、渗透和融合，形成了独特而厚重的夜郎古道文化，也为金沙清池茶留下了辉煌灿烂的悠久历史。因此，2009 年中国茶叶流通协会授予金沙县"中国贡茶之乡"的称号（图 2-18）。

近年来，金沙县紧紧依托"中国贡茶之乡"名片，"强品牌、扩规模、抓市场、提影响"，

图 2-18 中国贡茶之乡匾牌

加快金沙茶产业的发展步伐，并辐射带动黔西县（黔西化竹茶也有作为贡茶记载）、百里杜鹃管理区合力打造"中国贡茶之乡"优势茶产业带，继续完善"中国贡茶之乡"茶文化的开发与保护。20世纪60年代前，金沙的茶树以田边土坎、荒山坡地自然生长的为主；70年代中期掀起过一次种植茶叶热潮，主要在开垦荒坡上用本地茶仔密播为主，全县现有投产茶园60%以上是当时发展的实生茶园；2005年，金沙县茶叶专业合作社在清池镇办厂加工茶叶，拉动清池镇发展了一批茶园，总面积达153hm²，以种植福鼎大白茶群体种为主；2008年，贵州省明确金沙作为全省茶产业重点发展县，县委、县政府高度重视茶产业发展，决定把茶产业作为继油菜、烤烟之后的重要支柱产业来发展，成立了"金沙县茶产业发展领导小组"，通过"政府引导、企业运作、农户联动"的运作模式发展茶产业，编制了《金沙县茶产业发展规划（2008—2020年）》。2018年，金沙有茶园面积9132.6hm²、投产茶园2997.5hm²，种植茶树品种有本地茶种、福鼎大白茶、黔湄601、黔湄809等；有茶企20家、专业合作社20个，注册有绿茶类"清水塘""梦樵佳人""弘茂""三丈水"等茶叶品牌商标。黔西有茶园面积1791.7hm²、投产茶园1525.8hm²，种植茶树品种以福鼎大白茶为主；有茶企5家、专业合作社10个，拥有"花都松针""谷里毛尖""花都毛尖"3个绿茶品牌。百里杜鹃按照贵州省委"建设独具特色的杜鹃森林生态休闲旅游度假区"的总体要求，围绕打造旅游发展升级，建设国家全域旅游示范区、国家级旅游度假区为目标，坚持"旅游统揽、全域打造、全时延伸、实干升级"工作思路和"一产景观化、二产绿色化、三产特色化"的原则，积极推进农业供给侧结构性改革，按照"保住生态与发展两条底线"的要求，把百里杜鹃打造成为茶旅融合示范区，新建茶园1209.3hm²，有茶企4家、专业合作社12个。

三、中国古茶树之乡产业带

"中国古茶树之乡"产业带是以七星关区为中心，辐射带动大方县、金海湖新区茶叶基地建设为主的优势茶产业带（图2-19至图2-21）。七星关区、大方县具有悠久的茶叶生产历史，据《华阳国志》《茶经》等有关史料记载，早在秦汉时期的平夷县就种植、制作、饮用茶叶，清代还出产了著名的"太极贡茶"，而且茶叶独具特色，品质极佳。晋傅撰《七海》记载南中产茶之事，说明当时南中有了茶的栽培，反映了人工栽培茶树的存在。唐代，

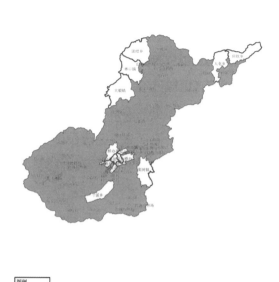

图 2-19 七星关区中国古茶树之乡产业带分布
示意图

图 2-20 大方县中国古茶树之乡产业带分布示
意图

因平夷处于南中交通枢纽线上,茶马古道
已经形成,平夷茶不断输往外地,茶叶市
场活跃。明代,南中地区茶叶已经普遍种
植。由此可知,古平夷一带乃茶之原产地
之一,其种茶、制茶、销茶、食茶的历史
已相当悠久。

　　近年来发现在七星关区分布着众多的
古茶树群,主要集中在亮岩镇,在燕子口
镇、层台镇、阿市乡、小吉场镇、生机镇、
清水铺镇也有分布,其中基径 20~30cm 的
共 975 株,30~36cm 的 17 株,而基径最
大的达 36cm;七星关区高度重视古茶树
的保护与开发利用,专门成立了古茶树保
护机构,对古茶树进行挂牌管理、育苗、
加工,并取得了初步成效。随着古茶树开
发所带来的生态效益、经济效益和社会效

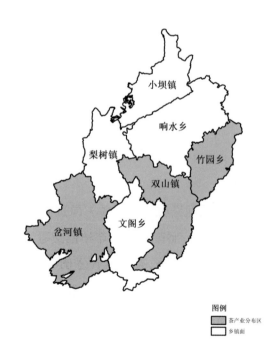

图 2-21 金海湖新区中国古茶树之乡产业带分布
示意图

益不断突显，七星关区近几年来逐渐加大对古茶树资源的保护力度（图 2-22），从历史文化方面挖掘古茶树的渊源，充分借助"中国古茶树之乡"的美誉，深度挖掘古茶树的价值进行适度开发，以打造具有区域代表性和影响力的产品，如"太极古茶"系列产品，促进古茶树这一特殊优势产业提质增效，并带动其他茶产业发展。因此，2016 年中国茶叶流通协会授予七星关区"中国古茶树之乡"称号。

近年来，围绕中国古茶树之乡优势茶产业带建设，七星关区、大方县、金海湖新区相关地区加大茶产业发展投入力度，效益逐渐凸显。2018 年，七星关区茶园面积 1823hm²、投产茶园 1549hm²，主要品种为安吉白茶、龙井 43、福鼎大白茶和本地茶种（本地古茶树育苗）；有茶企 7 家、专业合作社 19 个，生产的茶叶产品有太极古茶、奢香贡茶、七星韵雾、走心绿茶、初都河等。迄今为止，在金海湖新区竹园乡海马宫村，大方县果瓦乡果瓦、龙里、茶园、青林村、长石镇巨石、红山村、黄泥塘镇青林村、猫场镇永久村、六龙镇、对江镇、小屯乡、顺德办事处、瓢井镇、鼎新乡等多个乡镇和村寨都还有古老茶树留存（图 2-23），据不完全统计，100 年以上的古茶树约 2.6 万株，600 年以上的茶树有 1650 株，千年以上的茶树在 10 株以上。从 20 世纪 80 年代开始至今，中国农业科学院茶叶研究所、中科院亚热带农业生态研究所、贵州省茶叶科学研究所等单位曾多次到大方考察调研古茶树资源及品种资源状况。目前，大方县茶园面积 1766.4hm²、投产茶园 850.8hm²，有茶企 8 家、专业合作社 5 个，注册的茶叶商标有"九洞天仙茗"。金海湖新区茶叶种植面积 692.7hm²、投产茶园 139hm²，主要种植茶树品种有福鼎大白茶、本地茶种、湄潭苔茶、安吉白茶、金观音、金牡丹、黄金芽等；有茶企 3 家、专业合作社 3 个，注册的茶叶商标有"海马宫"。

图 2-22 七星关区太极古茶树

图 2-23 大方县古茶树

四、乌撒烤茶产业带

"乌撒烤茶"产业带是以威宁彝族回族苗族自治县(以下简称"威宁县"炉山镇为中心,辐射带动周边乡镇茶叶基地建设为主的优势茶产业带（图 2-24）。乌撒烤茶是结合现代制茶技术、古乌撒饮茶方式和烤制方法研发而成,原料必须选用海拔 2200m 以上小叶种作为原料,泡茶要采用特制的烤茶罐不停地抖动并高温加热,然后冲入开水煎煮沸腾后即可饮用。

乌撒即威宁的古称,位于贵州西部边陲的乌蒙山区,居住有汉、彝、回、苗等 19 个民族,彝族祀癸,回族婚聘、待客等日常生活都离不了茶。源于古夜郎时代的乌撒烤茶最讲究的是乌撒烤茶罐的运用,乌撒烤茶之所以能豆香馥郁,一定程度上取决于用来焙烤茶叶的沙罐。据考古发现,乌撒烤茶罐的使用至今已有 3000 多年历史,列为 "2005 年度全国十大考古新发现",因根植于民众之中,逐渐成为一种民情风俗。乌撒烤茶,嗅闻的是浓郁高原醇香,触摸的是乌蒙文化的厚重,品味的是民族历史。乌撒烤茶核心产区位于威宁县炉山镇香炉山茶园和 20 世纪 60 年代发展起来的国营炉山茶场。国营炉山茶场所产茶叶因经久耐泡、品质独特曾深得华国锋同志的赞赏。因此,这些都为威宁县乌撒烤茶的传承与茶产业带的发展奠定了良好的基础。

图 例
县界
茶园分布区
其他区

图 2-24 威宁彝族回族苗族自治县乌撒烤茶产业带分布示意图

图 2-25 贵州乌撒烤茶茶业有限责任公司茶园

威宁县平均海拔 2200m，县境中部开阔平缓，四周低矮，峰壑交错，江河奔流，是"四江之源"（即乌江、横江的发源地，牛栏江的西源、东源，珠江的北源）；属亚热带季风性湿润气候，年降水量 926mm，年日照时数 1812h，无霜期 180d，年温差小，昼夜温差大，夏季平均气温 18℃；具有低纬度、高海拔、高原台地的地理特征，冬无严寒、夏无酷暑、雨热同季，季风气候明显；再加上中国高原淡水湖泊——草海天然湿地的调节，空气自然清新，大气、水质、环境质量保持在国家优质标准。而乌撒烤茶茶园地处乌蒙山腹地、乌江源头的海拔 2200m 以上的二龙山上，得天独厚的自然环境造就出当地所产茶叶均堪比春茶（图 2-25）。中国农业科学院茶叶研究所副所长鲁成银 2018 年参观乌撒烤茶园基地时说："名副其实，这是世界上最高的人工种植茶园；威宁县从来没有平均气温超过 22℃连续一个月，所以这里是没有夏天只有春天的茶园。"

威宁茶叶自明朝末期就有零星种植，距今有 400 多年历史。但规模种植始于 1968 年，主要分布在炉山、二塘、么站、观风海、龙街等乡镇，并成立了国营炉山茶场。1973 年县国营炉山茶场所生产的"炉山茶"曾列为全省名优茶之列，种植的茶树品种主要为鸠坑种、福鼎大白茶、云南大叶茶等。2005 年生产的"香炉山茶"通过有机茶认证，注册有"乌撒烤茶""草海茶""香炉山茶"3 个商标，香炉山茶园逐渐成为了威宁县茶产业的代表及领头羊。目前，威宁县已有茶园 2024.7hm²、投产茶园 920.1hm²，产量 739.67t；重点分布在炉山镇、云贵乡、黑石头镇、哲觉镇、小海镇、龙街镇；有茶企 6 家、专业合作社 10 个。

第三节　古茶树

南方有嘉木，黔地出好茶。贵州是世界古茶树起源地之一，产茶历史悠久，茶文化源远流长。毕节地处贵州茶树原产地区域，拥有得天独厚的资源禀赋和自然环境，保存着贵州面积最广的古茶园、古茶树。据不完全统计，全市古茶树有 10 万余株，其中：1000 年以上的 1200 株、500 年以上的 2500 株。

一、古茶树主要分布区域

（一）七星关区古茶树

主要分布在亮岩镇太极村、层台镇、燕子口镇。据统计，在七星关区太极村及附近村落里，目前已探知保留的古茶树资源丰富，基径（树根直径）为 20~30cm 的有 767 株、30~36cm 的有 17 株，基径最大 36cm，株高最高 5m。据普查，全区现有古茶树资源近 7 万株。2016 年 8 月 28 日，中国茶叶流通协会授予七星关区"中国古茶树之乡"称号。

（二）金沙县古茶树

主要分布在清池镇大坝村、源村镇石刘村、石场乡构皮村、桂花乡滥坝村、岩孔街道箐河村、后山镇天灵村、岚头镇三桥村。在当年金沙清池古镇贡茶盐道边的古茶树群中，被人们称为"大茶树"的最大古茶树主树干直径超过 60cm、树高超过 12m、树冠覆盖面积达 60m^2。经省茶叶协会组织的专家鉴定，此株树龄已有 1600 年以上，被当地人称为"神茶树"。据了解，现在这棵大茶树每年还能采摘 30kg 左右鲜茶叶，揉制的茶呈褐色条索状，当地村民沿用祖辈土法喝茶方式：将炒好的茶叶与秆混存，用砂罐炭火烹

图 2-26　清澈的山泉水

煮，茶汤呈褐绿色，浓香四溢，有清神爽气和明目之功效。在清池镇，类似的大茶树还有 40 余株。据普查，金沙县境内散存的古茶树共计 40hm²。2014 年 8 月 22 日，金沙县清池镇被贵州省茶叶协会评为"贵州十大古茶树之乡"。

（三）纳雍县古茶树

纳雍县古茶树主要分布在水东镇姑箐村，寨乐镇、龙场镇、化作乡、乐治镇、姑开乡、锅圈岩乡、新房乡、昆寨乡、左鸠嘎乡、居仁街道、骔岭镇等地也有零星古茶树。在水东镇姑箐村，这里地势较高，海拔约 1800m，茶区地形复杂，峰峦重叠，山谷幽深，沟壑纵横，是纳雍出名的"夹皮沟"；土壤系石灰石、玄武岩发育而成，当地俗称"小种黄泥夹砂"，土质较好，带砂层砂质壤土，表土层呈浅黄色，紧密度较松，结构成细块状，土壤肥力好，有利于茶树根系生长。姑箐古茶树系百年以上乔木型中小叶群体品种，茶树平均高度 4.4m，树幅 4.4~4.8m，叶面稍隆呈波状，叶肉厚，叶色绿有光泽，叶尖，叶齿细浅，嫩芽叶色黄绿，无茸毛，发芽整齐。一年四季都在发芽，品种比较特殊，是一种不可多得的耐贫瘠、抗寒性强、内含物质丰富、适宜高海拔地区普及推广的优良品种，也是保护物种、选育新茶种不可多有的资源。现存的古茶树有 1000 余株，其中 1000 年以上树龄的 200 多株、400~1000 年树龄的 800 多株。经有关专家论证，姑箐最古老的茶树距今有 1500 多年。经贵州省茶叶科学研究所于 2013 年初进行检测化验：姑箐古茶树叶内含茶多酚 41.1%、氨基酸 1.6%、咖啡碱 2.1%、干物率 91.2%。所制茶叶产品具有口感舒适、清香醇和、苦涩味轻、回味甘甜、经久耐泡等特点。2014 年 8 月 22 日，纳雍县水东镇被贵州省茶叶协会评为"贵州十大古茶树之乡"。

（四）大方县古茶树

主要分布在竹园乡将军山至老鹰岩之间的海马宫村宣慰水井周围的丁家寨、简家寨和李家寨，果瓦乡青龙山下的慕得八层衙门遗址周围的官寨（上寨、中寨、下寨）、果瓦、庄房。迄今为止，龙里、茶园、青林村，长石镇巨石、红山村，黄泥塘镇青林村，猫场镇永久村，六龙镇、对江镇、小屯乡、顺德办事处、瓢井镇、鼎新乡等多个乡镇和村寨还有古茶树留存。据普查，全县树龄百年以上的古茶树约 2.6 万株，千年以上的 10 余株。

（五）织金县古茶树

主要分布在绮陌街道中坝村杨家湾组、中寨乡石丫口村和沙坝村、以那镇五星村，其中，与纳雍县水东镇接壤的中寨乡石丫口村、沙坝村嘎都河、茶叶坡天然林中，有胸径 8cm 以上的茶树 5 株，其树高 4m 左右、冠幅 3m，有古茶树丛 200 余丛，生长于石灰岩岩山灌木丛林中，有的茶树丛长于老茶树桩上，一丛 3~7 株不等，胸径均在 3~5cm、高 1.5~2m，部分老茶树桩地径 8~12cm；三甲办事处大街村水井组有古茶丛 100 余丛，大都分布在农户责任地和房前屋后，多数古茶树丛已被砍成树桩，现长成新的枝条；以那镇五星村大坡上的古茶树丛 150 余丛；绮陌办事处中坝村杨家湾有古茶树丛 600 余丛。叶型有中叶、小叶，叶长约 10.01cm，宽约 4.01cm，叶肉厚，叶色绿有光泽，嫩芽叶色黄绿，无茸毛，发芽整齐。

二、古茶树主要品种

经中国农业科学院茶叶研究所有关专家鉴定，毕节境内分布的古茶树属比较古老的秃房品种。按植物分类主要有野生乔木型、小乔木型和人工栽培灌木型。按树型主要是灌木型较多，其次是半乔木型；按叶型大多数是中、小叶类型，少数为大叶类型；按叶形有椭圆形、纺锤形、团叶形、柳叶形多种；按发芽的时间有早、中、晚；按芽发出的颜色有黄绿色、深绿色、紫红色、紫色等。古茶树资源丰富，基因繁多，极具选育开发价值。

三、古树茶叶

（一）七星关太极古树茶叶

太极村位于七星关区亮岩镇东南部，俗称水田坝。山村田园风光秀美，清澈的河水沿山绕行，形成一个"S"形大拐弯，把村庄一分为二，在河岸平原上自然形成一个完美天然的"山水太极图"，太极村因此而得名。

太极古老的产茶区，现有许多古茶树，但随着时间的推移，大量古茶树遭到砍伐和破坏。2015 年，在贵州省茶叶协会、毕节市农业委员会（现毕节市农业农村局）、毕节市茶产业协会等有关部门的帮扶下，太极村成立七星关区太极茶叶种植农机服务专业合作社，邀请广东省供销社主任、全国红茶加工专家陈栋教授前来，结合当地气候条件，采用现代工艺研制开发出高端太极古树红茶。因其"香气高藏，古墨幽香，汤色红色明亮，滋味醇厚清爽，回味悠长"而荣获贵州省第二届古树茶斗茶赛"茶王奖"、毕节市"原生态·奢香茶·馨乌蒙"大众品茗暨"奢香贡茶杯"春茶比赛活动红茶类"一等奖"、贵州省秋季斗茶大赛"金奖"，产品深受广东及本地消费者的喜爱。

"太极古茶"良好的品质，吸引了许多专家把目光聚集到"太极古茶"的保护与开发、种植和加工上来；七星关区也被授予"中国古茶树之乡"荣誉称号。为此，2017 年，太极村依托古茶产业，将村集体资金投入太极茶叶种植农机服务专业合作社，新建了 5000m² 多的茶叶加工厂房，采取"党支部＋合作社＋贫困户"的发展模式，大力发展"太极古茶"产业。几年间，太极古茶业发展迅速，太极村建成了集采茶、制茶、品茶于一体的休闲旅游地。"太极古茶树"成了当地部分村民的"致富树"。

（二）金沙清池古树茶

清池镇位于金沙县城西北部，是金沙贡茶的核心产区。金沙清池古树茶叶历史悠久，最早要追溯到西汉时期（图 2-27）。2000 多年后的今天，金沙县的清池毛尖、清池绿茶、清池翠片等分别在全国各类茶博会上获奖。1988 年，清池毛尖茶被誉为"贵州历史名茶"，被载入《中国食品大全·贵州卷》。2009年 5 月，在第十六届上海国

图 2-27 金沙县清池古茶树

际茶文化节中国名优茶评比中，清池毛尖获金奖、清池绿茶获银奖；贵州天灵茶叶有限责任公司选送的天灵翠片、天灵金针、天灵毛峰和天灵女儿茶 4 个品牌摘取 3 金 1 银奖牌。2009 年，"清水塘"牌的清池翠片在中国·贵州国际绿茶博览会上荣获"贵州十大名茶"称号。2009 年 6 月 17 日，金沙县被中国茶叶流通协会正式命名为"中国贡茶之乡"。

（三）纳雍姑箐古树茶叶

姑箐村位于纳雍县城东南部水东镇。据清康熙十二年（公园 1673 年）《贵州通志》载："平远府茶产岩间，以法制之，味亦佳。"当时的纳雍县姑箐一带毗邻织金县，在清朝时属平远州。"平远府茶产岩间"中的"岩间"就是指现在的姑箐村一带的岩石上。据当地的百姓介绍，当时生产的茶是作为贡品上贡

图 2-28 纳雍县姑箐古茶树

官府和朝廷的，于是，姑箐茶亦称姑箐贡茶、姑箐御茶。据传说，有来自江西的宋氏家族为姑箐的大树茶而迁到姑箐村，发展成现在姑箐村的宋氏家族，姑箐山上的古茶树中还有"夫妻古茶树"的传说。由于历史的变迁，现仅有少数野生古茶树零星散落在海拔1700m的姑箐村塘上、箐脚、河头上、王家寨、屯脚、坡头、岩脚、箐上等地的山岩和半坡上（图2-28）。为使这些古茶树得到更好的保护和开发，2014年纳雍县委、县政府与中国农业科学院茶叶研究所签订《关于纳雍县姑箐古茶树的资源保护与开发利用协议书》，同时制定《纳雍水东姑箐古茶树的保护措施》，对现存的姑箐古茶树实行挂牌管理，开始尝试对古茶树实施嫁接育苗，进行保护性开发和扩种。

（四）大方古树茶叶

据东晋《华阳国志》记载："平夷产茶、蜜……唐蒙通夜郎，携构酱、茶、蜜返京……"，平夷即今七星关、大方、金沙、遵义一带。大方县海马宫茶被收录于《中国茶经》，据《中国茶经》记载，海马宫茶"一饮生津破闷，再饮情思朗爽，三饮得道通灵，使君融入和、静、清、园之境地……"。明代袭贵州宣慰使奢香夫人以海马宫茶、果瓦茶上贡明太

图 2-29 大方县果瓦古茶树

祖朱元璋品之甚喜，赐予金银珠宝，旨建黔中驿道。据《大定县志》（1925年）记载："茶叶之佳以海马宫为最，果瓦次之。初泡时，其味尚涩，迨泡经两三次，而其味转香，故远近争购，啧啧不置。"1988年，海马宫茶被誉为"贵州历史名茶"载入《中国食品大全·贵州卷》。据1959年出版的《长石在飞跃》和《长石人民公社史》记载，长石人民公社境内（包含果瓦、长石、龙里等农业社）新中国成立前有古茶树4.8万多株（图2-29）。目前，大方县野生古茶树尚欠保护，除农户自己采摘部分自行加工自用外，没有茶叶企业对大方古茶树进行开发利用。

（五）织金古茶树叶

早期的织金县位于"茶马古道"的政治、经济、文化中心地带，茶叶生产历史悠久，《平远州志》就有清道光年间，"平桥"一带以茶上公粮的记载（图2-30）。

近年来，贵州乌蒙谷丰农业产业化科技有限公司注册了"杨家湾古贡茶"商标。该公司生产的"杨家湾古贡茶"口感舒适，清香醇和，苦涩味轻，回味甘甜，经久耐泡。

图 2-30 织金县中寨古茶树

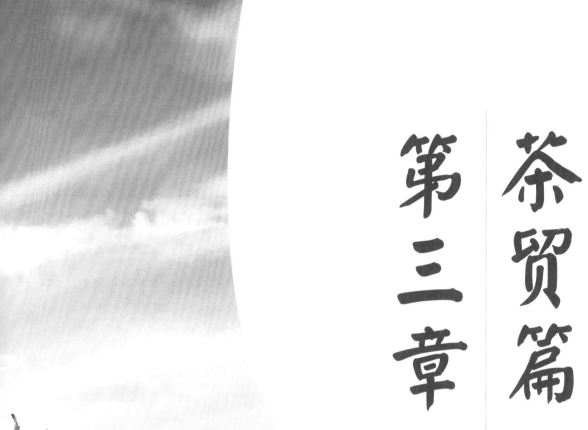

第三章　茶贸篇

毕节茶贸历史悠久,最早可追溯到西汉时期。据《平远州志》记载:在清康熙、道光年间,织金"平桥"一带以一斤茶抵一斤皇粮上公粮,每年上贡青茶四担。中华人民共和国成立前,茶叶多以农户自产自销为主。新中国成立后,茶叶主要作为出口创汇产品。近年来,毕节茶产业不断发展壮大,出现了产销两旺的大好局面。

第一节　茶叶产销历史

一、古　代

茶树原属野生,后被驯化。《汉书》载:"西汉建元六年(公元前135年),遣汉中郎将唐蒙通夷,携枸酱、茶、蜜返京……"其意为:唐蒙在经过夜郎去南越的路上,曾看到路途有枸酱和茶蜜等农副产品在市场上出售,故而携带返京,说明当时的夜郎先民已经把蒸煮技术运用到茶叶加工上,唐蒙也被称为叩开贵州茶叶大门第一人。如今,在金沙县清池镇大坝村、纳雍县水东镇姑箐村、织金县中寨乡、大方县果瓦乡、七星关区亮岩镇太极村等多地还保存有上千年的古茶树落,乔木型、半乔木型、灌木型均有。

《平远州志》记载:清康熙、道光年间,织金县境内有不少高大古茶树,物产种类记载有茶叶;织金"平桥"一带以茶上公粮,一斤茶抵一斤皇粮,每年上贡青茶四担。可见清朝时期,茶叶作为皇粮上贡已成为常态,说明其质量已得到朝廷的认可。

二、近　代

新中国成立之初,毕节境内没有成片茶园,多为农户在房前屋后、田边地角零星种植,以自产自销为主,产量约161t,面积约800hm^2。

20世纪50年代,国家规定由供销社为国家代购茶叶,在代购的同时开展自营业务。1954年,毕节、金沙县供销社为国家代购各类青毛茶78t,全系统自营各类毛茶和粗边茶75t。1955年供销社销售各类毛茶和粗边茶228t。1956年3月,贵州毕节专员公署(以下简称"毕节专署")农产品采购局接收茶叶经营业务。不到半年时间,毕节专区农产品采购局与毕节专区合办处合并,茶叶经营业务复归供销社。随后,贵州省农业厅下发《关于1956年所收购的茶种价售农业社时价款补贴的通知》,刺激茶叶生产。

1958年,毛泽东主席发出"以后山坡上要多多开辟茶园"的号召后,贵州省毕节专署农业局下发《关于采摘茶种,做好收购工作,扩大明年茶叶面积的通知》,全区各级政府积极扶持茶叶生产,并建立了毕节县高桥游民改造农场(1980年更名为贵州省毕节地区周驿茶场，2012年更名为毕节市周驿茶场，现属毕节市民政局主管的差额拨款事业单位）为代表的国营或集体茶场。

1958—1962年（1958年春、夏秋茶收购价格见表3-1），茶叶实行统一收购，执行粮食、化肥奖售政策。茶叶产区的供销社与集体茶园（场）签订预购合同，发放一定比例的预购订金。1958年，全专区外贸收购茶叶327.45t，其中红茶15.55t、绿茶266.50t、边茶45.4t；1959年收购537.65t，其中红茶12.05t、绿茶246.15t、边茶279.45t，为历年外贸收购茶叶最高一年；1960年收购降为338.95t，其中红茶4.6t、绿茶194.25t，边茶140.1t。期间，贵州省粮食厅、农业厅、对外贸易厅以厅粮计［1961］中字668号分配给毕节1962年收购春茶100t（其中红茶15t、青毛茶85t）奖励1t（粮食），充分体现了政府在粮食不富裕的情况下，不惜采取奖励粮食鼓励茶叶生产。

表3-1　毕节专署春、夏秋茶收购价格表（1958年6月23日）

品名	规格	春茶/元	夏秋茶/元
青毛茶	一级中	1.48	1.58
	二级中	1.20	1.28
	三级中	0.98	1.08
	四级中	0.80	0.92
	五级中	0.66	0.74
粗青茶	一级	0.56	0.68
	二级	0.48	0.64
	三级	0.40	0.56
南边茶	金尖	0.25	0.25
	金玉	0.20	0.20

注：表中收购价为每公斤单价。

1962年6月，毕节专区外贸局按照贵州省外贸局的指示贯彻落实《关于压缩茶叶省内销售的通知》精神，按优先保证出口，适当安排边销、有余部分安排内销的规定，将茶叶收购计划安排到各县区；执行贵州省财政厅税务局《1962年收购茶叶的补贴价格暂缓纳税的通知》。在政策的鼓励下，特别是贵州省毕节专署农业局引进抗寒品种福鼎大白茶成功后，全区茶园面积有所扩大。

1963年2月，毕节专署商业局、对外贸易局和贵州省供销毕节专区办事处下发《茶叶销售的联合通知》明确：供销社的茶叶经营业务移交外贸部门，基层供销社代购，由外贸部门付给手续费；未设外贸机构的地区由基层供销社代购，外贸部门付给一定的代购手续费；标准为收购青毛茶、南边茶按收购总值的 8.5% 付给。毕节专区商业局在《关于分配二季度内销茶叶货源的通知》中提出：成品茶零售业务由国营食品公司负责经营，货源由毕节专区进出口公司负责供给；茶叶供应标准及办法原则上由各县（区）根据货源定，可以掌握供应，也可敞开供应，但必须堵塞漏洞，防止商贩投机。当年收购 259t，其中红茶 1.50t、绿茶 130.75t、边茶 126.75t。

1964 年 4 月，贵州省外贸局、贵州省供销社联合通知，凡国营农场生产的茶叶从本年度二季度起，统由外贸部门直接收购。未设有外贸机构的地区，由毗邻县外贸工作站派员前往收购，亦可由专、州、市外贸局和进出口公司收购。1965 年，贵州省外贸局、供销社联合制发《关于进一步加强茶叶、蚕桑、畜产代购工作的联合指示》，强调当地外贸可直接设点收购的，上级供销社就不要插手收购。毕节专区外贸部门按上述规定开展茶叶经营业务。

毕节专区对外贸易局《关于南边茶奖售标准的请示报告》指出：边茶供应的好坏，关系到兄弟民族团结，促进边疆生产和贸易。经批准同意，从 1964 年 8 月 1 日起，每出售 50 公斤南边茶奖励布票 5 市尺、化肥 5 公斤。1965 年，贵州省人民委员会《关于抓紧茶叶生产收购工作的通知》，毕节专署《内销茶改由供销社经营的联合通知》，毕节专署农业局、对外贸易局也下发《关于加强茶叶种籽收购、调拨的意见》。大方、黔西、织金县收购的边茶全部调交贵州省土特产品进出口公司；金沙县收购的边茶调遵义专区外贸局转销。大方、金沙、黔西、织金收购的红毛茶、炒青茶、粗青茶全部调贵阳茶厂。

1966 年，根据贵州省茶叶与土特产品进出口公司按经济区安排茶叶调拨路线的精神，大方、织金、黔西、金沙县的红毛茶、炒青茶、青毛茶均调贵阳茶厂，并直接结算；金沙县的边茶调遵义专区外贸公司；黔西、大方县的边茶调贵州省茶叶与土特产品进出口公司。是年，因"文化大革命"影响，收购量为 300.1t。

经批准，毕节专区革命委员会贸易办公室于 1969 年 3 月 7—12 日召开全区茶叶工作会议，并下发毕节地区革命委员会生产领导小组《关于转发"毕节地区茶叶工作会议纪要"的通知》，明确将"分户采摘、分户加工、谁采谁得"的做法，改为"集体采摘、集体加工、集体交售"。8 月 18—23 日，毕节专区茶叶工作会议在金沙县岩孔区召开，明确国家经营和集体经营并举，增加产量和提高质量并举，增加对内销售和适当出口并举。当年仅收购 106t。1970 年收购回升到 198.48t。

1971 年，收购茶叶只奖售粮食，取消化肥奖售。毕节地区外贸部门遵照上级安排，后期收购的茶叶均按规定着重满足国内市场销售，很少出口。茶叶严禁进入市场买卖，不准以茶易物。国营农（茶）场生产的茶叶，除留少量职工自饮外，全部卖给供销或外贸部门。1972 年恢复化肥奖售，收购量上升。这段时间，由于反复调整茶叶收购政策，因而对茶叶的生产和收购造成了一定影响。

1974 年春，贵州省茶叶现场会在威宁县召开，极大地刺激了毕节地区茶叶生产，全区内贸收购茶叶 28.86t；1975 年收购茶叶 189.11t，其中绿茶 73.07t、边茶 116.04t。

1977 年，毕节地区建成茶场 563 个，其中国营 3 个、公社办 101 个、大队办 46个、生产队办 413 个（表 3-2），分布在 8 县 78 区 500 多个乡村，面积 4240hm^2、产量669.7t。

表 3-2　毕节地区社队茶场情况统计表（1977 年）（单位 / 个）

县（区）	茶场总数	国营茶场	公社办茶场	大队办茶场	生产队办茶场
地区直管	2	2	0	0	0
毕节	2	0	2	0	0
大方	2	0	2	0	0
黔西	68	0	33	35	0
金沙	163	0	28	0	135
织金	10	0	10	0	0
纳雍	291	0	8	5	278
威宁	7	1	2	4	0
赫章	18	0	16	2	0
合计	563	3	101	46	413

党的十一届三中全会后，在党的"决不放松粮食生产，积极发展多种经营"方针指引及毕节地委、行署的统一安排部署下，茶叶由农业部门重点抓，在农技人员加强技术培训与示范、组织外出参观考察，引进推广茶树密植免耕技术、茶园果树间套作技术、绿茶炒青全滚筒加工等先进技术，并在体制上对原有社队茶园实行联产承包责任制，从而极大地提高了茶农的生产积极性。1978—1981 年共收购茶叶 381.74t，年均 95.44t，其中绿茶 4 年收购量为 336.41t、边茶 45.33t（毕节地区 1958—1981 年外贸茶叶收购统计见表 3-3）。

表 3-3 毕节地区 1958—1981 年外贸茶叶收购统计（单位 / t）

年份	合计	茶叶		
		红茶	绿茶	边茶
1958	327.45	15.55	266.5	45.4
1959	537.65	12.05	246.15	279.45
1960	338.95	4.6	194.25	140.1
1962	159.4	0.1	73.15	86.15
1963	259	1.5	130.75	126.75
1964	234.2	–	–	–
1965	345.19	–	–	–
1966	300.1	–	–	–
1967	246.15	–	–	–
1968	187.8	–	–	–
1969	106	–	–	–
1970	198.48	–	–	–
1971	177.8	–	–	–
1972	153.14	–	–	–
1974	28.86	–	–	–
1975	189.11	0	73.07	116.04
1976	149.58	0	81.5	68.08
1977	153.14	–	–	–
1978	103.99	0	81.97	22.02
1979	102.17	0	80.72	21.45
1980	102.75	0	102.75	0
1981	72.83	0	70.97	1.86

　　1981 年 10 月，根据贵州省供销社和贵州省外贸局《关于茶叶经营业务交接的通知》，毕节地区茶叶营销业务由毕节地区外贸局移交给毕节地区供销社。1982 年，收购茶叶执行"购五留五"比例和奖售政策。每交售 10 公斤级内茶，奖售粮食 25 公斤、化肥 40 公斤。超过任务的级内茶，则工商税由 40% 减为 20%，每超过 2 公斤级内茶，奖售化肥 3 公斤。1983 年，国家调整茶叶税率，毛茶税由 40% 降为 25%，南边茶由 20% 降为 10%，再次激发了茶叶生产的内生活力。1987 年，全区茶园面积 4802hm^2、采摘茶园 3249hm^2、产量 735t。

1988 年，在党中央、国务院的关怀下，设立了毕节"开发扶贫、生态建设"试验区。为了全面贯彻落实试验区建设"三大主题"（开发扶贫、生态建设、人口控制），为落后地区闯出一条生态建设良性循环之路，毕节地委、行署提出了"五子登科"（山顶生态林戴帽子、山腰经果林系带子、坡地种绿肥铺毯子、基本农田科技兴农收谷子、发展多种经营抓票子）综合治理生态方案。同时，毕节地委、行署以贵州省财政厅税务局《转发财政部税务局〈关于边销茶征收产品税问题的批复〉的通知》下发为契机，明确把"三林一茶"（速生林、经济林、果木林各 1 亿株，茶叶 20 万亩）工程列为试验区建设工作的重中之重来狠抓落实，下发《关于成立毕节地区林果药茶开发公司和毕节地区畜牧开发公司的通知》文件，1988年 10 月，毕节地区林果药茶开发公司;并成立了毕节地区"三林一茶"工程建设领导小组，先后划拨财政 500 多万元作为"三林一茶"工程的启动资金。1990 年 7 月 3 日，毕节行署办公室下发《关于召开"三林一茶"工作座谈会的通知》，并在座谈会上形成会议纪要，明确要求各县（区）成立相应的机构，采取与"中国 3356 工程"、长江中下游防护林工程、水土保持工程相联合和国营、集体、联户、个体"四个轮子"一起转的方式，在全区迅速掀起种植茶园的热潮。1992 年全区茶园面积发展到 8317hm^2，采摘茶园 5064hm^2、产量 889.99t，分别比试验区建设前增长 73.33%、55.86%、21.09%。全区 8 个县 80 个区、500 多个乡镇种茶，建立了黔西县谷里红专茶场、纳雍县姑开居仁茶场、金沙县大水农场、织金县以那茶场、大方县理化茶场、威宁县炉山茶场、赫章县哲庄茶场和野马川茶场、毕节地区周驿茶场、地区大坡茶场等 10 个千亩以上大型茶场。其间，为了提高茶叶质量、提升茶叶效益，毕节地区周驿茶场研制的乌蒙毛峰于 1995 年 5 月经贵州省名茶评审委员会评定为省级名茶，开创了现代名茶研制的先河;毕节地区农业技术推广站引进推广"遵义毛峰茶采制技术";中国当代著名茶学专家陈椽老先生于 1997 年 1 月 1 日品尝毕节地区林果药茶开发公司研制的道开佛茶后欣然题词"高原佳茗、茶族奇葩"。然而，进入 20 世纪 90 年代中、后期，由于国际、国内茶叶市场疲软，粮食安全问题日益突出和广大农民群众尚未完全解决温饱，加上部分地方错误地认为"茶不当饭吃，挖了茶叶种粮食"，出现了大规模的毁茶种粮现象。2003 年全区茶园面积急降至 5686hm^2、采摘茶园 4163hm^2、产量 620t，分别比 1992 年下降 31.63%、17.79%、30.34%。

三、现 代

20 世纪末，民革中央邀请中国农业科学院茶叶研究所专家许允文教授对纳雍县帮扶指导。许允文教授通过实地考察，认为纳雍县具有得天独厚的高山生态有机茶生产条件：云雾缭绕，空气清新，环境污染少，适宜生产干净茶;海拔高，气候冷凉，病虫害发生少，野生或半野生茶园多，有利于开展有机认证；昼夜温差大，有效物质积累多，适宜生产高档茶。在许允文教授的力促下，该县率先成立茶叶产业办公室，并先后建立起 6 家茶叶公司和 4 家茶叶专业合作社，新建大型茶叶加工厂 6 座，垦复、改造荒芜茶园 1000hm² 多，新建茶园 1333hm²，有机茶园颁证面积达到 400hm²。同时，许允文教授组织纳雍县有关人员赴江浙一带参观考察当地的先进种茶、制茶技术，培养了一大批本土技术人才和能手，形成了 6 个茶叶品牌 16 个系列产品，以贵茗翠剑、府茗香为代表产品多次在全国和国际性行业会上获奖。2005 年，为了进一步提升纳雍县茶叶品质，许允文教授请来了浙江萧山曾为毛泽东主席制茶的师傅苏火根指导纳雍县茶叶加工，并在当年贵州省及毕节地区农产品展览会上拿到了 580 万元订单（以茶叶为主），从而促使纳雍县委、县政府下决心发展高山生态茶产业。特别是随着市场经济的快速发展，农村剩余劳动力外出打工日益增多，加上市场流通渠道改善、国际国内粮食调运呈现常态化，这给全区粮食生产减轻了压力，并为加快推进农村产业结构调整，促进农业增效、农民增收创造了条件。

2006 年，贵州省政协在全省组织了大规模的茶产业调研工作，认为地处茶树原产地区域"高海拔、低纬度、寡日照、多云雾"的贵州省，适宜大面积发展茶产业，并在此基础上形成《关于加快贵州省茶产业发展的建议》提交省委、省政府研究。2007 年，贵州省委、省政府下发《关于加快茶产业发展的意见》文件后，毕节地委、行署紧紧抓住"东茶西移"和川、滇、黔结合部交通枢纽初步形成的有利契机，充分发挥中央统战部牵头建立的统一战线参与支持毕节试验区联络联席会议机制、东部十省市统一战线帮扶机制的作用，努力把农村产业结构调整与脱贫攻坚工作紧密结合，于 2008 年初组织召开全区茶产业发展大会，明确举全区之力打造高山生态茶优势产业带的最佳之地，并出台了《关于加快高山生态有机茶产业发展的实施意见》，制定了《毕节地区茶产业发展规划（2008—2020 年）》，先后整合中央、省、市、县级财政资金 37146.7 万元（表 3-4）用于扶持高山生态茶产业发展，并聘请中国农业科学院茶叶研究所所长、国家茶产业体系首席专家杨亚军为顾问。全区各级各部门采取"请进来、走出去"的方式正确引导社会资本和外来资金参与高山生态茶产业发展，大力培育经营主体；积极推进标准化示范茶园基地建设，重点抓好幼龄茶园增效促管技术、茶园绿色防控技术、无公害及有机茶生产技术的培训与指导，有效促进茶旅结合协调发展；加大茶树品种引进种植，现已从单一的福鼎大白茶群体种发展到黔茶系列、黔湄系列、安吉白茶、黄金芽、龙井 43、迎霜、金观音、浙农系列、鸠坑系列等多品种种植。特别是 2009 年 1 月 9 日召开毕节地区茶产业协会成立大会，把全区关心、热爱茶产业发展的各方人士和茶企负责人聚集起来；毕节地区农业技术推广站组织实施《名优茶机械化加工技术运用与推广》《无公害及有机茶生产技术普及推广》等项目在荣获"贵州省农业丰收计划奖"的同时，有力地提升了全市高山生态茶产业的科技含量，全区茶产业开始进入发展的快车道。2011年底毕节撤地改市时，全区茶园面积14325hm²、采摘茶园6563hm²、产量936t，比2007年茶园面积5958hm²、采摘茶园4059hm²、产量686t增长140.3%、61.69%、36.44%。

表3-4　2008—2018年茶产业扶持资金情况统计表（单位/万元）

年份	县区	七星关	大方	黔西	金沙	织金	纳雍	赫章	威宁	百里杜鹃	金海湖	合计
2008	中央、省	0	10	0	0	0	0	0	57	0	0	67
	市	0	0	0	2000	0	0	0	0	0	0	2000
	县	0	0	0	0	0	0	0	0	0	0	0
	合计	0	10	0	2000	0	0	0	57	0	0	2067
2009	中央、省	270	623.51	0	0	0	0	0	653.12	0	0	1546.6
	市	0	0	20	1275	0	0	0	0	0	0	1295
	县	0	0	0	483	0	0	0	0	11.6	0	494.6
	合计	270	623.51	20	1758	0	0	0	653.12	11.6	0	3336.2
2010	中央、省	90	102	0	765	0	65	0	644.02	20	0	1686
	市	0	0	0	0	0	0	10	0	0	0	10
	县	0	0	691.57	0	0	15	0	0	0	0	706.57
	合计	90	102	691.57	765	0	80	10	644.02	20	0	2402.6
2011	中央、省	45	8	0	885	0	70	0	118.1	20	0	1146.1
	市	0	0	0	0	0	0	0	0	0	0	0
	县	0	0	0	70	0	13	0	0	0	0	83
	合计	45	8	0	955	0	83	0	118.1	20	0	1229.1
2012	中央、省	0	124	0	137	0	241	15	508.1	0	0	1025.1
	市	0	0	0	0	0	0	0	0	0	0	0
	县	0	0	0	30	0	0	0	0	52.23	0	82.23
	合计	0	124	0	167	0	241	15	508.1	52.23	0	1107.3
2013	中央、省	0	890	400	1457	403	1488.1	30	90	0	0	4758.1
	市	0	48.1	0	77.8	126.5	0	14.2	20	0	0	286.6
	县	0	500	0	235.57	600	25	0	0	41.05	0	1401.6
	合计	0	1438.1	400	1770.4	1129.5	1513.1	44.2	110	41.05	0	6446.3
2014	中央、省	0	145	400	234.5	400	464.1	30	200	0	0	1873.6
	市	0	0	0	0	0	0	0	0	0	0	0
	县	0	0	0	148	0	514.51	0	65	67	0	794.51
	合计	0	145	400	382.5	400	978.61	30	265	67	0	2668.1

年份	县区	七星关	大方	黔西	金沙	织金	纳雍	赫章	威宁	百里杜鹃	金海湖	合计
2015	中央、省	0	120.5	0	502	51	512	0.5	0	40	89.49	1315.5
	市	0	0	0	0	0	0	0	0	0	0	0
	县	0	0	0	143	84	369.07	0	0	76.01	0	671.81
	合计	0	120.5	0	644.73	135	881.07	0.5	0	116.01	89.49	1987.3
2016	中央、省	0	60	0	340	114	717	0	77.36	20	0	1328.4
	市	210	0	0	0	0	0	0	0	0	0	210
	县	0	0	0	126.89	0	0	0	0	10.28	200	337.17
	合计	210	60	0	466.89	114	717	0	77.36	30.28	200	1875.5
2017	中央、省	200	80	0	272	150		50	20			772
	市	0	0	0	10	50		0	0			60
	县	0	0	0	661.52	461.61	131.03	0	0	1024.1	0	2278.2
	合计	200	80	0	661.52	743.61	331.03	0	50	1044.1	0	3110.2
2018	中央、省	645	0	0	0	0	0	0	0	0	100	745
	市	0	0	0	0	25	0	0	0	0	0	25
	县	6396	0	0	185.83	0	504	0	35.07	3026	0	10147
	合计	7041	0	0	185.83	25	504	0	35.07	3026	100	10917
合计		7856	2711	1512	9757	2547	5329	99.7	2518	4428	389	37146.7

2012 年 4 月 28—29 日，毕节试验区首届"生态原茶·香溢乌蒙"万人品茗活动在七星关区人民公园举行，社会各界切身感受到了采自"高海拔、低纬度、多云雾、寡日照"气候条件下的茶树鲜叶所制作的高山生态茶产品具有"香高馥郁、鲜爽醇厚、清新怡神、回味悠长"的特点，深受广大消费者的好评。当年，赫章县夜郎王茗有限责任公司出口茶叶 139 万美元，标志着改革开放以来毕节市恢复茶叶出口。

与此同时，毕节市加大了古茶树珍稀资源的保护与开发，于 2014 年 4 月成立了以原毕节地区人大工委副主任赵英旭同志任组长的古茶树保护与产业化开发协调工作组。目前，全市古茶树资源已经基本完成普查及挂牌管理；古茶树育种与扦插育苗正在起步；研制的古树茶叶产品质量得到中国农业科学院茶叶研究所研究员虞富莲、云南省农业科学院茶叶研究所研究员王平盛等专家的肯定；已编辑出版《生态毕节·古茶飘香》画册和《纳雍古茶树》书籍。

贵州省政府《关于印发贵州省茶产业提升三年行动计划（2014-2016）》下发后，毕节市委、市政府多次召开会议研判后认为：毕节市"高海拔、低纬度、多云雾、寡日照"

的气候下生长的茶树新梢持嫩性强，鲜叶内主要营养物质含量高，所制茶叶"香高馥郁、鲜爽醇厚、清新怡神、回味悠长"，独、特、优兼备（独：毕节茶"离天最近、离地最远"，有中国最高海拔 2277m 的威宁香炉山茶园；特：毕节茶多为高山生态有机茶，无污染、无公害、有机茶园多；优：毕节茶品质好、口味好、汤色好，中国农业科学院茶叶研究所副所长鲁成银先生盛赞毕节夏秋茶可比江浙一带春茶），决定把扶持发展高山生态茶产业作为贯彻落实习近平总书记"希望贵州省抓住机遇大力发展茶产业""确保按时打赢脱贫攻坚战，努力建设贯彻新发展理念示范区"具体行动，出台了《关于印发〈毕节市高山生态茶产业三年行动方案（2018—2020 年）〉的通知》明确要求各级各部门必须按照"五大发展理念"（创新、协调、绿色、开放、共享）要求，及时出台扶持政策、加大招商引资力度、注重培育经营主体、推进村社一体合作社建设、加快土地流转等多种方式发展茶产业，通过三年的努力，把毕节市打造成为全国高山生态茶基地、高品质绿茶原料生产加工基地、优质出口茶生产加工基地。

图 3-1 贵州府茗香茶业有限公司销售门市　　图 3-2 贵州三丈水生态发展有限公司销售门市

为了生态优势变为经济优势，各地积极创新营销手段主动参与茶叶市场竞争，如贵州三丈水生态发展有限公司积极推进消费者网上订购专属茶叶基地的方式推进产销对接；威宁香炉山茶园广泛利用茶叶销售专柜（或超市）设置营销网点 314 个，并借助"乌撒烤茶文化"的发掘，提升企业品牌和形象；毕节七星太极古茶开发有限公司与广东省供销社签订供货协议；毕节市七星关区初都茶场依托江苏省天目茶叶集团成熟的销售渠道贴牌生产，民革中央河北省委员会帮助贵州纳雍县金蟾山茶业发展有限公司在邢台开设纳雍高山茶专卖店。据不完全统计：毕节市茶企外出开设茶叶专卖店 10 个、市内开设专卖店 22 个、在市内设置点 3000 余个（图 3-1、图 3-2）。全市 2008—2018 年茶叶上缴税收 314 万元。

截至 2018 年，全市茶园面积达 29014.4hm^2，可采摘面积 13588.3hm^2，茶叶总产量

3281t，分别比 2011 年撤地设市时增加 56.96%、106.32%、202.40%。已建立 2 个茶叶类省级示范园区（金沙贡茶高效农业示范园区、纳雍高山生态有机茶产业示范园区）、2 个涉茶类省级示范园区（七星关区休闲农业示范园区、金沙县正大循环农业示范园区）、2 个涉茶类市级示范园区（金沙县桂花水乡生态循环农业示范园区、织金县桂花休闲农业示范园区），总产值近 25 亿元。已培育茶叶生产企业 107 个、专业合作经济组织 223 个，地级以上龙头企 41 个（含省级龙头企业 17 个）。当年覆盖农户数 6957 户 27368 人，其中贫困户 2101 户 7413 人，涉茶农民人均增收 1949.79 元。

第二节　毕节茶知名品牌

一、乌撒烤茶

乌撒烤茶是贵州乌撒烤茶茶业有限责任公司根据威宁饮茶习俗和 2005 年度全国十大考古新发现之一（威宁县中水遗址）出土的土茶罐研发整理出的一种独具地方民族特色的烤茶，是中国茶文化中的瑰宝（图 3-3）。

乌撒烤茶属于绿茶类，是根据结合现代制茶技术，运用古乌撒饮茶方式和烤制茶方法研发而成。外形紧结卷曲有锋苗、墨绿，汤色黄绿明亮，豆香浓郁、香高持久、滋味醇厚，叶底黄绿尚亮、均匀。

近年来，贵州乌撒烤茶茶业有限责任公司致力于打造乌撒烤茶品牌，先后被评为 2005、2008、2009 年中国知名品牌（图 3-4），培育贵州省著名商标"乌撒""草海"，荣获第十届中国国际农产品交易会金奖、贵州省第三届茶艺大赛金奖，是贵州省第五批农业产业化经营重点龙头企业。

图 3-3 乌撒烤茶

图 3-4 中国知名品牌证书

二、奢 香

"奢香"商标是毕节市茶产业协会在市委、市政府的大力支持下，为了配合相关部门抓好高山生态茶产业发展而通过法定程序转让的，拥有商标专属权。

"奢香"商标寓意：一是奢香夫人摄理贵州宣慰使一职期间，把大方海马宫竹叶青茶、上贡明朝皇帝朱元璋，因茶叶品质上佳而得到赏赐。为感皇恩，奢香夫人组织劳力筑道路、设驿站，沟通了内地与西南边陲的交通，巩固了边疆政权，促进了水西及贵州社会经济文化的发展，演绎出中华民族团结与和谐新篇章。二是毕节所产茶叶为纯天然的高山生态干净茶，具有"香高馥郁、鲜爽醇厚、清心怡神、经久耐泡"的独特风格，属人们追求健康、长寿生活的奢侈品，茗香袭人。

近年来，毕节市茶产业协会为了把"奢香"商标打造成为茶叶区域公用品牌，在毕节市政协的牵头下，先后举办了五届"奢香贡茶杯"春季斗茶赛及大众品茗活动（图3-5），邀请省内外有关专家现场评审、点评，鼓励茶企斗茶、市民品评，并组织茶企积极参加省内外举办的名茶评比活动，在连获多项"茶王"奖的同时，有效扩大了"奢香"商标知名度与影响力，促进了全市茶叶加工技能的全面提升。

图 3-5 毕节市茶博会（纳雍县厍东关乡）现场

今后，毕节市茶产业协会将邀请有关茶叶专家前来调研，并在全面掌握茶叶产品特性的情况下，认真制定"奢香贡茶"产品标准，加强贯标工作，鼓励茶企抱团发展，确保昔为皇家宫廷饮的"奢香贡茶"能够迅速走入寻常百姓家。

三、彝岭苗山茶

彝岭苗山茶产于纳雍县姑开苗族彝族乡，地处乌蒙深处，平均海拔1850m。优良的生态环境，独特的冷凉气候，创新、精细化的加工工艺赋予了彝岭苗山绿茶嫩黄绿、甜花香、鲜爽味的特点，被业内专家誉为"紧细披毫、秀外慧中、幽幽清香、如同少女的气息"。消费者盛赞"明前不

图 3-6 彝岭苗山牌荣获贵州茶行业绿茶类特别金奖奖牌

见芽，明后一半发，喝杯夏秋茶，胜似明前芽，茶中称极品，彝岭苗山茶"。

彝岭苗山茶产品曾获毕节市"奢香杯"四连冠，2017、2018 年"黔茶杯"名优茶评比全省第一名，"中茶杯"特等奖（总分排名全国第四），2018 年贵州省"太极杯"茶王，贵州省茶行业首个绿茶类特别金奖（图 3-6）。

四、贵茗翠剑

图 3-7 纳雍县贵茗翠剑茶业有限责任公司奖牌

"贵茗翠剑"是由贵州省毕节市纳雍县的纳雍县贵茗茶业有限责任公司通过绿茶工艺加工形成的茶叶品牌。公司成立于 2002 年，注册资本 200 万元，现有工人 65 人，是农业产业化经营省级重点龙头企业、贵州省重点扶贫龙头企业；公司现有茶园基地 324hm²，其中 72hm² 已连续 10 年通过有机茶认定。有加工厂房 2250m²、办公用房 860m²，自动清洁化名茶生产线 2 条。

贵茗翠剑 2001 年获"中茶杯"二等奖、2002 年韩国第四届国际名茶评比金奖，乌蒙翠芽获 2004 年"蒙顶山杯"国际名茶金奖，2009 年 4 月在第十六届上海国际茶文化节获"中国名茶"金奖（图 3-7）。

五、府茗香

"府茗香"是由贵州省毕节市纳雍县的贵州府茗香茶业有限公司通过绿茶工艺加工的知名绿茶品牌，公司基地位于纳雍县东北部的乐治镇蚕箐大坡，距县城 21km，目前拥有茶园面积 273hm²，其中有机茶园 79hm²、养殖基地 2.7hm²。公司现有员工 75 人，其中技术人员 12 人、研发人员 2 人。2003 年获毕节地区优质农产品称号，同年"府茗香云雾春"获得贵州省名牌产品称号；2004 年 5 月"府茗香"牌系列茶叶产品在青岛荣获第二届中国国际专利与名牌博览会金奖；同年 9 月，又在四川雅安国际茶文化研讨会上荣获"蒙顶山杯"国际名茶金奖；2005 年，"府茗香翠龙"获中国专利 20 年优秀成果展特别金奖；2006年5月，"府茗香翠龙"荣获贵州省第二届"佳茗杯"名优绿茶优质奖。2006年公司被评为贵州省农业产业化经营优秀重点龙头企业，2007年通过QS认证，2008年获国家扶贫重点龙头企业荣誉称号，同年10月通过了北京世标认证中心有限公司颁发的国际标准质量管理体系 ISO9001：2000 和食品安全管理体系 ISO22000：2005 认证（即 ISO9001 和HACCP认证），2010年公司被认定为"第

图 3-8 贵州府茗香茶业有限公司奖牌

五批农业产业化经营省级重点龙头企业"，2012年"府茗香及图"商标第二次被评为"贵州省著名商标"（图3-8）。

六、海马宫

海马宫是贵州海马宫茶业有限公司拥有的茶叶知名品牌。该茶产于贵州省大方县竹园苗族彝族乡老鹰岩海马宫村（现为金海湖新区管辖），收录于《中国茶经》。茶园山峦叠翠、溪水纵横、云雾缭绕、土生烂石，优质的生态环境，孕育了海马宫茶特有的品质。

海马宫茶采自无公害茶园基地内优质鲜嫩的茶青原料，运用先进的工艺设备、精湛的加工，结合海马宫茶传承的手工技术制作而成，具有茶叶茸毛显露、叶底嫩黄匀整、汤色竹翠、栗香溢人、回味甘甜、耐冲泡等特点。2010年荣获贵州省知名品牌，2015年毕节市"奢香贡茶杯"红茶第一名。

七、清水塘

清水塘是金沙县茶叶专业合作社拥有的茶叶知名品牌。该茶产于金沙县西北部的清池镇，镇境内山峰重叠，高山峡谷交错，地形十分复杂，海拔最高1344.7m，最低457m，属亚热带季风湿润气候，森林植被保护较好，无工业污染，生态环境良好，无霜期长达300d，云雾多达150d，常年云飘雾绕。土壤以紫色砂泥为主，土壤富含铁、锌、硒等多种微量元素，为茶叶的品质具备了得天独厚的自然资源条件。

该茶外形酷似鱼钩、颗粒壮实饱满，开水冲泡后色如翡翠、清香馥郁、味浓醇和、回味甘爽。在清嘉庆年间，朝廷曾特许该茶代税，故有"贡茶"之美誉，是贵州著名土特产之一。"清水塘"牌清池翠片荣获2009年"贵州十大名茶"称号。

第三节　主要茶企

一、贵州乌撒烤茶茶业有限公司

贵州乌撒烤茶茶业有限公司位于毕节市威宁县草海镇，成立于 2013 年 10 月，注册资本 1000 万元，现有茶园面积 130hm²。公司拥有世界最高海拔茶园——香炉山茶园，位于云贵高原的乌蒙山脉，茶园平均海拔在 2200m 以上，最高海拔达 2277m，是"世界最高海拔茶园"。低纬度、高海拔，昼夜温差大，日照时数长，茶叶有机物积累多。所生产的乌撒烤茶等产品豆香馥郁、滋味甘醇、内含物丰富，茶氨酸、茶多酚等物质含量高，茶叶口感非常好，是无污染、无公害的纯天然有机食品。公司生产的"香炉山"牌茶叶被认定为第七届贵州旅游发展大会指定用品；乌撒烤茶获第十届中国国际农产品交易会金奖；香炉山茶、乌撒烤茶先后获省绿色产业促进会"黔绿之星"绿色消费品牌、中国知名品牌、"多彩贵州"旅游商品两赛一会金奖、贵州省第三届茶叶大赛金奖、贵州省"名特优产品"。优质的产品和众多的荣誉，使产品在市场上一路畅销，深受广大消费者信赖，在贵州高原屋脊高山绿茶独树一帜。公司荣获贵州省农业产业化重点龙头企业称号。

乌撒烤茶是公司根据威宁独特的饮茶方式，挖掘数千年以来民族传统的烤茶文化，融合现代制茶工艺加工而成。源于古夜郎时代的乌撒烤茶是这里独具特色的民族民间茶文化，可以说是世界最早的茶道，距今已有 3000 多年历史。乌撒烤茶的饮用，虽然是在长期的地理、气候条件下形成的饮食习惯中产生的，产生这样的饮茶习惯并非经过科学途径，但这样的饮法却是在无数代人的反复选择下形成，而且与当地的饮食文化相融。该茶与以往人们所熟知的全国各地名茶比较有不同的亮点，作为历史悠久而古老的饮茶方式流传至今，而又以崭新的面貌出现在现代人的生活中重新诠释，还为茶文化的表达方式增添了新的成员，值得加大开发力度，让其早日跻身于中华茶文化之林。贵州乌撒烤茶茶业有限公司——威宁香炉山茶园将竭尽所能发掘这种传统的茶文化，并发展壮大如此博大精深的黔中大地独具特色的乌撒烤茶新品牌。

二、纳雍县贵茗茶业有限责任公司

纳雍县贵茗茶业有限责任公司位于贵州省毕节市纳雍县，成立于 2002 年 7 月，注册资本 200 万元，现有工人 65 人，是农业产业化经营省级重点龙头企业，贵州省重点扶贫龙头企业。公司现有茶园基地 324hm²，其中 72hm² 已连续 10 年通过有机茶认证；有加工厂房 2250m²，办公用房 860m²，自动清洁化名茶生产线 2 条。公司产品有贵茗翠剑、乌蒙翠芽，"姑箐"商标连续 9 年获得贵州省著名商标。贵茗翠剑 2001 年获"中茶杯"二等奖、2002 年韩国第四届国际名茶评比金奖，乌蒙翠芽获 2004 年"蒙顶山杯"国际名茶金奖、2009 年 4 月第十六届上海国际茶文化节"中国名茶"金奖。

三、贵州府茗香茶业有限公司

贵州府茗香茶业有限公司是纳雍县一家集茶叶种植、生产、加工、销售为一体的民营股份制企业。公司前身为纳雍蚕箐农业综合开发有限公司，成立于 1998 年 10 月，注册资金 200 万元，2014 年变更登记资金为 5000 万元。公司资产总额达到 6874.75 万元，其中固定资产 2130.04 万元、流动资产 4632.34 万元、无形资产及其他资产 112.37 万元。年实现销售收入 3641.83 万元，税后利润 485.20 万元，上缴税金 165.9 万元。公司基地位于纳雍县东北部的乐治镇蚕箐大坡，距县城 21km，目前拥有茶园面积 273hm^2，其中有机茶园 80hm^2、养殖基地 2.7 万 m^2（图 3-9）。公司现有员工 75 人，其中技术人员 12 人、研发人员 2 人。拥有办公及加工厂房面积 1200m^2，有名优茶加工机械 32 台（套）。

公司采用先进的有机名优茶生产加工工艺和优质的有机茶叶原料，自行研发出府茗香翠龙、府茗香云雾春、府茗香绿茶 3 个茶叶系列产品，2003 年获毕节地区优质农产品称号，同年府茗香云雾春获得"贵州省名牌产品"称号；2004 年 5 月"府茗香"

图 3-9 贵州府茗香茶业有限公司生产基地

牌系列茶叶产品在青岛荣获"第二届中国国际专利与名牌博览会"金奖；2005年，府茗香翠龙获"中国专利20年优秀成果展"特别金奖；2006年5月府茗香翠龙荣获贵州省第二届"佳茗杯"名优绿茶优质奖。2006年公司被评为贵州省农业产业化经营优秀重点龙头企业（地级），2007年通过QS认证，2008年获国家扶贫重点龙头企业荣誉称号，同年10月通过了北京世标认证中心有限公司颁发的国际标准质量管理体系ISO9001：2000和食品安全管理体系ISO22000：2005认证(即ISO9001和HACCP认证)，2010年公司被认定为第五批农业产业化经营省级重点龙头企业，2012年"府茗香"商标第二次被评为贵州省著名商标。公司主要销售渠道一是通过开设专卖店和专卖柜直接销售，二是通过网销和协议代销方式进行销售，产品除县内销售外，远销贵阳、浙江、深圳、上海等地。

公司在自身发展的同时，不断完善"公司＋基地＋农户"的经营模式，积极带动周边农户致富。一是通过茶场改造和生产加工，直接安排当地农民60余人在公司就业或季节性用工，为当地农民工直接提供劳务收入。二是与周边7个贫困村574户茶农签订了茶青收购协议，明确最低保护收购价格，保护了茶农的利益，提高了茶农的生产积极性，公司也在此基础上获得了充足的原料保障和发展，同时带动周边农户2152户发展茶叶生产，每年仅向当地农户收购茶青一项就为茶农创收220余万元；茶场聘用当地民工62人，年支付工资66万元；年支付采茶小工费291万元支付茶园改造和管理费用134万元。

四、贵州雾翠茗香生态农业开发有限公司

贵州雾翠茗香生态农业开发有限公司位于中国珙桐之乡、中国高山生态有机茶之乡——纳雍，风景如画、气候宜人、环境优美、群山环绕；成立于2011年1月，注册资金6000万元，现有员工100人；是一家集有机茶种植、有机茶加工销售、生态猪养殖深加工销售、种猪繁育、牧草种植、熟化饲料生产加工、有机肥生产和利用于一体的中国高山生态立体循环农业企业，为贵州省级重点龙头企业、贵州省级农业园区（图3-10）。公司拥有通过中国、欧盟、美国有机认证的茶园460hm²；日光萎凋房、茶叶加工厂房4000m²，具备绿茶、红茶、白茶3条生产线；拥有"雾岭雪芽""雾岭红"等品牌商标。公司还有年产出生猪3125头的养殖场和2300m²的大型沼气运行系统，产生的沼气用作燃料、发电等，沼液、沼渣循环利用于有机茶园。

经过公司全体职工多年来的共同努力，2017年3月获得贵州绿茶产品地理标志使用证书，2017年5月获得贵州出入境检验检疫局出口食品原料种植场检验检疫备案证书，2017年8月获得贵州省食品安全诚信建设示范企业，2017年12月获得贵州省大

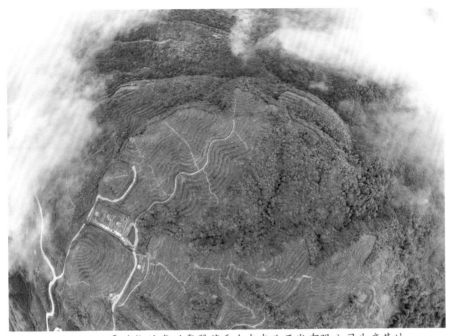

图 3-10 云雾缭绕的贵州雾翠茗香生态农业开发有限公司生产基地

国匠心企业荣誉称号，2018 年 6 月获得中国质量认证中心 HACCP 认证证书，2018 年
8 月获得国家知识产权局实用型专利证书 4 项，2018 年 12 月荣获中国质量品牌种养殖
业行业匠心典范企业奖，2018 年 12 月荣获毕节市人民政府 2017 年度市级品牌奖励，
2018 年 12 月获得贵州省名牌产品"雾岭红（红茶）"证书。公司按照习近平总书记关
于新农村建设"看得见山、望得见水、记得住乡愁"的要求，以向社会提供高品质的
农产品为己任，坚持绿色生态有机的发展理念，在营销的基础上拓宽市场线，未来将
逐步形成农家乐文化旅游休闲为特色生态发展链，带动乡村美丽建设，留住优化乡村
自然与生态环境。

五、贵州省纳雍县大自然开发有限责任公司

贵州省纳雍县大自然开发有限责任公司是以茶叶开发为主的企业，成立于 2003 年 3
月，注册资本 500 万元，现有职工 46 人。主要生产"康芪"牌系列有机绿茶，茶叶基地
平均海拔 1700m；有茶园 213hm^2，主要品种为福鼎大白茶、龙井 43、金观音；有加工厂
房、办公楼 2000m^2、名优茶与大宗茶加工机械 65 台（套）。近年来，公司在民革中央领
导的关心和指导下致力于名优茶开发，现已开发出了康芪银针、康芪毛尖、康芪碧螺春、
康青山水等系列名优茶产品。

公司经过多年的拼搏获得以下荣誉：2003 年，康芪牌银针茶获中国国际食品博览会
金奖、第一届"贵州名特优农产品"称号；2005 年获"中茶杯"绿茶一等奖；2006 年，

被贵州省、毕节地区工商局认定为"重合同守信用"单位；2006年获由中国名牌产品市场保护委员会颁发的"中国著名品牌"奖牌，同时获由世界茶联合会、香港茶道协会联合颁发的第六届国际名茶金奖，由中国国际茶业博览会组委会颁发的第三届中国国际茶业博览会金奖；2007年获中国检验认证集团质量认证有限公司颁发的质量管理体系认证证书；2008年获中国检验认证集团质量认证有限公司颁发的食品安全管理体系认证证书；2008年"康芪"获得"贵州省著名商标"称号，公司绿茶同时获得"贵州省名牌农产品"称号；2010年获"贵州省龙头企业"称号。

六、纳雍县创钰茶业有限责任公司

纳雍县创钰茶业有限责任公司成立于2009年12月，是一家股份制民营企业，注册资金500万元，主要从事茶叶生产、加工、畜禽养殖、茶具销售、农特产品购销、苗木生产经营等业务，拥有茶园近267hm²（图3-11）。公司进行低产茶园改造后，应用有机茶园管理办法进行管理，采用先进有机名优茶生产加工技术加工而成的创钰毛尖、创钰翠牙等产品陆续问世，这标志着公司在做出特色、做大规模、做响品牌上迈出了坚实的一步。2011年2月，公司荣获地级农业产业化经营"龙头企业"荣誉称号，同年顺利通过国家有机茶认证；2012年2月通过国际质量管理体系ISO9001：2000和食品安全管理体系认证IS022000：2005；2012年4月荣获第七届贵州旅游产业发展大会指定用品；2012年5月创钰毛尖荣获中国（上海）国际茶业博览会"中国名茶"银奖。

图3-11 纳雍县创钰茶业有限责任公司生产基地

七、纳雍县泓霖农业综合开发有限公司

纳雍县泓霖农业综合开发有限公司位于贵州省毕节市纳雍县，成立于2012年7月，是纳雍县茶叶协会理事单位，是以茶叶科技研究开发为主的现代民营企业。公司第一茶园位于纳雍县化作乡林场，生态环境俱佳，四季尊享天然大氧吧，将规划建设成为茶旅

一体化生态茶园种植示范基地，茶园面积 40hm²，生产厂房 1100m²、办公楼 800m²，茶叶加工生产线 2 条（绿茶、红茶生产线各 1 条）。公司第二茶园位于纳雍县锅圈岩乡马摆茶场，地处长江重要支流——乌江第一漂的源头，具有独特优美的自然生态和有机茶种植环境，茶园面积 73hm²，生产厂房 600m²、办公楼 100m²，茶叶加工生产线 2 条（绿茶、红茶生产线各 1 条）。2012 年 12 月注册商标"箐峰雾"，于 2013 年 12 月获得 QS 认证，2014 年 10 月获得 ISO 认证，2014 年 12 月获得有机茶认证。

八、纳雍县山外山有机茶业开发有限公司

纳雍县山外山有机茶业开发有限责任公司位于纳雍县姑开乡，于 2010 年注册成立，集茶叶种植、加工、销售于一体，公司拥有茶园 133.3hm²，目前 100hm² 进入丰产期。拥有清洁化加工厂房 1000m²、办公楼房 500m²、工管房 300m²，绿茶、红茶生产线各 1 条，总投资 1600 万元。公司自 2013 年投产，每年可为周边群众提供务工 16000 多人次。

产品严格按照高山、生态、有机的标准，坚持做健康茶、放心茶。生产的"彝岭苗山"牌绿茶呈嫩黄绿、甜花香、鲜爽味。"彝岭苗山"牌红茶，汤色金黄，带玫瑰花香、味道鲜甜。

公司成立至今，以质量打品牌，在探索中谋发展、发展中求创新，秉承"人无我有，人有我优，人优我特，人特我新，做放心茶，为消费者健康买单"的经营理念，先后荣获世界红茶质量评比金奖、2017 年"中茶杯"特等奖、2018 年贵州省"太极杯"茶王奖和贵州省绿茶类特别金奖、2017 年和 2018 年"黔茶杯"名优茶评比全省第一名、毕节市"奢香杯"六连冠等 80 多项奖励，产品质量获得国家级专家的认可和消费者的信赖，市场知名度和占有率也在逐年提升。

九、贵州三丈水生态发展有限公司

贵州三丈水生态发展有限公司位于毕节市金沙县后山镇，成立于 2007 年 5 月，注册资金 3000 万元。基地在三丈水森林公园核心区，是一家以森林公园和红色旅游为背景，发展生态种养殖为基础，打造生态旅游、休闲养生为目标的民营企业，属贵州省农业产业化重点龙头企业、省级茶旅示范园区、省级现代高效农业示范"引领型"园区（图 3-12）。公司

图 3-12 贵州三丈水生态发展有限公司基地

现有员工 83 人，本科以上学历 15 人；下设顾问部、行政部、财务部、旅游事业部、特色经济林种植部、畜牧事业部；拥有 60000m² 园林式办公区及先进的办公设施，专属茶园基地 573hm²、茶叶加工车间 5000m²，年产茶叶 150t。淡淡的茶香及当地百姓甜甜的笑声会让你流连忘返，公司的努力将会让生态、绿色成为这里鲜明的主题，让科技农业展示美好的前程。

十、贵州金沙贡茶茶业有限公司

贵州金沙贡茶茶业有限公司位于贵州省毕节市金沙县，是金沙县人民政府重点招商引资企业，成立于 2012 年 8 月，注册资本 1.8 亿元，是一家集茶叶种植、加工、贸易、科研、生态茶旅、休闲观光为一体的省级重点农业产业化经营龙头企业、省级龙头企业。目前，公司拥有采摘茶园 467hm²、幼龄和新种茶园达 7000hm²，已成为国内最大茶园种植生产基地（图 3-13）。为助推金沙县脱贫攻坚工作，发

图 3-13 贵州金沙贡茶茶业有限公司
岚头镇茶园基地全景

展壮大以茶产业为主导的"一县一业"，茶叶基地分布在全县 23 个乡镇，为当地群众解决了季节性就业 10 万人次左右，日均用工达到 8000 人以上。公司与浙江省茶叶集团、浙江新洲国际贸易有限公司等大型茶叶企业建立战略合作关系；现有 4 条国内先进的环保型全自动标准化绿茶精加工生产线，可实现每天加工 60t 鲜叶的生产能力，通过产品质量管理体系 ISO9001：2000 和食品安全管理体系 ISO2000：2005。公司秉承金沙贡茶文化的深厚底蕴，决心将"金沙·中国贡茶"品牌打造成中国著名品牌。同时，将依托良好的生态资源做好茶旅一体化项目，为"金沙贡茶"高质量发展做出更大贡献。

十一、金沙梦樵茶业有限责任公司

金沙梦樵茶业有限责任公司位于贵州省毕节市金沙县龙坝乡，成立于 2008 年 3 月，是一家集茶叶种植、加工、销售于一体的民营企业。公司以金龙有机茶专业合作社为桥梁，通过公司出资金、出技术，农户出土地、出劳力的互助模式，实现公司人力需求和农户增收致富的双赢。公司坚持"不施化肥，不打农药"的有机种植原则，着力打造茶叶安全体系。采用原生植被腐质的自然肥效和自制有机肥、种植绿肥的措施保证基地肥源，

图 3-14 金沙梦樵茶业有限责任公司生态茶园基地

保证茶叶不含任何激素。通过生态的保护培养鸟类栖息环境，采用冬季冻灭虫卵、太阳能杀虫灯和黄蓝板诱杀、飞禽捕杀等措施，以物理杀虫解决农作物虫害问题，保证茶叶环保安全无农残。同时，公司采用国际先进的"林中茶、林下茶"模式，防止"种植单一化"对茶青原料的品质改变，保证茶叶的优良品质。公司现有茶叶基地 333hm²（其中茶区约 247hm²、林区约 86hm²），原生乔木、灌木、藤蔓植物保护较好，得天独厚的气候、土壤和良好的生态环境产出优质的茶叶原料（图 3-14）。公司多次聘请台湾茶界资深专家指导茶叶种植、加工、储存、销售，现已形成独立的梦樵红茶、梦樵绿茶、梦樵乌龙茶三大工艺体系。

十二、贵州弘丹成生态农业有限责任公司

贵州弘丹成生态农业有限责任公司位于贵州省毕节市金沙县源村镇石刘村，成立于2009 年 6 月，注册资本 500 万元，是一家集生态有机茶叶生产、加工、销售于一体的省级农业产业化经营重点龙头企业。公司的有机茶叶基地地处乌江流域上游的偏岩河风景区，海拔高度 980~1260m，常年云雾缭绕，年平均气温 15.5℃。这里景色优美，空气清新，水质优良，生态元素完整，无任何污染源，是典型的"高海拔、低纬度、多云雾寡日照"气候，不只是原生态有机茶生产的绝佳环境，也是休闲避暑的绝佳去处。公司目前拥有 200hm² 连片的标准化有机茶叶基地，1000 多株古茶树，2000m² 多现代化茶叶加工厂，同时带动和协助农户种植茶园 133hm²。公司于 2012 年获得南京国环有机产品认证中心颁发的有机产品认证证书。公司的"弘茂"品牌于 2016 年获得贵州省著名商标，生产的红茶和绿茶色、香、味、形俱佳，多次在比赛中斩获嘉奖。

十三、贵州乌蒙利民农业开发有限公司

贵州乌蒙利民农业开发有限公司位于毕节市织金县，成立于2012年4月，注册资本1000万元，基地位于织金县双堰街道办事处，规划面积980hm²。公司以"农旅一体"发展模式重点打造园区，秉承"把生态做成产业，把产业做成生态"的科学理念，以"茶类氨基酸之王"——黄金芽为主导产业打造"茶山花海、果蔬四季、农旅民宿"生态产业，用生态产业打造景观，强化园区农业休闲观光、农业生活体验、科普教育等新型功能，拓宽农民增收渠道（图3-15）。目前，建成黄金芽为主的茶园400hm²，已投产133hm²，形成集种植、加工、包装、销售为一体的茶叶产业全产业链；2015年公司被评为省级高效农业示范园区，同年公司被评定为市级农业产业化重点龙头企业；2016年被评定为省级现代农业产业化重点龙头企业。

为确实推进产业发展，带动贫困户脱贫致富，公司在已大面积发展茶园的基础上积极响应国家号召，引导信誉良好、有一定实力的公司、合作社、个体户及个人积极参与基地建设，完善种植端口，增强该类产业的市场竞争力，真正形成织金县茶叶产业质和量的飞跃。2018年在织金县板桥镇白果村投资近500万元建设育苗基地一个，满足织金县及周边市场需求，带动8户经营大户累计种植高端白茶系列黄金芽和奶白茶约133hm²。公司对已经完成种植的大户采取了保价回收和技术指导并签订《回收合同》，让他们从开始种植到最终销售与公司构建了闭环体系，一方面增强种植主体信心，另一方面公司帮助种植主体作为保证担保融资，保证整个产业从种植开始到出产时不会出现资金断裂现象，这就形成了全产业链闭环和金融闭环的两个闭环。公司自成立以来，已累计带动1400户贫困户共3900人实现小康，辐射带动县域相关乡镇2000户共5500人共同发展。

图3-15 贵州乌蒙利民农业开发有限公司茶园生产基地

十四、毕节市周驿茶场

毕节市周驿茶场属市民政局下属差额拨款事业单位。1956年6月，始建于原毕节县官屯区高桥村，定名为"毕节县高桥农场"；1957年1月搬迁到原毕节县杨家湾拱拢坪，更名为"毕节县周驿农场"；1964年归属省民政厅管理，更名为"贵州省毕节周驿农场"；1969年下放给毕节地区民政局管理，更名为"贵州省毕节地区周驿茶场"；2011年撤地设市后，更名为"毕节市周驿茶场"。原职能是收容安置流浪乞讨人员及孤儿，现主要工作职能是从事茶叶研发、技术推广等。茶场位于七星关区杨家湾镇拱拢坪，距离毕节市区30km，占地面积120hm²，场内平均海拔1700m，属北亚热带季风气候，年平均气温11~13℃，年有效积温3000~4000℃，年降水量900~1100mm，土壤pH值4.5~5.5，云雾多、日照少，非常适宜于茶树的生长发育，建有茶叶加工研究试验车间、茶叶检验检测中心、茶叶研发推广服务中心及茶叶科研示范基地。

茶场现有在职职工94人，其中从事茶叶研究的技术人员72人（其中农业技术推广研究员1人、高级农艺师1人、助理农艺师14人、高级茶技工23人、中级茶技工30人、初级茶技工3人）、食品检验员9名、评茶师2名。现有茶园107hm²，其中茶叶科研示范基地33hm²、苗圃园3.3hm²，并带动周边乡镇大力发展茶产业。2013年与毕节职业技术学院联合办学培养茶叶技术人才，同时成立了茶叶新技术研发及技术服务专家组，编写毕节市茶叶技术培训教材，通过举办技能培训班和派出技术人员深入生产一线指导等多种方式，为毕节市多家茶叶企业提供技术服务，积极申报省市科技项目，逐渐把工作重心从茶叶种植加工向茶叶研发、技术推广服务转变。

1990年试制出"乌蒙毛峰"茶，该茶内含物质丰富，水浸出物40%以上，达到国家卫生标准。1995年，"乌蒙毛峰"茶经贵州省名茶评审委员会鉴定，被评定为省级品牌名茶。2012年，周驿茶场与贵州省毕节市恒生绿色生态开发有限责任公司合作，共同开发茗茶"驿亭春"（图

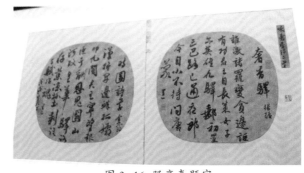

图3-16 驿亭春题字

3-16），该品牌取得了红茶、绿茶QS生产许可证，在2015年、2017年毕节市"原生态·奢香茶·馨乌蒙""奢香贡茶杯"夏秋茶比赛活动中荣获红茶类、绿茶类二等奖。近年来周驿茶场利用周边丰富的自然资源、旅游文化资源，打造开发以茶产业为主的茶旅一体康养示范基地，完成了茶旅康养一体示范基地规划。2014年周驿休闲农业园区列入省级高

效农业示范园区，2016年列入省级医养结合试点单位，2018年列入省级现代示范性养老机构和省级康养产业示范基地，通过将茶产业与养老服务产业深度融合，打造茶旅康养产业示范基地。

根据毕节市委、市政府的定位，结合周驿茶场实际，充分利用周驿茶场丰富的土地资源、良好的生态环境和区位优势，盘活周驿茶场国有资产。一是利用毕节市茶产业研发推广服务中心项目的建设，进一步完善茶叶研究的硬件和软件，建设毕节市茶叶产业研发服务平台，加强人才引进和培养，为毕节市茶产业发展提供技术服务，设毕节市茶叶研发、推广、示范基地，为成立毕节市茶科所奠定基础。二是抢抓省、市、区大力发展大旅游、大健康产业的机遇，充分利用周驿茶场的气候、区位、人才优势，整合周边资源，建设毕节市拱拢坪大健康产业集聚区，将该区域打造成为西南地区重要的森林生态、茶旅一体的休闲养生健康产业示范基地。三是以毕节市老年公寓老年养护楼的建设为中心，辐射带动周边区域，开展健康养生、休闲养老服务事业，打造毕节市示范性养老中心。

十五、贵州省毕节市乐达商贸有限公司

贵州省毕节市乐达商贸有限公司位于毕节市七星关区，成立于2009年5月，注册资本1000万元，是一家集茶树育苗、茶叶种植、加工和销售为一体的企业。2011年评为市级农业产业化龙头企业；2013年评为省级农业产业化龙头企业。公司茶叶生产基地位于毕节市七星关区朱昌镇大坡茶场，毕节市大坡茶场属20世纪60年代种植的国有茶园，产茶历史较长，该地海拔1600m，年平均气温13.5℃，年降水量1200mm，土壤pH值4.5~5.8，具有气候温和、雨热同季的气候特点，非常适宜茶树的生长发育，且茶场周边没有工矿企业、医院，远离主要公路干线，是生产健康饮品有机茶叶的理想之地。公司成立后，便提出建设毕节市有机名优茶叶生产示范基地，旨在保护生态资源的同时，采取标准化生产、规模化经营。公司通过实地考察，并与毕节市大坡茶场协商，决定租赁该场现有茶园作为生产基地。

公司秉承"求真务实，诚信为本"和"质量第一，信誉至上"的生产经营宗旨，按照"经济生态化，生产清洁化，农业工业化，优质高效益"的要求，采取深耕改土、茶蓬改造、除草施肥、病虫害综合防治等多种措施，对茶园进行精心管抚，购进名优茶加工机械、改造茶叶加工厂房，申办SC认证、绿色认证，"从茶园到茶杯"全过程管控。目的是让公司生产的茶叶产品一经上市，便以健康、优质的特点吸引广大消费者。公司生产的奢香贡茶、工夫红茶等名优系列产品便以纯天然、富营养、品质优的特点而受到客户广泛赞誉和消费者的青睐。公司打造具有地方特色的茶叶品牌，积极推动全市茶产业向规模化、品牌

化、产业化方向发展的同时，采取"公司＋基地＋农户"的发展模式，为把当地的资源优势变为经济优势，促进茶产业发展成为农业增效、农民增收的支柱产业和特色产业作出贡献！

图 3-17 碧阳茶汇外景

　　公司下属的茶楼"碧阳茶汇"（图3-17）位于七星关区碧阳湖畔同心步行街16幢（音乐喷泉旁），同心步行街是七星关区政府2018年着力打造的旅游文化街项目。"碧阳茶汇"加盟"束氏茶道"，聚集并销售全国各地的名茶、茶礼、茶器（紫砂、建水紫陶、官窑、哥窑、汝窑、钧窑、定窑、龙泉青瓷等），为配合地方政府同广大市民搞好茶产业文化的发展，"碧阳茶汇"不定期组织一些茶艺培训、茶艺表演、茶文化交流，并研究开发相关茶饮品及茶点，为客户提供一个健康、轻松、休闲、会友、论商的好去处。

十六、贵州省大方县九洞天资源开发有限责任公司

图 3-18 贵州省大方县九洞天资源开发有限责任公司采茶现场

　　贵州省大方县九洞天资源开发有限责任公司位于毕节市大方县猫场镇（图3-18），成立于2000年4月，公司注册资本392.95万元。公司在茶叶生产加工的业务开展始于2005年对原猫场监狱波萝嘎茶场的经营管理，并更名为九洞天茶场，2008年更名为贵州省大方县九洞天资源开发有限责任公司茶叶分公司，现有标准茶园200hm²。2009年，公司组织农户成立"大方县众益茶叶开发专业合作社"，采取"公司＋合作社＋农户＋基地"的模式发展茶产业，几年来带动当地新增茶叶种植面积达400hm²；公司新创名优茶"九

洞天仙茗"牌毛尖、翠片在第十六届中国·上海国际茶业博览会分别获得金奖、银奖；在第八届、第九届"中茶杯"全国名优茶评比中均获得绿茶一等奖。2010 年，公司被贵州省农业委员会评为省级重点龙头企业。2011 年 2 月获得中国农业科学院茶叶研究所有机茶研究与发展中心颁发的《有机茶认证证书》；同年，公司被贵州省农业广播电视学校列为茶产业教育培训基地，成为大方县重点有机茶园示范培训基地。

十七、贵州省黔西县亿鑫实业有限公司

贵州省黔西县亿鑫实业有限公司位于毕节市黔西县莲城街道，成立于 2009 年 3 月，注册资本 500 万元，是一家集种植、养殖、加工、销售为一体的综合性省级扶贫龙头企业和市级农业产业化重点龙头企业。公司下辖"黔西县绿色工程生态示范场""谷里新金茶场""小街养殖场"等，总投资 2800 万元，现有投产茶园 70hm²、幼龄茶园 70hm²，园内采取上有果树、樱花，中有茶园，下有鸡鹅的立体开发模式，产品花香

图 3-19 贵州省黔西县亿鑫实业有限公司
茶叶产品

果味、品质独特（图 3-19），曾获第六届中国国际专利与名牌博览会金奖和"贵州省最具成长性品牌"称号。2014 年，生产的绿茶"花都雀舌"获得"黔茶杯"评比一等奖。为打造黔西高山生态有机茶品牌，公司茶园坚持不用农药、不施化肥，严格按照有机茶的标准来进行生产管理。

十八、贵州百里杜鹃红杜鹃生态茶叶有限公司

贵州百里杜鹃红杜鹃生态茶业有限公司成立于 2017 年 11 月，注册资本 3000 万元，是由百里杜鹃管理区国资办出资成立的国有企业。

公司集茶叶基地种植、茶苗培育、科研检测、产品加工、市场营销、茶文化研究为一体，现有员工 23 人，其中具有茶叶专业知识的员工 9 人。公司现有茶园基地 1564.7hm²，覆盖全区 9 个乡（镇、管理区）。种植的茶树品种主要有福鼎大白茶、中茶 108、安吉白茶、黄金芽等，平均海拔 1450m，土壤 pH 值 4.5~6.5，云雾缭绕、湿度高的自然条件抑制了茶树合成纤维素，因而生长出来的茶芽柔嫩，富含营养物质和芳香物质。

公司紧紧围绕着国家 5A 级百里杜鹃风景名胜区这块牌子，以打造茶旅融合发展和培育支柱产业为目的，积极开展对外交流与合作，拟与省内外专业院校合作建设教学实

践实习基地，进行实用性专业人才培训；与科研单位合作开展技术攻关、新技术应用推广工作；与其他相关企业合作拓展融资渠道、拓展产品市场等，力争在较短时间内把公司建设成农（茶园基地）、工（茶产品加工）、商贸（茶产品销售）、服务（茶艺、茶文化服务）、旅（度假休闲养老养生生态茶庄园）为一体的全产业链经营企业。

第四章 茶类篇

新中国成立前，毕节茶品种比较单一，只生产绿茶。近年来，毕节市委、市政府高度重视茶产业发展，积极加大政策倾斜扶持力度，推进古茶树资源保护和茶叶新品开发，再加上科研部门的大力支持和茶企的自主创新，增加了红茶、黄茶、创新茶生产，大大丰富了茶叶产品种类。

第一节　绿茶类

一、乌撒烤茶

（一）品质特征

乌撒烤茶属于绿茶类，是结合现代制茶技术，满足古乌撒饮茶方式和烤制茶方法研发而成。外形紧结卷曲有锋苗、墨绿，汤色黄绿明亮，豆香浓郁、香高持久，滋味醇厚叶底黄绿尚亮、均匀。

（二）历史渊源

乌蒙是"云贵之巅"，威宁是"贵州屋脊"，这里是彝族先祖濮族人的祖居地，这里有悠久的历史、厚重的文化、古朴的民风、古老的茶饮（图4-1、图4-2）。

乌撒烤茶在威宁县本地称"罐罐茶"，是威宁县地域环境和独特人文延续演绎的文化现象，是茶文化从"曲高和寡"走向"雅俗共赏"的先驱。乌撒烤茶的烹茶方式独特，并根植于民众之中，逐渐成为一种民情风俗，一种人生礼仪。乌撒烤茶，嗅闻的是浓郁高原醇香，触摸的是乌蒙文化的厚重，品味的是民族历史。文化的形成，需要长期的历史选择与沉淀，威宁的乌撒烤茶就是由当地地域、环境与人文的长期交融而得，它是以鲜明的地域特质和时代特征表达出来的茶文化符号。这种饮茶习俗具有一定的物质文化因素，又更多体现了非物质文化特色。

图4-1　乌撒烤茶艺术表演

图4-2　乌撒烤茶产品

（三）产地环境

威宁香炉山茶园位于云贵高原的乌蒙山脉，茶树种植基地的平均海拔在 2200m 以上，最高海拔达 2277m，是"世界最高海拔茶园"。中国农业科学院茶叶研究所鲁成银副所长考察乌撒烤茶园基地时说："名副其实，这是世界上最高的人工种植茶园。威宁县从来没有平均气温超过 22℃连续一个月，所以这里又是没有夏天只有春天的茶园。氨基酸、茶多酚、可浸出物含量都会高于一般的贵州绿茶"。同时，贵州省人大常委会原副主任、省茶文化研究会副会长傅传耀在香炉山茶园说道："站在世界茶园的巅峰上，看夕阳西下、暮霭红隘，美景如画，好不惬意，再仔细一看，看到三重景象，山上有山、山下有山、山外有山。"

（四）采制技术

乌撒烤茶传统采摘标准要求 1 芽 1 叶、1 芽 2 叶、1 芽多叶，以夏秋茶为主，执行《乌撒烤茶》（Q/XLS 0001S—2019）标准。

（五）传统工艺

公司生产的"乌撒烤茶"产品，系以新鲜的高山小叶茶茶青为原料，经过摊青、杀青、摊凉、揉捻、初干、整形、干燥、烤制、提香、选别等工序加工而成。该产品相似于绿茶，公司经过多年研制、创新，开发出一种远高于绿茶标准的新产品——乌撒烤茶。

（六）烤制技术

乌撒烤茶烤制方式独特，堪称茶艺一绝。首先是它的用具，烤制乌撒烤茶的用具有火盆、水壶、烤茶罐、茶盅、杂木炭等，特别是烤茶罐是用"贵州屋脊"2890m 以上的高原土，经高温烧结而成，具有耐高温、保香气、透气不透水的特点；其次是烤制方式，它分为备具、烘罐、投茶、烤茶、冲水、去沫、补水、分杯等八大步骤，最特别的是烘罐和烤茶（图 4-3）。烘罐是将茶罐置于烧旺的炭火上慢慢烘烤，它特别讲究火工，要求茶罐整体受热均匀，其罐温最高可达 800℃以上；烤茶是将茶叶放入烘好的罐中烤制，要不停地抖动茶罐，使茶叶在罐中不停地翻滚，并在茶罐的高温作用下均匀受热、干而不焦、焦而不煳，直至透出浓浓

图 4-3 乌撒烤茶冲泡技艺

豆香，茶才算是烤好了。这时再趁热冲入沸水，茶罐口会泛起一层厚厚的白色泡沫形如莲花，茶叶中的灰尘、烟沫随莲瓣泛起，最后再经去沫、补水、分杯，茶就可以品饮了。品饮乌撒烤茶，通常还佐与威宁洋芋、荞酥、玉米花、荞麦面等地方特色茶点。茶与茶点合理搭配相得益彰，令人唇齿留香、回味无穷。

乌撒烤茶是威宁香炉山茶园根据这种饮用方式，挖掘数千年以来民族传统的烤茶文化，融合现代制茶工艺加工而成。其滋味甘醇，色泽绿润，豆香浓郁，回味甘甜，这是乌撒厚重历史、古朴民风、憨厚民情的具体体现。

二、金沙清池茶

（一）产品特点

金沙清池翠片外形扁、平、直、光滑匀整，色泽翠绿油润；内质汤色黄绿、明亮，香气高爽持久，滋味鲜爽，叶底嫩绿、鲜明、匀齐完整。金沙清池毛尖茶外形紧结、绿润、显毫卷曲；内质汤色黄绿明亮，香气纯正、滋味醇和，叶底黄绿。清池颗粒形茶外形颗粒匀整重实、绿润、露毫，汤色碧绿明亮，香气馥郁高长，滋味鲜醇、爽口，叶底嫩匀、明亮、鲜活。

（二）历史渊源

金沙清池茶历史悠久，是金沙县名特产之一，产于金沙县清池镇。清池镇自古以来就是"黔茶出山，川盐入黔"的古驿站，境内保存40余株有上千年人工栽培历史的古茶树群，贡茶历史久远，汉武帝时期便成为贡茶，明清时期达到鼎盛。清嘉庆年间，当地茶农以茶代税，清池茶被作为贡品专程奉送京都，故获"贡茶"美誉。在清池街上，保存有建于清嘉庆年间的江西会馆，据考证，该会馆当年商贾云集，是重要的茶经济、茶文化的传播场所，遗留下了当年使用的各种茶具等丰富多彩的茶文化历史。

1949年前，清池地方农家制作的茶叶售给省外茶商，从鱼塘河水上运往重庆、上海等口岸，留部分兑换食盐、布匹等生活用品。1949年后，清池毛尖茶的生产得到重视和发展，成为清池镇农村经济产业，也是金沙主要出口物资之一。

金沙县清池悠久的民族历史和特色民族文化，积淀了金沙油茶、罐罐茶等独具民族特色的茶饮文化。

（三）鲜叶原料

金沙清池茶树品种资源较丰富，除有野生大茶树外，还有大叶、中叶、小叶3种类型，其品种优良，发芽早，产量高，比其他品种提前10~15d，叶长且柔软，是适宜制高级绿茶的好品种。

（四）产地环境

清池镇位于贵州省毕节市金沙县城西北部，距离县城 60km 处，是川黔两省三市交界处，素有金沙"西北大门"之称，是县内唯一出省通道，区位优势明显。该镇总面积 109.8km²，耕地面积 31933.48hm²，水田 449.77hm²，旱地 2743.71hm²，林地面积 5920.64hm²。辖区内海拔起伏较大，最低海拔渔塘河 457m，最高海拔阳波龙井 1347m，形成深切角 "A" 型地貌，属丘陵地形。气候宜人，年平均气温 15.3℃，年降水量 900~1000mm，森林覆盖率在 45% 以上，植被覆盖率在 60% 以上。

目前，金沙清池茶在继承传统制茶工艺的基础上，运用现代茶叶加工机具精制而成，较好地保留了该茶原有的品质风貌。据 1981 年对金沙清池毛尖茶化验，茶多酚、咖啡碱、水浸出物等含量在贵州省十几种名茶中属优秀者。

（五）产品荣誉

1988 年，金沙清池毛尖茶被誉为"贵州历史名茶"，被载入《中国食品大全·贵州卷》。2013 年 8 月 30 日，中国贵州国际绿茶博览会上，清池镇成功赢得第二届"贵州最美茶乡"的殊荣。2017 年 12 月 29 日，原国家质检总局批准对"清池茶"实施地理标志产品保护。

（六）地理标志

金沙清池茶产地地域保护范围为贵州省毕节市金沙县清池镇行政区域。

三、纳雍高山绿茶

纳雍高山绿茶是指生长在贵州省纳雍县境内，以中小叶种茶树的鲜叶为原料，取幼嫩新梢生产的，具有"香高持久，味醇鲜爽"品质特征的绿茶。纳雍高山绿茶产区地处贵州省西北部，毕节市中南部，滇东高原向黔中山区的过渡地带。海拔 1500~2400m，亚热带季风湿润气候，年降水量在 980~1350mm，年平均气温 11.2~14.5℃，日照时数 1309.6~1486.4h，年积温 4100~5300℃，≥10℃ 积温为 3587℃ 左右，无霜期 226~267d。土壤类型黄壤或黄棕壤种植，土壤 pH 值 4.5~6.5，土壤富含有机质。从茶叶的外形分类，纳雍高山绿茶可分为扁形、卷曲形、颗粒形高山绿茶。除了区域公共品牌纳雍高山茶，还有贵茗翠剑、雾岭绿、府茗香翠龙等知名品牌，代表产品有纳雍高山雪芽、纳雍高山龙井、纳雍高山翠剑、纳雍高山毛峰等型美质优绿茶。在各类大小斗茶比赛中，纳雍高山绿茶获得省级及以上的奖项有：2013 年"黔茶杯"特等奖、2014 年"黔茶杯"一等奖、2017 年"黔茶杯"特等奖、2017 年"中茶杯"特等奖、2017 年"中茶杯"一等奖、2018 年"黔茶杯"一等奖、2018 年贵州茶行业绿茶类特别金奖。

四、乌蒙黄金芽

乌蒙黄金芽产于贵州省毕节市织金县国有桂花林场境内。境内茶园山峦叠翠、溪水纵横、云雾缭绕，海拔1300m以上，年平均气温13℃左右，全年有效积温4670℃，无霜期260d，年降水量1000~1200mm，月平均相对湿度80%以上，优质的生态环境，孕育了乌蒙黄金芽特有的品质。

乌蒙黄金芽以优质鲜嫩的黄金芽品种的嫩芽为原料，运用先进的工艺设备、精湛的加工技术制作而成。

图4-4 精莹透亮的黄金芽茶

早春乌蒙黄金芽幼嫩芽呈金黄色，以1芽1叶为最黄；春茶后期随气温升高，光照增强，叶色逐渐转为黄绿相间；气温超过29℃，夏秋茶芽则为绿色，气温达到20~22℃时黄化度最好，氨基酸含量最高，这时采摘的乌蒙黄金芽内质最好。

乌蒙黄金芽外形似凤羽，条直显芽，芽壮匀整，嫩黄鲜活，透丽金黄，"干茶黄亮，汤色黄亮，叶底黄亮"是乌蒙黄金芽的主要特点（图4-4）。通过生化测定，其氨基酸含量高达15.6%，为普通绿茶的3倍以上，茶多酚含量则在10%~14%，故茶汤口感非常好，不苦不涩，清香扑鼻，具有良好的退热祛暑、降低血脂血压、减少体内脂肪堆积等功效，是不可多得的天然保健饮品。

第二节　红茶类

一、纳雍高山生态有机红茶

2010年10月28日中国茶叶流通协会授予纳雍"中国高山生态有机茶之乡"称号。纳雍高山红茶是指生长在贵州省纳雍县境内，以适制品幼嫩鲜叶为原料，通过萎凋、揉捻、发酵、干燥等工序制成的，具有"甜香浓郁，味鲜醇厚"的品质特征（图4-5）。纳雍高山红茶产于贵州省西北部、毕节市中南部、滇东高原向黔中山区的过渡地带，海拔1500~2400m，亚热带季风湿润气候，年平均气温11.2~14.5℃，日照

图4-5 纳雍县山外山有机茶业开发有限公司彝岭苗山牌茶叶产品获奖证书

时数 1309.6~1486.4h，年积温 4100~5300℃，≥10℃积温为 3587℃左右，年降水量在 980~1350mm，无霜期 226~267d。土壤类型黄壤或黄棕壤种植，土壤 pH 值 4.5~6.5，土壤富含有机质。纳雍高山红茶主要有条形、卷曲形、颗粒形。纳雍高山红茶除了区域公共品牌有纳雍高山茶外，还有彝岭苗山、雾岭红等知名品牌。

二、乌蒙红茶

乌蒙红茶产于贵州省毕节市织金县国有桂花林场境内。境内茶园山峦叠翠、溪水纵横、云雾缭绕，海拔 1300m 以上，年平均气温 13℃左右，全年有效积温 4670℃，无霜期 260d，降水量 1000~1200mm，月平均相对湿度 80% 以上，优质的生态环境，孕育了乌蒙红茶特有的品质。

乌蒙红茶以茶树的 1 芽 1 叶初展为原料，运用先进的工艺设备，经萎凋、揉捻、发酵、烘烤等工序制成。

乌蒙红茶条索紧结，金毫显现，汤红黄亮，滋味浓醇，香气馥郁，回味悠长。冲泡后的茶汤与茶杯接触处常显金圈，冷却后立即出现乳凝状的冷后浑现象是乌蒙红茶的主要特点。

第三节　黄茶类

大方海马宫竹叶青

（一）产品特征

大方海马宫竹叶青属黄茶类名茶，外形全芽整叶，紧结卷曲，白毫显露；内质香高味醇、回味甜甘，汤色黄绿珀亮、色如青竹，叶底均匀，嫩绿微黄鲜亮。冲泡后芽叶竖立，悬浮水面，似"竹叶"而得名。

大方海马宫竹叶青以其独特的品质而深受周边群众津津乐道，并根据其特性总结道"一饮生津破闷，再饮情思朗爽，三饮得道通灵，使君融入和、静、清、园之境地……"。迄今为止，海马宫仍有古老茶树留存，福泽着这片土地上的人民。

（二）历史渊源

大方海马宫竹叶青因彝族土司、贵州宣慰使奢香夫人上贡明朝开国皇帝朱元璋而龙颜大悦后，作为岁岁上贡的物品抵扣皇粮国税，说明当地在明初就非常重视该茶的生产加工。

（三）产地环境

大方县位于贵州省西部高寒山区，乌江北源六冲河北岸。地势较高，多梁状山脊，两侧陡峻。海马宫是彝语"合莫谷"的音译。该村位于大方县城北约15km，在有名的老鹰岩脚下，三面高山环绕形成自然屏障，一面向西倾斜通向河谷，海拔1600m，森林覆盖率52%，年降水量1000~1200mm，年均温13℃，有效积温4670℃，相对湿度80%以上。

海马宫村茶园成土母质为砂页岩，土壤质地较好，群众俗称"小黄泥豆瓣砂"，耕作层系砂壤、黄黑色，底土层系重壤、黄色；土壤pH值4.6~4.9，最适茶树生长。据贵州省茶叶科学所测定：表土层有机质达到2.81%，肥力尚好。

（四）加工工艺

大方海马宫竹叶青加工工艺包括杀青、渥堆、揉捻、复炒、复揉、复渥、烘干、拣别等工序，加工大方海马宫竹叶青全过程历时30h多。由于具备上述高温杀青团揉、文火炒干，低温炕干特点，致使形成了大方海马宫竹叶青香高汤黄亮的内质，其1芽2叶蒸青茶样茶多酚28.68%，氨基酸1.9782mg/g，咖啡碱2.70%，水浸出物41.0%，儿茶素总量153.85mg/g。

（五）发展现状

由于大方海马宫竹叶青具有较高的茶文化研发价值，且承载着民族团结与和谐使命，因而受到高度重视并组织生产，现有茶园面积400hm²、投产茶园面积173hm²，产量19.53t，是当地农民群众致富的主导产业。

第四节　古树茶产品

一、七星太极古茶

贵州省毕节市七星关区亮岩镇太极村是七星太极古茶的发源地，也是太极茶叶种植的核心区，覆盖七星关区燕子口镇、亮岩镇、小吉场镇、阿市乡、龙场营镇等乡镇。该区域平均海拔900m，地形复杂，冬无严寒，雨水充沛，气候湿润，云雾多，漫射光强，土层深厚，空气清新，生态环境优良。得天独厚的自然地理环境，有利于茶树的生长。该茶内含丰富物质，茶多酚、氨基酸含量高，比例合理，茶叶滋味醇厚鲜爽，茶味清新并带有花香，茶叶品质优良，是天然的绿色食品。

该区域尚存具有价值的古茶树69877株，可以说是目前毕节乃至贵州古茶树存量最多的地方。这些古茶树基径20~30cm的共767株，30~36cm的17株，

图4-6 太极古茶产品

基径最大达 36cm（1 株），株高最高的达 5m。

太极古茶就是采用这些古老的茶树鲜叶作为加工原料，通过精湛的工艺加工而成，得到了省内外茶叶专家的高度评价：红茶香气高藏，汤色红亮，滋味甜爽；绿茶色泽绿润，幽香清远，汤色黄绿明亮，滋味醇厚清爽（图 4-6）。

2016 年 8 月，毕节市七星关区被中国茶叶流通协会授予"中国古茶树之乡"。

二、清贡牌千年绿

贵州省毕节市金沙县是公认的茶树原产地中心地带和驰名省内外的"清池茶"的原产地之一，植茶的自然环境和气候条件得天独厚，各族人民种茶、制茶、饮茶、贸茶的历史悠久。全县古茶树资源丰富，有栽培型、野生型和近缘植物。清贡牌千年绿产于金沙县清池镇阳波村、石场乡的茶树沟、源村镇的石榴村。千百年来，采用古老的手工制茶工艺，形成的茶叶品质特点为：外形芽叶整齐，白毫显露，内质高香味醇，回味甘甜，汤色清澈明亮，叶底匀整，嫩绿微黄亮。冲泡后芽叶竖立悬浮在水面，似"竹叶"，继而慢慢沉入杯底。

第五节　创新茶

绿茶粉是一种超微粉状的绿茶，颜色翠绿，具有细腻、营养、健康、天然的物质（图 4-7）。采用超微粉研磨设备、瞬间恒定低温加工的绿茶粉，最大限度地保持绿茶原有的天然绿色以及营养、药理成分，除供直接饮用外，可广泛应用于绿茶蛋糕、绿茶面包、绿茶挂面（图 4-8）、绿茶饼干、绿茶豆腐、绿茶奶冻、绿茶冰激凌、速冻绿茶汤圆、绿茶雪糕、绿茶酸奶、绿茶糖果、绿茶巧克力、绿茶瓜子、绿茶月饼馅料、医药保健品、化妆品、日用化工品等之中，以强化其营养保健功效，满足公众对天然营养健康的诉求。

2013 年，纳雍县研制开发了绿茶粉，开创了贵州开发绿茶粉的先河。

图 4-7 创新产品绿茶粉

图 4-8 绿茶粉面条

第五章　茶泉篇

茶谚云："从来名士能评水，自古高僧爱斗茶。"关于煮茶之水，陆羽《茶经》中说："其水，用山水上，江水中，井水下。"毕节境内海拔落差大，山峦重叠，丘谷绵延，生态良好，井泉溪流星罗棋布，山泉、井水经过深层过滤，杂质低、水质软，沏茶汤色明亮，为水中上品，其中大方古井、马摆大山山泉、乌箐山泉、母乳泉较为有名。

第一节　大方古井

"县城形椭圆，重岗复涧，雄踞半山间，外则峰峦环翼，罗成天然，惟江流稍下耳。"这是《大定县志》对大方县城的描述。据《大定县志》记载："明崇祯九年（公元 1636 年），水西土司阿乌迷等以地献，镇将方国安始城之，名曰'大方'，明迹毁于贼。清康熙三年（公元 1664 年），乱平，设府曰'大定'，即故址重建城垣……"历史上的大方县城，历经战乱，几度重建，见证了历史兴衰，而唯一不变的，是城里的 99 口水井，一直为在这里繁衍生息的大方人捧出清泉，并成就大方豆腐、豆豉、豆干等豆制品及其他名特小吃。大方县城历史悠久，水井众多，由水与井所演绎出来的"井文化"更是丰富多彩、底蕴深厚，说大方县城是全省"井文化"最丰富的县城，一点也不为过。

《大定县志》是这样描述大方县城有名的几口井泉的："龙井，在城内东南，水味极佳，井上嵌石，镌'翰墨留香'四字。双水井，二井相连，一味极佳，一味稍涩。葡萄井，在县立第一高等女子小学校前，旧时水自井中涌出，溅珠若葡萄……"大方县城的 99 口井各具特色，堪称井文化的博物馆（图 5-1、图 5-2）。单就水质而言，依据其所含矿物质的不同，就有"大水"和"小水"之分，"大水"可用来推豆腐、烤酒、泡茶或直接饮用；"小水"就只能用来熬糖、洗菜洗衣了。令人叫绝的是《大定县志》记载的双水井，二水共一井，仅在中间用一大石板隔开，两水近在咫尺却风格迥异，左井涩右井甜，集"大水""小水"于一身，两不相犯，泾渭分明。最有特色的那就是"一碗井"了，顾名思义，只有一碗水而常年不枯不竭的井应该是天底下最袖珍的井了。

图 5-1　大方古井

图 5-2　大方古井取水

"双水井"的奇异已经让人啧啧称奇了，然而，大方古井的独具特色之处，最关键的却是体现在依附于井所衍生的井文化上。可以说：在大方县城，一口古井就是扎根于心底里的一块不朽碑，一口井就是镌刻在血脉中的一段历史记忆，这无数的历史片段拼接起来，我们依稀还能辨出大方昔日的辉煌与荣光，不免生出沧海桑田的慨然长叹和缅怀之情。如今，当你走进已按原样恢复重建的斗姥阁，你就会看到斗姥阁中斗姥阁井、岩脚井、小龙水井三井竞相媲美、各领风骚的盛景，再伴以袅袅的梵音，让人产生超凡脱俗的感觉。尤其是斗姥阁内小龙水井的泉水自龙口中喷出，冲动下面的石球，发出阵阵铿锵之音，实为潭内游鱼的最佳舞曲，两边石柱上还刻有清代书法名家何绍基所书的"风篁类长笛，流水当鸣琴"对联，可遥想当年此井四周竹影婆娑，流水淙淙，文人雅士流连其间，吟诗赋词，弹琴作画，惺惺相惜，不忍归去。位于小北关外的关水井，因处北关，故为名，相传为明代水西宣慰使所修，又名"官水井"。井上方"龙门"二字清晰可见，两旁对联"源静恩泽普，清流德厚长"尚能依稀辨出，出水的"龙头"大而雄，大有俯视诸井的意味，抑或井中之王的自负。最有文化底蕴的当属翰墨泉，有诗为证："攀跻爱好景珑玲，浪柳摇风漾水萍。还往凭轩临小井，删诗把酒醉中庭。"如将此诗倒过来读，便是这样："庭中醉酒把诗删，井小临轩凭往还。萍水漾风摇柳浪，玲珑景好爱跻攀。"此诗乃一回文诗，机巧而韵味十足，出自贵州大方县人民政府办公楼后的一石碑上，那里有一屏藏于新室的"翰墨泉集锦碑"，碑为大小不等的9块石头镶就，长方形，高三尺余、宽五尺多。碑脚下便是清澈透明的翰墨泉，泉顶便是古色墨香的集锦碑，可谓泉上诗画锦，碑下水流清。9块大理石上镌刻着10种诗画，集当时大方诗书画名家之杰作于碑上，故曰"集锦"。"翰墨泉集锦碑"系1940年，大定（今大方）正本学校负责人陈锡庚先生邀约方城诗朋画友组成耆英会，搜集诗人王宝珩、画家杜伯华、书家吴雨痕等10人的诗书画佳作，集中勒石于斯，成就诗书画雕的集大成之作。以泉为墨，围泉而构，诗书画雕皆具有鲜明的"井色"特点。如觉非的《三叠曲》："一泓清影透光明，影透光明凉意生。凉意生来宾共赏，来宾共赏一泓清。"逸叟题诗："每感清泉截断流，纳污藏垢几经秋。谁将一脉分来此？续孕文光射斗牛"。翰墨泉不过一口小井，集锦碑也不过几块顽石，可书法有真、草、隶、篆，形式有诗、书、画、词，内容包罗万象，不愧为大方文化艺术的一件瑰宝。

　　古井是大方县的一张城市名片，从1999年起，大方县启动了古井的修缮和保护工程，在修复过程中，还融入了大方底蕴深厚的诗词、楹联、书法、篆刻等文化符号，并佐以梅、兰、竹、菊等花卉图案以及十二生肖雕刻等，力求修旧如旧的同时，传递出深厚文化浸染的幽叹。如今，大方县城内还留存的古井皆已得到修缮和保护，成为大方县城市记忆深处不可或缺的重要载体。在城关大十字的桶桶井，修缮后成亭子状，廊柱用楷书镌刻对联一副"一汪碎月半闲亭，百尺伏波千户井"，寥寥数字，道出了古井的内涵。从此处往南走得几步，一座大牌坊豁然跃入眼帘，石坊上镌刻繁体字"龙王庙井"，从该井的碑铭上得知，此井数百年来从不枯竭，成为县城内一道独特的历史人文景观。而县城内的龙水井、杨柳井等，修缮后多采用龙头吐水的造型，既保护井水不受污染，又体现出中国传统的建筑风格。在县城黄土坡、竹子巷的半坡间各有一口水井，称为"两眼"；在北门小十字、大十字、龙王庙有3个桶井并排，称"三大炮"；"两眼三炮"，乃大方县城传说中的"大方八景"之一。

第二节　马摆大山山泉

马摆大山

绿草如茵景无双，石阶步履缓缓上。天池灵泉沟壑深，犹似新闺房中躺。

遥望草海泉一湖，欲比天高把名扬。登临巅峰视三境，好似此山还更强。

图 5-3 威宁县马摆大山远景

马摆大山位于贵州省威宁县麻乍乡境内，距县城 40km，主峰海拔 2763m，山顶平缓，东西宽 5.8km，南北长 7km，面积约 40km^2。该山地处滇黔交界，隶属乌蒙山脉，是重要的地理分界线。马摆大山的高山草原，代表了乌蒙山脉的一种有别于西藏、新疆及内蒙古的草原景色，被人称作"最后一片美丽得让人落泪的草原"（图 5-3）。

马摆大山山脚森林茂密、浓郁葱郁，飞泉流瀑、灵动清丽、水味回甜。沿溪流而上，无数株古木撑天挺立，枝干虬曲、容颜苍劲，一如沙漠中的胡杨，让人感悟到岁月沧桑和生命坚韧。半山腰里有一泓碧水，清流可人，仿佛神境。这就是马摆大山山泉的水源地。

威宁县马摆大山山泉水厂位于麻乍镇戛利村马摆大山山麓，离县城 40km，2010 年 5 月由县发改局批准建设，2011 年 10 月获得国家食品生产许可证等全部生产销售的相关证照，水厂占地面积 9600m²，现有一条年产 1.1 万 t 瓶装山泉水生产线，正在新建年产 15 万 t 桶装山泉水的生产线。水厂现有一级经销商 103 家，覆盖云南昭通、宣威，贵州毕节、赫章、水城及威宁县 36 个乡镇，水厂生产的桶装、瓶装山泉水，经贵州省产品质量检验检测院检测，各项指标均符合国家包装饮用水水质要求，多项检测数据优于市场同类产品。

马摆大山山泉水 2013 年 7 月被毕节市第七届旅游产业发展大会授权为指定用水；2014 年 6 月被共青团威宁县委评选为"青年创业示范企业"；2016 年被贵州省体育局指定为青少年田径锦标赛指定用水。水厂秉承以水立业，服务大众，立足本土、开发特色产品的宗旨，力争走上产业化、规模化、品牌化的发展道路。未来，水厂将为消费者提供更加安全、健康的产品和高品质的服务，不断满足消费者需求。

第三节　乌箐山泉

乌箐山泉水源地位于毕节市七星关区与纳雍县库东关乡交界的乌箐岭境内。乌箐岭最高峰海拔 2217m，森林覆盖率 90% 以上，林海浩瀚壮美，季相景观鲜明。区域内森林茂密，植被极佳，华山松高大挺拔，柳杉林葱茏苍翠；次生林铺山盖岭，杜鹃山茶花色缤纷；千年银杏、香樟高大雄伟，古树桩头皆成天然盆景；岩溶地貌奇异，丘峦峰丛众多；吞天井雄险奇秀，雷音谷奇岩幽幻神秘；山溪泉瀑多姿多彩，天象景观奇丽迷人。乌箐岭地处中亚热带气候区，气候温暖湿润，宜于林木生长；天然阔叶林面积较大，分布集中，人工针叶林分布广、长势好，山谷中残存着呈斑状分布的竹林；松、杉、竹、杨、栎、栲、山茶、杜鹃、茅栗等花叶多彩，仪态万千，林型多样，季相鲜明。

毕节市乌箐天然山泉水有限责任公司创建于 2012 年，占地 7000m²。公司生产的"乌箐山泉"系珍稀天然优质饮用泉水，水源位于乌箐岭境内，森林茂密，植被极佳，人迹罕至（图 5-4、图 5-5）。在海拔 1950m 高的地方自然涌出天然含锶弱碱性神秘圣泉，当地群众盛誉此泉为"添寿壮骨养颜泉"！经国土资源部贵阳矿产品监督检测中心检测，"乌箐山泉"含人体所需的锂、硒、锶、锌、碘、氡、钼、钒、钴、偏硅酸等矿物质元素。水质达《食品安全地方标准　饮用天然水》（DBS52/008—2015）标准，属低钠的优质天然珍稀山泉软水。

图 5-4 纯净的乌箐山泉

图 5-5 原生态的乌箐山泉

第四节　母乳泉

　　源自古彝的圣水——"母乳泉"，位于毕节市黔西县，比邻百里杜鹃国家森林公园。母乳泉的得名来源一个感人的故事。传说玉帝的第十个女儿名叫张娉善，因爱慕凡尘百里杜鹃的绚丽与乌江水的清澈，下嫁周文王后裔、母乳泉边上王姓人家，生三子，长曰裒，次白龙，三黑龙。老大王裒饱读诗书，立志修身治国平天下；老二白龙生性善良，乐于助人；老三黑龙不谙世事，好睡贪玩。因为黑龙不爱洗澡，通体发黑，大家以为是异物孽障，凡黑龙过处，电闪雷鸣，母亲娉善也因此患下恐雷之症。王裒出仕中原，携母同游，临别前娉善千叮万嘱，要老二多为百姓做好事善事，照顾好小弟黑龙；要老三黑龙留守家园龙洞湾，轻易不可外出。有一天，黑龙在龙洞湾前面的晒甲沟晒太阳，被雷神发现，顷刻间雷电轰鸣。慌不择路的小黑龙欲逃往乌江大河避难，在途中被雷神击杀于"龙井坎"（亦名"龙颈砍"）。正回到家门口的白龙看到这一幕激愤化作了山岩，狰狞的头角所蓄之势仍然想要护住小弟一样极速前倾，当地人称"歪歪坡"和"磨子岩"，他悲愤的泪水化作了"白龙泉"和"阴潭"。消息传到中原，娉善病逝于中原，每逢打雷下雨之时，王裒总要护住坟墓说"裒儿在此，母亲勿怕"，这便是"二十四孝"中的一孝"王裒泣墓"的由来。聘善一口灵气返回家乡，变成了号称有"九十九条龙、九十九口井"、绵延数十千米的"沙嘎坡"，双乳化作了"扬子泉"和"母乳泉"，向白龙黑龙的方向流去，希望时光倒转、天伦永续，这便是母乳泉"咪咪水""妈妈水""滋养水"的由来。

　　酒文化里关于茅台酒的源流这样介绍：西汉建元六年（公元前 135 年），汉中郎将唐蒙出使北越国（今广州），在欢迎国宴上喝到了一种很好喝的名叫"枸酱"的酒，问其出处，言来自位于今日贵州的古牂牁郡，经北盘江顺流而下销售到珠江口的北越。唐蒙带了一些"枸酱酒"回长安献与武帝，武帝饮后念念不忘。西汉元光五年（公元前130年），唐蒙出使古巴国（今重庆），汉武帝特嘱唐蒙带像枸酱酒一样的好酒回来。唐蒙办完公务以后，从长江的合川沿赤水河逆流而上，至今日习水土城因水小上岸从古鳛部带了一种酒回献与武帝，武帝饮后赞曰"甘美之"。因茅台位于南"枸酱"与北"甘美之"的连线上，所以"唐蒙献酒"便成了茅台酒最早的源流之一。母乳泉水源地正好处于南"枸酱"与北"甘美之"茅台以南的连线上，可以说母乳泉与茅台正是"同线同源"。

母乳泉实业有限公司坐落于中国"杜鹃花都"——黔西，注册资金1亿元，厂区占地6.7hm²，建成厂房1.2万m²，流转了母乳泉水源地70年约6667hm²。公司是贵州第一家通过ISO9001质量体系认证、ISO14001环境体系认证、OHSAS18001职业健康体系认证、ISO22000食品安全体系认证、国际HACCP认证5项认证的饮用水企业；国内第一家通过"欧盟水质指令"检测的企业。母乳泉水源地8亿年前属于海底世界，5.7亿年前的"喜马拉雅运动"使得从中国福建沿云贵高原经喜马拉雅山脉到欧洲阿尔卑斯山的地层不断隆起变成陆地形成高山，富含均衡饱满矿物元素的岩石孕育了富含各种矿物元素的"母乳泉"（图5-6）。数亿年时光的洗礼，具有活跃特性的钾、钠等元素几乎被清理干净，仅剩其他不易被清理的元素保留在水中，造就了母乳泉"高锶、超低钠、锌硒等多种元素含量均衡饱满"的特点。

图5-6 母乳泉

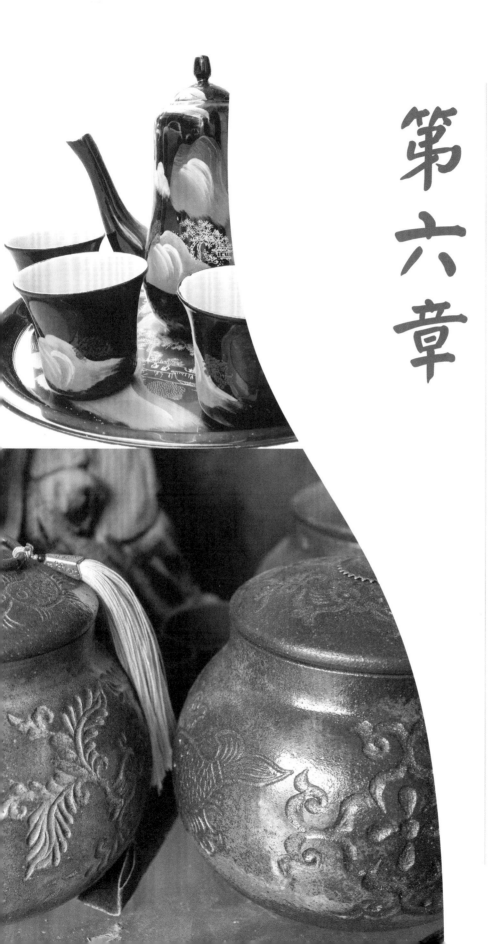

茶器篇 第六章

毕节种茶、饮茶历史悠久，茶器是伴随着人们饮茶的需求产生的，一般具有浓郁的地方文化特色和民族特色。在毕节，最具代表性的茶器当属被称为世界上保存最好的古代工艺文明"活化石"的乌撒烤茶罐，除此之外，大方漆器、织金砂器等也以其加工制作工艺独具特色。

第一节　乌撒烤茶罐

好品质的茶叶离不开优质的焙烤器具。最讲究的还是威宁"乌撒烤茶罐"。乌撒烤茶罐属于"良渚文化"系列的"良渚黑陶"，是世界上保存最好的古代工艺文明的"活化石"，其采用埋藏于地底下3m深的"观音粉"加乌沙等原料经几十道工序工艺做好，再用4500年前的"堆烧"工艺高温烧结而成（图6-1、图6-2）。能耐高温，保香气，透气不透水，还能承受上千温度差的巨变；把茶罐烧红了用水去淋都不会坏。用这种茶罐焙烤的"乌撒烤茶"之所以能豆香馥郁，一定程度上取决于用来焙烤茶叶的沙罐。据考证，"乌撒烤茶"罐是居住在威宁的人民远古时期在饮茶过程中研发的一种耐高温的土陶器皿，至今已有3000多年历史，现存于贵州博物馆的"2005年全国十大考古新发现"威宁县中水汉墓群鸡公山文化遗址发掘的文物陶罐就是铁证。

目前，乌撒烤茶罐已列入贵州省非物质文化遗产目录。

图 6-1 原生态的乌撒烤茶茶具

图 6-2 乌撒烤茶罐手工制作

第二节　大方漆器

大方漆器髹饰技艺距今已有600余年历史。大方漆器制品采用牛、羊等动物皮革和棉、麻、绸、木等做胎，用当地的优质生漆作外包装加以彩绘妆饰。从明洪武年间就形成了一套以皮胎漆器为主的漆器制作工艺。大方漆器有较高的欣赏价值和实用价值，是贵州省优秀的民族民间艺术瑰宝。大方漆器曾与贵州茅台酒、贵州玉屏箫笛合称为"贵州三宝"。

据清《乾隆通志》记载："黔之革器以大定（大方）为最佳"，大方漆器之大方皮胎漆器成为全国特色，并独创了"隐纹"装饰技法。大方漆器制作工艺独特，制作要求高，工艺流程繁杂，主要有制漆、胎胚、灰地、漆地、装饰五大工艺，50多道工序，82道生产环节，产品做工精细，品种齐全，造型生动，深受国内外消费者及收藏人士的青睐。

大方漆器，是贵州富有民族风格和地方特色的传统工艺美术作品。明、清朝代，大方漆器就被选作"贡品"上京供奉皇帝。作为家庭陈设品装饰书斋、厅堂、卧室等，更能增添古色古香、高档悦目的雅致。民间也作为日常生活中的用具，盛装首饰、干鲜果品、蜜饯乃至菜肴均可。大方漆器在清道光年间盛极一时，当时古老的大定府城内几乎家家都会制作漆器，故享有"漆城"之誉称。

因大方漆器采用牛、马、羊等动物的皮革，以棉、麻、绸、缎、木等做胎，以当地的优质生漆作原料，漆中的漆酶、漆酚含量较高，具有燥性好、色泽鲜，耐潮、耐酸、耐碱和抗高温等特点。

大方漆器具有质地坚实、造型古朴雅致、涂漆光亮、漆色润泽生辉的特色。装饰多以写实与大胆夸张相结合，图案幽雅逼真，造型朴实，漆色光亮可照人影，色泽艳丽，经久耐用，并具有鲜明的民族色彩。

隐花是大方漆器的独特技艺。艺人巧妙地把各种花纹隐衬在漆质与胎胚之间，若隐若现。其状，如深巷基虚静影沉璧；其态，线条装饰自然，挥洒自如，似行云流水，独树一帜。在颜色上，由原来的隐石红木色扩展为珊瑚色等色彩，更加丰富了彩面。2008年，大方漆器"彝族漆器髹饰技艺"被列入国家级非物质文化遗产名录。

大方县素有"国漆之乡"的美称，栽培漆树已有1000多年。目前，大方漆器已获地理标志产品保护，用作茶（食）具，有不导热、不串味、不漏水、不生虫的性能，器具本身亦有耐酸、碱，不易腐朽，不褪色的效果（图6-3）。

图6-3 大方漆器茶罐

第三节　织金砂器

织金砂器品种繁多，统称"织金砂锅"。

织金砂器源于宋代，据《织金县志》记载，清朝初年兴盛一时，康熙四年（公元1665年）建平远府而名的平远砂器就已驰名各地，产品除在本地销售外，还远销云南、四川等地。

在织金县城东门内，有一条街，走进去，一栋栋古朴的青石房门面内，摆放的是一排排精致的砂锅，被称为"砂锅街"。该县从事砂器生产的专业户大都集中于此。他们之中有的是祖辈即从事砂器生产，代代相传至今；有的是受街坊影响而拜师学艺。

织金砂器的坯料由两种混合有不同粗细的煤渣灰黏土构成。民间传有制作砂器的气候和季节术语"烧锅，看太阳，三月春，家家开窑，九月秋风起，活路就歇了"。一口锅，要经过春砂、和泥、成坯、上釉、烧锅，直到最后制作完成需要72道工序，好比"孙悟空的72般变化"，从春砂到和泥，从成胚到烧锅，每道工序，都要全力以赴。具体来说，配粗灰渣的坯泥在踩凉后作为砂器的骨架，细的坯泥糊在内层，以便制密，在成型的方法上，采用慢轮及双层陶模的手工方法成型。先将两种坯泥相接拍平，在内陶模上将黏土旋转拍打成型后，再换置到已垫好细煤灰的外陶模内，继续成型操作，粘接把柄及刻画线条装饰等，最后晾干，再涂以有单一蜡质矿土调制而成的土釉，以防止渗水。

织金砂器的烧制方法至今仍传说是太上老君的八卦炉烧法。现今的烧制是在一个双火口的地炉上进行。地炉是在地面上掘出无口穴通风道，接上鼓风机，做上炉栅即可。先用煤围上炉口，铺上木屑，点燃后将烟煤覆盖在上面，开支风机，使煤在点燃的炉罩内焖烧，由于风机的作用，煤烧得猛烈，3min左右，炉罩内的陶坯即被烧到900~1000℃；此时，将炉罩挑开，并扣在另一炉口的陶坯上，并将已烧好的砂陶挑至旁边已铺满木屑的炉上，盖上一口大铁锅，并将燃起的火收于锅内熏烧片刻，一只乌黑发亮的砂陶即烧制而成。曾有人用"手拉风箱声不断，夜晚烧锅红满天"来形容砂锅街的盛景。

由于煤燃烧产生的高温使炉罩内的器坯中高岭土内含的二氧化硅、三氧化二铝，以及无烟煤中的碳，结合成特别的锅体，让织金砂锅有了天下独绝的耐酸性好、稳定、吸附性强的特点。

织金砂器不同于其他陶器，作为釉料的白泥，烧成后与砂器本色融为一体，略带铿亮铅白色金属光泽，显得饱满含蓄。最早的砂器是不上釉的。据说六七十年前，有个叫陈春心的师傅在院中晒砂锅坯，锅上方拉有晒衣绳，挂有洗好后用白泥浆过的衣服，因此有带白泥的水滴在锅上，此锅烧成后，有白泥的地方发出光泽。从此砂锅始有独具特色的釉色装饰。砂器美术品作为案头欣赏品、旅游纪念品，具有浓郁的地方特色，以独特的品质和用途而深受中外人士的喜爱。砂器这一古老的产品正在焕发新的光彩。

目前织金砂器的种类有茶罐、火锅、茶锅、烘饼平底锅、圆底锅、香炉等 30 多个品种及艺术砂器，几乎囊括了人们日常所需烹调及生活器皿（图 6-4、图 6-5）。

图 6-4 织金砂器（茶具）

图 6-5 织金砂器（茶壶）

钱壮飞烈士

1896－1935

第七章　茶人篇

中国是茶的故乡，茶深深地融入了国人的生活，成为传承中华文化的重要载体。汉中郎将唐蒙出使夜郎，以"茶"为纽带掀开了神秘的古平夷面纱。奢香夫人的出现，继续传承着"夜郎茶"的神话，谱写了一曲民族团结与和谐的篇章。而毕节土生土长的一批茶业界人士，更是为毕节茶产业的发展撑起了一片蓝天。

第一节　古代名人

一、唐　蒙

追溯毕节的产茶历史，应该从汉武帝派中郎将唐蒙出使西南说起。据记载，西汉建元六年（公元前135年），汉中郎将唐蒙受汉武帝委派，征发巴蜀，从赤水河口符关（今四川省合江南关码头）出发，沿赤水河上行，来到了紧邻古蔺的清池作了停留。当地少数民族为了迎接唐蒙，将家中刚刚炒制的新茶让唐蒙品尝，干口渴舌的唐蒙和他的军队品尝到回味甘甜的清池茶后，赞叹不已："我们从都城出发，走了近一年，还没有品尝到这么好的茶。"临走时，唐蒙向当地村民购买了清池茶

图7-1　唐蒙图

上供汉武帝，并劝夜郎王多同归附了汉家王朝。汉武帝品尝后，大加赞誉，亲自将此茶命名为"夜郎茶"，并传旨作为贡茶。可以说，唐蒙是叩开毕节乃至贵州茶叶大门的第一人，也堪称开启我国南方丝绸之路的先驱者（图7-1）！

贵州著名文人刘学洙在《贵州开发史话》中讲道："在贵州开发史上，西汉唐蒙应该算一个先驱者，唐蒙在经过夜郎去南越的路上，曾看到路途有构酱和茶蜜作为农副产品在市场上出售。"由此可见，当时的古黔濮苗先民，已经把蒸煮技术运用到了茶叶加工上。

二、奢香夫人

图7-2　奢香夫人塑像

奢香夫人（1358—1396年），彝族名舍兹，又名朴娄奢恒（图7-2）。元末明初人，出生于四川永宁，系四川永宁宣抚司、彝族恒部扯勒君亨奢氏之女。是彝族土司、贵州宣慰使陇赞·蔼翠之妻，婚后常辅佐丈夫处理政事。明洪武十四年（公元1381年），蔼翠因操劳过度病逝，因儿子年幼，年仅23岁的奢香夫人承担起重任，摄理了贵州宣慰使一职。明代奢香夫人携带以海马宫茶、果瓦茶等大定农特产品进京，上贡明太祖朱元璋，太祖品之甚喜，赐予金银珠宝，旨建黔中驿道。奢香夫人特命其大总管在现在的果瓦

乡、海马宫等多地种植茶叶，供上贡朝廷。奢香夫人亲率各部落开置以偏桥（今施秉县境）为中心的两条驿道。一条向西，经贵阳，过乌撒，达乌蒙（今云南昭通）；一条向北，经草塘（今瓮安县境）到容山（今湄潭县境）。并置龙场、陆广、谷里、水西、奢香、金鸡、阁鸦、归化、毕节9个驿站于贵州境内。驿道纵横贵州，打开了与川、滇、湘的通道，促进了各民族的交往，推动了社会经济文化的发展，稳定了西南的政治局面，确定了与明王朝的臣属关系，也将大方海马宫竹叶青茶销往各地。朱元璋说："奢香归附，胜得十万雄兵。"

第二节　当代茶界名人

一、学术界

（一）许允文

许允文，1939年11月生，研究员，曾任中国农业科学院茶叶研究所栽培室主任（图7-3）。

图7-3 许允文

历史上，纳雍县是产茶地区。山区面积大，宜茶荒山多，具有得天独厚的气候资源与生态条件，但由于多种原因影响，大部分茶园呈荒芜或半荒芜状态。1999年，应纳雍县要求，民革中央聘请中国农科院茶叶研究所许允文研究员到纳雍进行茶产业帮扶。

多年来，许允文不辞辛劳，跋山涉水，对纳雍的茶叶生产进行了多次深入的考察。在许允文力促下，纳雍县成立了茶叶产业办公室，逐步恢复和发展茶产业，先后建立起6家茶叶公司和4家茶叶专业合作社，新建大型茶叶加工厂6座，垦复、改造荒芜茶园1000hm^{2}多，新建茶园1333hm^2，有机茶园颁证面积达到200hm^2。同时，组织纳雍县有关人员赴江浙一带参观考察当地的先进种茶、制茶技术，培训了一大批本土技术人才和能手，形成了6个茶叶品牌16个品系，产品多次在全国和国际性行业会上获奖。

许允文还帮助纳雍县制定了《纳雍县茶叶产业发展规划（2006—2015）年》。通过整体规划、整合资源，提出了打造中国西部有机名优茶之乡的概念。到2007年，纳雍县生产成品茶265t，产值4000万元，其中有机名优茶65t，产值达3000万元。

许允文心系纳雍，服务农民，为当地的经济发展做出了突出贡献，2004年8月，纳雍县委、县政府授予许允文"为纳雍经济发展做出杰出贡献专家"荣誉，发给他的2万元奖金也被他全部捐献给贫困学生，民革中央领导也对他的工作给予了很高的评价。

（二）何志华

何志华，男，汉族，1964年12月生，中共党员，1990年西南农业大学蚕桑专业毕业，

图 7-4 何志华

毕节职业技术学院教授（图 7-4）；毕节市优秀教师，贵州省优秀班主任，贵州省教育厅专家组成员，主持毕节市科技项目《有机花园茶树开花的原因及防治研究》、贵州省教育厅省级质量提升工程项目《园林工程技术优秀教学团队》等，主编高职高专园艺专业系列规划教材《园艺学概论》（重庆大学出版社 2014 年 1 月出版），先后在《江苏农业科学》《华北农学报》《农机化研究》《福建茶叶》《中国农学通报》《湖北农业科学》等刊物发表论文 20 余篇；长期从事《茶树栽培技术》《茶树遗传育种》《田间试验与生物统计》等相关课程的教学和科研工作，在毕节市各乡镇长期从事茶树栽培技术培训工作，为毕节茶产业的发展培养了大批的茶叶专业技术人才。

（三）杨留勇

图 7-5 杨留勇

杨留勇，2012 年毕业于贵州大学茶学专业，高级评茶员、高级茶艺师（图 7-5）。2013 年 5 月起到毕节职业技术学院任茶学专业教师，成为毕节职业技术学院茶学专业第一人，为毕节市茶产业发展培养茶叶专业人才 200 余人。现任毕节职业技术学院茶叶专业主任和毕节职业技术学院农业工程系办公室主任。

2017 年带领茶叶专业学生到毕节市七星关区太极村进行"古茶树的保护与开发利用"讲习，为毕节市古茶树的茶产品开发和保护利用做出积极贡献，事迹被中央 13 台焦点访谈、新华网和毕节七星关新闻联播等媒体报道。近年来，2015 年主持完成毕节职业技术学院"新开垦茶园贫瘠土壤的培肥技术研究"课题，以毕节市周驿茶场新开垦的茶山为试验场，经过三年的努力，该茶山现已封园，取得良好的示范效果。2019 年主持市级联合基金项目"毕节市茶叶加工实验室平台建设"，这将为教学、科研和对外服务，培养毕节市茶产业人才，起到很好的桥梁作用。2018 年被聘为毕节市"农业类首批专家"；参加贵州省手工制茶技能大赛以全省第四名的优异成绩获得"三等奖"；指导学生参加全国手工制茶"遵义红杯"项目赛获得"手工卷曲绿茶"个人项目赛"优秀奖"。职业教育工作以来，于 2016 年、2017 年、2018 年连续 3 年被毕节职业技术学院评为"优秀共产党员"；2016 年荣获毕节职业技术学院"优秀教师"称号。

二、技术推广界

（一）董孝玲

董孝玲，原毕节地区科学技术协会副主席、农业技术推广站站长，高级农艺师，1958 年贵阳农校毕业后赴乌蒙山区工作，1978 年开始负责茶业技术推广，1991 年退休

（图 7-6）。短短十余年间，毕节茶园面积由 1978 年的 2000hm² 发展到 1991 年的 7605hm²，分布 8 县 80 区 500 余乡镇，新建 6.67hm² 以上茶场 9 个，并在工作中获得省科技成果二等奖 2 项、三等奖 1 项，地区科技成果四等奖 2 项，发表茶叶论文 12 篇。2014 年被中国茶叶学会授予"茶叶科技工作者奉献奖"、2018 年荣获贵州省茶叶学会个人奉献奖。

图 7-6 董孝玲

主持编写的《毕节地区茶叶生产区划》得到有关部门采纳，列入农业区划并实施。工作中积极组织技术骨干先后赴贵州省茶科所学习茶叶科学研究栽培技术、到都匀茶场学习茶叶加工技术，并长期深入农村、深入基层培训农民；从福建引进优良茶种"福鼎大白茶"建立良种茶园，为黔西县红专茶场、毕节市周驿茶场、纳雍县姑开茶场等 7hm² 以上茶园的快速建立奠定了基础；在技术推广上实行以点带面做示范，在毕节宋伍茶场开展低产茶园改造 20hm²，经两年实施茶叶产量由原来的 1250kg 增加到 3300kg，并推进了全区 2000hm² 低产茶园的科学改造。同时，大力引进推广茶树密植免耕技术、茶园果树间套作技术、茶树扦插育苗技术、绿茶炒青全滚筒加工、遵义毛峰茶采制技术等，在有效提高茶叶产量、品质的同时，促进了全区茶业的快速发展。

董孝玲还组织对金沙清池茶、大方海马宫茶、纳雍姑箐茶等历史名茶及古茶树进行全面考证，发现了优良茶树品种 14 个，为贵州省茶科所编纂《贵州省历史名茶》奠定了基础。

（二）聂宗顺

图 7-7 聂宗顺

聂宗顺，1965 年 6 月生，1986 年毕业于安徽农学院机械制茶专业，毕节市农业技术推广站正高级农艺师、一级评茶师（图 7-7）；先后被毕节市政府授予"毕节市劳动模范"，毕节地委组织部授予"优秀科技副职"，毕节地区民族宗教事务局授予"第四届民族团结进步先进个人"，贵州绿茶品牌发展促进会等单位授予"'十一五'贵州省茶产业发展贡献奖"，是贵州省茶叶协会、贵州省绿茶品牌发展促进会、贵州省茶叶学会、专家组成员；主持实施的《名优茶机械化加工技术运用与推广》等项目分别荣获贵州省农业丰收计划二等奖 2 项、三等奖 5 项，撰写论文 30 余篇发表在《贵茶》等杂志上，《中国名茶志》撰稿人之一。

参与起草了《关于加快高山生态茶产业发展的实施意见》和《毕节市发展高山生态茶产业三年行动方案（2018—2020 年）》文件，编写了《贵州省毕节地区茶产业发展规划（2008—2020 年）》；紧紧围绕毕节建设中国高山生态茶之乡产业带、中国贡茶之乡产业带、中国古茶树之乡产业带、乌撒烤茶产业带的产业布局，积极指导茶叶生产，走"干净、生态、优质"之路，打造"奢香贡茶"区域公用品牌，推动古茶树保护与产业化开发，为茶产业的健康有序发展和促进农业增效、农民增收做出了积极的贡献。

（三）吴　嵩

图7-8　吴嵩

吴嵩，1984年毕业于毕节地区农校农学专业，纳雍县农业农村局高级农艺师、二级评茶师（图7-8）。任中国社会科学院第五届特约研究员、曾任毕节市第一届政协委员、民革纳雍县工委委员、民革纳雍县三农中心主任、纳雍县第十届政协常委。

从事茶叶试验示范研究推广35年，得到汪桓武、赵翠英、许允文等专家的精心指导，从而在工作中广泛开展茶树高产栽培试验，参与起草了中共纳雍县委、纳雍县人民政府《二〇〇九年茶产业发展的工作安排意见》和《纳雍县高山生态茶产业发展三年行动方案（2018—2020年）》等文件，编写《纳雍县茶产业发展规划（2008—2020年）》；组织编制并颁布实施《纳雍有机茶标准》（DB 522426/T 01.1—01.3）、《纳雍高山茶（绿茶）标准》（DB 522425/T 001—2017）、纳雍高山红茶（DB 522425/T 002—2017）；编撰茶叶可行性研究报告及实施方案30余篇，发表专业论文30余篇，承担并完成茶叶项目10多项，荣获省农业丰收计划二等奖8次、三等奖2次，省市科技成果三等奖3次；获贵州省农业厅（1986年）先进个人，毕节地区首届优秀科技知识分子，纳雍县第一、二届优秀人才突出贡献奖、中共纳雍县委、纳雍县人民政府先进个人等荣誉，组织并指导茶企加工的茶叶多次荣获国内国际大赛奖励，为纳雍茶产业的健康有序发展做出了卓越贡献。

（四）王　强

王强，2003年毕业于贵州省安顺职业技术学院茶叶专业，纳雍县农业农村局高级农艺师、二级评茶师，任中国茶叶科普专家，中国茶叶流通协会、贵州省茶叶协会、贵州省绿茶品牌发展促进会、贵州省古茶树专委会专家组成员，毕节市第二届人大代表（图7-9）。

图7-9　王强

长期致力于纳雍县茶叶发展和规划工作，促使茶产业得到较快发展，有机茶认证面积达1867hm²，无公害认证面积3800hm²，茶叶产品获十多项国家级、省级金奖，参与编写和制定了《纳雍有机茶标准》（DB 522426/T 01.1—01.3）、《纳雍高山茶（绿茶）标准》（DB 522425/T 001—2017）、纳雍高山红茶（DB 522425/T 002—2017）并颁布实施。深入田间地块向茶农和企业指导培训示范种植，让农民得到实惠，茶企业得到收入，茶产业得到健康发展。在品牌打造方面立足地方特色和优势，特别是"高山、生态、有机"的优势，提出了走名牌、优质、生态、高效之路，主攻名优茶，兼产大宗茶，发展无公害茶，开发有机茶，实现茶产业"标准化、专业化、集约化、规模化、品牌化"的发展战略。

在王强的辛勤助推下，纳雍县成功申报了"中国高山生态有机茶之乡""贵州省十大古茶树之乡""全国十大生态产茶县"称号，2009—2017年连续9年被中国茶叶流通协会评为"全国重点产茶县"，2011年组织实施的纳雍有机茶生产标准化示范区被批准为国家农业标准化示范区。参与实施的茶产业项目获省农委多项丰收奖，在各级刊物上发表论文30余篇。

因工作突出，王强获纳雍县第三届优秀人才突出贡献奖、贵州省"十一五"贵州茶产业发展贡献奖、全国优秀学会工作者、毕节市农业先进工作者、贵州省科普先进个人等荣誉。

（五）孙 愈

孙愈，1987年毕业于贵州省安顺农业学校茶叶专业，大方县农业农村局高级农艺师、中级评茶员，贵州省茶叶学会会员（图7-10）。参与"名优茶机械化加工技术运用与推广"等项目的实施，荣获贵州省农业丰收计划二等奖2项、三等奖2项，撰写论文及调研报告10余篇，参与了《大方县农牧志》茶叶部分的编撰工作。

图 7-10 孙愈

长期致力于大方县茶产业发展，编写了《大方县发展高山生态茶产业三年行动方案（2018—2020年）》《大方县2018年高山生态茶产业实施方案》等文件，并积极指导大方县茶叶生产企业，做"干净、生态、优质"茶，打造"奢香贡茶"区域公用品牌。

参与贵州省科技厅、毕节市人民政府、中科院昆明分院科技合作"茶园生态管理示范与优质绿茶新产品研发"项目，并通过中国科学院亚热带农业生态研究所引进适合大方县生态环境种植的茶树新品种白毫早、茗峰、碧香早、香波绿、黄金一号等进行试验示范，并进行茶叶新产品制作工艺的研发，有效提升大方茶向高端方向发展。在他不懈努力下，贵州省大方县九洞天资源开发有限责任公司（现为毕节花海风景园林工程有限公司）生产的"九洞天仙茗"牌毛尖、翠片分别获得2009年中国·上海国际茶业博览会金奖、银奖；在2009—2011年"中茶杯"全国名茶评比双双获得绿茶一等奖；2016年全省秋季斗茶赛中"九洞天仙茗"牌绿茶荣获茶王称号。

（六）赵明勇

赵明勇，2006年毕业于贵州大学农学专业，2012年获得贵州大学农业推广硕士学位，高级农艺师；2006年10月在毕节市农业科学研究所工作至今，现任茶叶研究室主任一职（图7-11）。

工作以来，紧紧围绕贵州省委、省政府，毕节市委、市政府关于农业产业结构调整、

图 7-11 赵明勇

脱贫攻坚、农村产业革命等相关文件精神和决策部署，积极调整研究方向，使自己的研究选题与全市社会经济发展紧密结合，并在茶叶等农业研究领域取得突出业绩，为促进试验区农业产业结构调整、农业增效、农民增收、农村经济发展做出了积极贡献；参与完成国家科技支撑计划、国家星火计划及贵州省社会发展科技攻关、省科技计划、省优秀科技教育人才、省长专项资金、省地院科技合作、省中药现代化项目共 8 项，市科技计划项目共 5 项；参与完成 1 个成果获省科技进步三等奖，获省农业丰收二等奖、三等奖各 1 项，市科技进步二等奖 1 项；在国家、省级刊物和出版物发表科研论文 40 余篇。2014 年受聘为市级科技特派员，2015 年受聘为省级科技特派员，2015 年获得市直机关"优秀共产党员"称号，2018 年获贵州省"千"层次创新型人才培养对象；所在团队及部门获得毕节试验区人才基地"茶叶产业科技创新人才团队"挂牌。近年来，协助起草了《毕节市发展高山生态茶产业三年行动方案（2018—2020 年）》等文件；建成了毕节高海拔茶树资源圃、毕节古茶树产业化平台等基础设施，为毕节茶叶科研的开展奠定了坚实基础。

三、产业界

（一）蔡定常

蔡定常，贵州乌撒烤茶茶业有限责任公司董事长、总经理（图 7-12）。多年来从事茶叶种植、生产、企业指导、品牌策划运营。2009 年 11 月 21 日荣获"优秀民营企创业家"称号，2011 年当选毕节市工商联副会长、毕节市政协委员，2012 年被聘为贵州省经济学校客座教授，2015 年 12 月当选为第一届毕节市农业板块经济专家咨询组专家成员。

图 7-12 蔡定常

蔡定常创办的贵州乌撒烤茶茶业有限责任公司，引进先进的生产加工技术和自有的传统工艺，采取"抓基地、重技术、保质量、上品牌"的发展思路，研制的香炉山茶、乌撒烤茶先后获贵州省绿色产业促进会"黔绿之星"绿色消费品牌、中国知名品牌、"多彩贵州"旅游商品两赛一会和贵州省"宏立城杯"优秀奖、贵州省"名特优产品"。茶叶产品畅销市场，深受广大消费者信赖，在贵州高原屋脊高山绿茶独树一帜。公司也荣获省、市、县农业产业化重点龙头企业称号。

特别是蔡定常致力于乌撒烤茶文化发掘工作，在有关专家的指导和帮助下，多次深入"2005 年度全国十大考古新发现"之一威宁县中水鸡公山遗址寻觅 3000 年前形成的乌撒烤茶文化符号，在斗古乡探寻乌撒烤茶文化载体（烤茶罐）的制作工艺，融入广大彝族群众中寻访乌撒烤茶技艺。源于生活的乌撒烤茶艺术表演在 2011 年中国贵州国际绿叶博览会第三届茶艺大赛荣获金奖，从而使茶界迅速认识并接受了地域特征明显的乌撒烤茶文化。

（二）谭正义

谭正义，贵州雾翠茗香生态农业开发有限公司总经理（图7-13）。

冬天，纳雍县鬃岭镇坪箐大山山顶，草枯叶落，唯一的绿色，只剩下耐寒的柳杉以及扎根山顶的茶树，这是谭正义"挑战不可能"留下的印迹。茶苗沿等高线种植，从山腰一直叠到山顶。一条条绿色等高线勾勒过的坪箐大山，就此变得更加像一件艺术品。坪箐大山海拔约2200m，高得能将柔弱的一切植物拒绝，就算耐寒的多数灌木，也未能幸免。当初在海拔2200m的山上种茶，专家不赞成，教科书上没有，

图7-13 谭正义

质疑之声萦绕耳旁："在如此高海拔地带种茶，不可能种活。"他却以木楔子艰难进入缝隙的执着，将绿色留存在冬天的山顶，到底把荒芜的坪箐大山雕刻成一件生态艺术品。

为做良心茶，2017年，他投资900多万元修建沼液提灌系统，把养猪场生产的沼液从海拔1800m多运到海拔2300m的坪箐大山，再让沼液自流，灌溉每一株茶苗，形成了全省规模最大的"猪—沼—茶"生态循环种养基地。已获欧盟认证的463hm^{2}有机茶园，荣获"中国最美茶园"便是他坚持做高山、绿色、生态产业的证明。

随着一切质疑之声渐渐消隐，坪箐大山正在逐步成为金山银山。常年在茶园和养殖场务工的农民达300人，成为了当地农业产业脱贫的明星企业。他也被评为"贵州省劳动模范"、2015年贵州省社会扶贫先进个人、贵州省工会"雁归圆梦"百千万行动创业之星、毕节市2016年十佳荣誉村主任称号。

（三）邱　进

2004年，当得知县政府准备在自己的家乡申报建设"三丈水省级森林公园"，邱进（图7-14）毫不犹豫地返乡将煤炭产业上挖掘出来的"第一桶金"全部投入到"黑"改"绿"工程——贵州三丈水生态发展有限公司项目建设中，争取建设好自己的家乡。

为了让更多的家乡父老参加到项目中来，2009年，邱进因地制宜地启动实施了贵州三丈水生态发展有限公司茶叶基地建设，先后在本乡流转土地700hm^2，采取"公司＋基地＋协会＋农户"的模式栽种茶

图7-14 邱进

叶533hm^2、经果林23.3hm^2。2012年又筹资2000万元，新建茶叶加工厂，辐射带动农户1500余户，解决了2000多人的就业问题。他创新茶叶营销模式，成为毕节市推进网上订购专属茶叶基地的"吃螃蟹"者，著名歌唱家刘欢等各界名人成为了贵州三丈水生态发展有限公司茶叶基地的订购常客，放心茶、干净茶也随着他们的到来快速远播。

他一直不遗余力地为家乡的发展而努力着，2007年被当地群众推选为贵山村党支部书记。几年来，后山乡的人们看到了贵山村的发展，也看到了他的努力。每当为群众办成一件好事、一件实事，他都感到由衷的快乐和幸福；每每听到大家的赞扬声时，他都会摆摆手，开心地说："让乡亲和我一起勤劳致富，我幸福！"他先后被评为贵州省劳动模范，贵州省第二届创业之星，毕节市第一、二届人大代表，金沙县第十三、十四届人大代表，县茶叶协会会长，最受欢迎的农民讲师等多项社会职务。但他最喜欢、最自豪的是村民把村支书的重担放在他的肩上，让他能够更好地为大家做事，最快地看到乡亲们的笑脸！

（四）李光举

图7-15 李光举

李光举，纳雍县山外山有机茶业开发有限公司总经理（图7-15）。2010年响应纳雍县委、县政府的号召，留职留薪自筹资金在纳雍县姑开乡种植茶叶133hm²，2011年注册成立个人独资企业——纳雍县山外山有机茶业开发有限公司。

从茶苗落地生根那一刻起，他的心被一枚枚春芽牵引，身体里流淌着"绿色"的血液。他倾情研究制茶工艺，从门外汉终成制茶专家，结合绿茶、白茶、黄茶加工工艺，独创"彝岭苗山"品牌。6年斩获50个大奖，特别是第十二届"中茶杯"全国名优茶评比一等奖（总分第四名）、2018年贵州省茶行业绿茶类特别金奖的获得，使他在毕节市乃至贵州省茶叶品牌打造方面声名鹊起，被媒体称为"黑马""获奖大王"，被业内人士戏称为"茶疯子""茶痴"。

"做放心茶，人无我有，人有我优，人优我特，人特我新，为消费者健康买单"，是李光举的商业理念。"一花一世界，一'叶'一追寻，做茶要做山外山"是他的商业梦想。"守住绿色银行，决战脱贫攻坚"是他的发展理念。随着"彝岭苗山"品牌的打响，他已然成为业界名人，但长期浸泡在商业染缸里的他却始终不忘初心、痴情不移、痴心不改，也终将痴梦成真。

（五）蔡　靖

蔡靖，贵州乌蒙利民农业开发有限公司总经理（图7-16）。已到中年的他虽然只有高中文化，但做起事来干劲十足。通过不断的学习和市场调研，他看到从中央到地方均高度重视农业生产，各项惠农政策不断出台，敏锐地感觉到农业生产的春天即将到来。2012年，通过一次招商引资平台，他决定回到家乡，成立贵州乌蒙利民农业开发有限公司，负责对织金县桂花林场农业综合暨茶产业融合发展项目进行开发，规划面积980hm²。

图7-16 蔡靖

他秉承"把生态做成产业，把产业做成生态"的科学理念，以"茶类氨基酸之王"——黄金芽品种为主导，打造"茶山花海、果蔬四季、农旅民宿"生态产业，用生态产业打造山地康养景观，强化园区农业休闲观光、农村生活体验、民族文化风情展示等新型功能，拓宽农民增收渠道，现已建成 167hm² 茶叶生产基地。他始终深信"科技是第一生产力"，坚持用先进的农业技术推进茶叶生产与加工，全力打造高端品种茶叶基地和茶叶产品。在生产过程中，他严格按照技术规程进行土、肥、水管理，不偷懒、不懈怠，坚持良种良法，优质品种覆盖率达 100%；在加工上，他总是外出学习考察全国知名茶机生产企业，采购他们先进的机具设备，并诚邀省内外茶叶加工专家莅临公司指导，组织相关加工人员谦虚学习，探索总结经验，有效提高茶叶产品质量。他在织金县相关部门的关心和金融部门的支持下，于 2017 年底完成了茶叶生产加工的布局与搭建销售平台，重点开拓浙江松阳、安吉高端销售渠道，2018 年生产茶叶 10t，产值 1000 万元；2019 年春季生产茶叶 15t，产值 1500 万元。

多年的苦心经营取得了一定的成效，但他始终不忘家乡父老，先后帮助 26 人解决因生产资金不足造成自主创业难的问题，促使他们走上独立生产、创业致富的道路；动员周边农民群众成立茶叶专业合作社，负责茶园田间管理。自公司入驻以来，已累计带动贫困户 1400 户 3900 人全面实现小康，辐射带动县域相关乡镇 2000 户 5500 人共同发展，为群众提供了近 1000 万元劳动力用工收入，提供就业人次 20 万，为全县脱贫攻坚安全做出了重要贡献。

四、制茶大师

蔡国威

蔡国威，贵州乌撒烤茶茶业有限公司厂长（图 7-17）。2010 年毕业于福建省天福茶学院，茶叶加工与审评专业，荣获奖学金"三等奖"，茶叶加工一级技师，威宁县农牧局茶叶办特邀聘茶叶生产技术指导。

在同事的帮助下和领导的支持下，他指导农民公司合作社种植茶叶 2000hm²；研发的乌撒烤茶推入市场后，得到了消费者的认可；帮助威宁县黔脊茶业有限公司和威宁县云贵林下茶叶专业合作社开发多款绿茶和红茶；创办了威宁县茶艺和茶叶加工培训班。

图 7-17 蔡国威

他在威宁乌撒烤茶王比赛中荣获"乌撒烤茶大师"称号；获得 2012 年全国职业院校（中职组）手工制茶中职组卷曲绿茶二等奖、2016 年全国民族茶艺争霸赛三等奖和全国职业院校（中职组）手工制茶大赛卷曲绿茶二等奖、贵州第六届茶艺大赛团体金奖、第五届贵州省手工制茶技能大赛乌龙茶一等奖；被贵州省总工会授予"五一劳动奖章"和贵州技术能手，贵州省茶叶协会授予"制茶大师"和贵州十佳技术员称号。

第八章 茶俗篇

过去，由于交通不便，人们的生产生活"十里不同风，百里不同俗"。饮茶作为我国融入百姓生活最深的习俗之一，各地茶俗茶礼大同小异，主要因地域、民族、文化的不同而存在差异。彝族是毕节世居民族，其茶俗茶礼最具地方代表性，其他民族在一脉相承之中各有特色，但崇尚积德行善施义茶的习俗传承至今，充分彰显了毕节人的乐善好施。

第一节　饮茶习俗

一、彝　族

彝族是我国西南地区的世居民族之一。自古以来，彝族人民与茶有着不解之缘，逢年过节、祭祀、祭庙、祈福仪式时，首先必须用茶献祭祖先和诸神，以求祖先和神灵的保佑，他们相信通过茶叶献祭能够上通天神，保佑来年丰收，岁岁平安。

彝文古书上记载着茶的药用价值。有彝族学者称，彝族是最早发现、制作和饮用茶的民族之一。古籍《博葩特依》中，介绍了彝族先祖对世间万物起源的认识。其中，就包括茶的起源。

彝族支系繁多，各支系饮茶习俗各有特色，彝族茶文化丰富多彩，居住在毕节市的彝族人民在长期的生产生活中逐步形成了文化底蕴丰富的乌撒烤茶文化、奢香茶文化。传统的饮茶方法是：数人围坐在火塘或火炉边，先用铜壶把泉流（或井水）烧开，再将特制的、状如茶杯的小土陶罐放在火上将其烤热后，放入茶叶然后不断抖动小陶罐，使

图 8-1　彝族妇女正在烤茶

茶叶在罐内慢慢膨胀变黄，待茶香四溢时，将沸水少许冲入陶罐内，此时"磁"的一声，陶罐内泡沫沸涌，茶香飘溢，令人馋涎欲滴。待泡沫散去，再加入开水煮沸，即可饮用。此茶饮之清香回味，润人肺腑，食欲大增。烤茶冲饮三次即弃。彝族饮茶各用一个茶罐，可在同一火塘上炙烤，但各饮各的茶，晚辈可帮前辈烤茶（图 8-1）。如果有远方的客人到家，主人就递给一个土罐、一个茶盅，让客人自烤、自斟、自饮。在这里，民间有"喝他人烤的茶不过瘾"之说。彝族饮茶时体现了尊敬长辈的美德，即先敬长辈、客人，而后大家一起饮。

二、回 族

回族人民也非常喜爱茶。茶既是回族的日常饮料，又是设席待客最珍贵的饮料。茶是回族人民饮食生活的重要组成部分。只要到回族人家里做客，热情的主人都会先给客人上茶，其他地方的回族人民喜欢喝盖碗茶，来客都是上盖碗茶，但威宁回民则不同，喜喝炕茶，每户至少备有几个陶制小茶罐，多则十几个，一般在火边的墙上留一个小窗孔，或挂一个小篾箩筐，放置茶具（茶罐、茶杯）。客人来了，主人先烧一壶水，随着递给客人茶罐、茶杯各一个，抓给一把茶叶，请其自便。炕茶方法是：先将茶罐烧烫，再将茶叶投入，抖翻炕黄，即把沸水冲入，待泡沫扑出罐口，去掉尘沫，保留精华，然后将罐提离火炉，稍沉淀后，把茶水倒入杯内，就着米粑、苦荞粑、燕麦粑或火烧洋芋等食物，边吃边喝，味道醇香，颇有风趣。但这种炕茶一般人是喝不习惯的，特别浓酽，口感极苦。这种炕茶是威宁回族人的最爱，不但在家喝、招待客人时必上外，还有些经常外出的人还常常带着这种小茶罐，在候车室、旅馆里有火的地方都要自己炕茶喝。

第二节 谈婚论嫁中的茶俗

《礼记》称："婚姻者，将合二姓之好，上以事宗庙，下以继后世。"在中国，茶与婚礼结缘始于唐朝。当年，文成公主进藏，嫁妆中便有茶叶。唐太宗贞观十五年（公元641年），文成公主远嫁西藏以和吐蕃。这位汉族姑娘，按照汉族的礼节，带去了陶器、纸、酒和茶叶等物品。当时三十二世藏王松赞干布到大唐请婚，唐太宗决定把宗室养女文成公主下嫁于他。文成公主入藏时带去岳州"潴湖含膏"等不少名茶。这是中国茶与婚礼联系的最早记载。唐朝时社会上"风俗贵茶，茶之名品益众"。唐朝饮茶之风盛行于世，茶叶不仅成为女子出嫁时的陪嫁品，而且还在唐以后逐渐演变成一种茶与婚礼的特殊形式——茶礼，延续至今。清代人福格在《听雨丛谈》卷八中说："今婚礼行聘，以茶叶为币，清汉之俗皆然，且非正室不用。"茶在民间婚俗中历来是"纯洁、坚定、多子多福"的象征。

"花花彩轿门前挤，不少欠分毫茶礼"，是古代中国的传统婚姻习俗。茶礼，既可以指茶的礼仪，还可以指茶的礼品。传统婚礼中奉茶、交杯茶等仪式，为茶礼。在旧时，男子托媒人向女方家送聘礼时，聘礼中必须要有茶叶，所以，传统民俗中把女子受聘叫"受茶"，聘礼也称之为茶礼。通常茶礼为古代男方向女方下聘，以茶为礼，称为茶礼，又叫"吃茶"。明人许次纾《茶疏》说："茶不移本，植必子生。古人结婚，必以茶为礼，取其不移植之意也。今人犹名其礼为下茶，亦曰吃茶。"因茶树移植则不生，种树必下籽，所以在古代婚俗中，茶便成为坚贞不移和婚后多子的象征，婚娶聘物必定有茶。从订婚至结婚，常举行下茶、纳采、问名、纳吉、纳征、请期、亲迎等各种仪式。《仪礼·士昏礼》谓此乃"三茶六礼"。

一、汉　族

过去，民间订婚和结婚都凭父母之命、媒妁之言。婚姻过程有一套固定的程序，即请媒、探亲、定亲、请红、迎新和回门。

① **请媒**：婚姻都要有媒人，既作介绍，又作证明，男方父母看中某家女儿，就携带礼物请媒人去提亲，并将男方的生辰八字、学业职业、父母职业、家庭经济状况以及社会关系等告诉媒人。媒人向女家介绍情况、提亲事，亲事成就，男方要用金钱或物品酬谢。

② **探亲**：媒人带上礼品（酒、糖、糕点之类）到女家介绍男方情况，婉言提起亲事，女方如认为有考虑余地，就收下礼物，但不明确表态。媒人第二次到女家，应带上更丰富的礼物。这一次，女方家如不同意婚事，就把两次的礼物一并退给媒人，婉言谢绝；如有意联姻，也巧妙地婉言辞谢，媒人则趁机劝说，直到女家许话，算是同意定亲。

③ **定亲**：选择双月双日，媒人到女家商订亲事。女家备酒席款待，并请女方的舅舅、姑父等至亲作陪，公开宣布亲事已成。

④ **请红**：定亲后，临结婚之前，男家选择吉日，请"红爷"二人，向女家送上超过定亲时约定数量的聘礼（主要是布匹）及庚帖（红纸一张，书写"乾造"即男方出生年月日时，"坤造"暂空缺）。女方款待之后，将女方生辰填在庚帖的"坤造"项下退回，男家凭两造生辰请阴阳先生择定婚期。

⑤ **迎亲**：男方到女家亲迎，是婚礼的主要环节，其仪节为：过礼。婚礼前一天，男家请"红爷"二人率人送女家边猪、斗米，适量茶叶、盐及为新娘置备的衣服、鞋袜、簪镯、戒指、耳环、梳子等穿着佩戴化妆用品，将女家陪奁送往男家，个别地方出嫁女儿还有陪送茶叶的习俗。

⑥ **回门**：回门又称归宁，是指女子出嫁后首次回娘家探亲。新婚夫妇新婚的第三天后回岳父母家。女方父母请客，新人需要带点烟酒茶糖之类的老礼，都要双份的。

二、彝　族

彝族本姓家族绝对不准通婚，与外姓婚配也要按同等字辈，违者处罚。

婚姻多以媒说为主，先请红娘去提亲，一般礼物为两斤茶叶、少许红砂糖，也有的用糕点，女方父母同意则收下，不同意则不收，如对男方还不了解，则待了解后再作决定。女方同意后，就约定时间定"瓦尔德"（订婚）。订婚时，男方家的彩礼主要是茶叶、红糖、现金。茶叶和糖的数量，以女方家亲戚多少而定，现金由男方家自定，宽裕户可多拿，贫困户可少拿。订婚时，男子须随红娘一道去，女方宰鸡、磨豆腐盛情招待。男子返家时，女方要赠礼物，多为一根白布挑花裤带，男方回赠现金，数量多少不等。此后，每年正月初，男方都要去拜年，礼品多为茶叶，也可拿红糖或糕点。结婚前数月或一年以前，男家先请红娘去"谢亲"（送婚期），彩礼跟订婚时相似。女家备办被盖、毡子、箱、柜等嫁妆。女方亲属凡收过男家茶叶等礼品的，也要赠给女方陪嫁物。婚期前一天，男家送牛肉一腿或一只羊和适量粮食去过"过礼"。晚上在男家则给新郎举行"挂红"仪式，来挂红的多为姑舅亲，本家族不给挂红。"红"为红布，长短不等。婚期早上，男家去人接亲，人数须是偶数。其中有两名妇女，必须是夫妻双全，有子女者。新郎之弟也要去，没有亲弟，堂弟也可以。其余皆是未婚男女，要带上两件衣服，一条裤子及一块包头帕给女方，意为新娘已穿婆家衣了。接亲的人在女家吃饭，发亲时，由新娘的叔叔或哥哥从屋内将新娘抱出，坐上轿或骑上马，接亲的两名妇女骑马走在前，新娘居中，新郎的弟弟牵马，新娘的叔、哥、弟在两旁护送，送亲的两名妇女骑马在后，其余接亲的小伙们帮背嫁妆。行至离男家不远时，新郎身披"红花"，由陪郎（新郎的姐夫或表哥弟充当）陪着去迎亲，或步行，或骑马。

下午即请阿訇念"以招补"。大意是，要主张正义，嫉恶从善，勤劳俭朴，孝敬父母，夫妻互相尊重，团结和睦。念"以招补"时，阿訇面前摆一张桌子，堆上花生、瓜子、核桃之类。阿訇念完经后即撒"喜果"，有的撒给周围的小孩和青年们，有的撒在新郎衣兜里，新郎兜回新房，新娘接在帕中包起，或放在小篮里，表示新婚夫妇天长日久。念过"以招补"，双方婚姻大事告成。晚上表兄弟、表姐妹们闹新房。第二天早上，又来要糖茶（用红糖和茶叶煨的）喝，嬉闹一番。

此后，新郎每年要随新娘到后家拜年。凡是赠过陪嫁物的人家都要去。随着年岁增长，拖累加重，拜年也就自行停止。

三、苗 族

毕节苗族茶文化，历史悠久，独具特色，从古至今在苗族民间传承不息，具有丰富的历史信息和生活信息，是深入了解苗族历史、习俗、哲学、观念的一扇重要窗户。它属于非物质文化遗产的范畴，在国家大力繁荣民族文化、发展社会经济的今天，更加显得极其宝贵，具有巨大的市场开发前景。

苗族茶文化起源年代，因缺少史料记载，无从查考。但关于苗族茶文化的传说，世世代代流传在苗族民间，是了解苗族茶文化历史发展的活化石。相传，在炎帝、黄帝的上古时期，苗族祖先蚩尤与炎黄二帝一样叱咤风云，号称战神。后来，蚩尤在涿鹿之战失利，苗族先民实施战略转移，进入鄱阳湖、洞庭湖之间生产生活，并逐渐建立强大的三苗国。三苗国的兴起，引起了尧、舜、禹的高度警觉，并实施长年累月的军事行动，直接导致苗族先民又进行战略转移，并分散到更为广阔、边远的地域。大约在春秋战国时期，苗族先民进入黑洋大箐（即贵州），在此打老虎、开荒地、种五谷，过上了丰衣足食的美好生活。苗族先民刚进入黑洋大箐时，免不了饥荒疾病，很多人苦不堪言。苗族首领发现茶叶等泡开水饮用，不仅神清气爽，而且十分解渴，有些疾病因为饮茶得以消除。从此，饮茶习惯开始在苗族民间传播开来，并形成独具特色的茶文化。

毕节苗族 70 万之众，在全市各县（区）都有分布。由于苗族基本上都聚居在高寒山区，自然条件独特，适应茶树生长周期长，因此一直保持饮茶习惯，茶文化极其浓厚。有的地方，还专门以茶命名，比如赫章县辅处乡的茶花村，就是因为苗族茶文化而得名。毕节苗族的茶具，主要是专门烧制的茶罐。苗族使用茶叶时，先将茶罐放在火上烤干，等茶罐的温度达到适当的火候，再放进茶叶，一边摇一边烤。当闻到茶香之后，才将少许开水倒上冲一下异味，再将茶罐注满水，用文火煮出茶汁即可。在苗族看来，茶水不仅可以开胃、解渴，还有一定的强身健体功效，因此，苗族有时也称喝茶为喝药。有些地方的苗茶，还添加了少量秘制药方，不仅味道鲜美，对养身益智也大有裨益。

毕节苗族种植茶叶，自古有之。由于毕节的喀斯特地貌和独特气候，以前的苗族用茶，都是取自天然的，并没有形成规模化的种植，只有少数茶树移栽在房前屋后自用。茶树喜好阴坡，苗家人的茶树大多种植在此。待到采摘茶叶的季节，苗家人提着工具，把茶业摘回家烘干或晒干备用。需要用茶时，再从茶兜里取出来，放在茶罐里炒一下，用少量开水冲去异味后，再加水煮成茶水饮用。

苗族茶文化，有很多规矩。煮茶之前，必须先洗手，不仅是讲卫生，也是表示对茶神的敬畏。在倒茶的时候，需要按照老幼尊卑的顺序，一碗一碗地端给客人饮用。所倒的茶水，一般不能倒满，这样表示对客人的尊重。主人或客人用茶时，也不能将茶水泼在地上，否则就是玷污茶神，就是对彼此的不敬。客人喝完茶后，还要表示感谢。而主人家却要谦虚几句，表示对客人照顾不周。

第三节　丧葬祭祀中的茶俗

彝族在过年举行各种祭祀时，首先要用茶水献祭祖先和诸神。在诅咒凶邪、招魂唤魂和超度祖灵等大型仪式上安插各式天星图中，都要安插"茶祭坛"和"酒祭坛"，并称祭献的贡品为"之所拉所"，意为茶气酒气。

彝族办理丧葬时离不开茶叶，无论在农村或者城镇，办理丧事除了要用茶接待和安顿前来奔丧的亲戚、朋友和街坊邻舍外，在为逝者举行的一堂叫做过十殿的法式中也离不开茶叶，必须备齐"香、花、灯、水、果、茶、食、宝、珠、衣"十样物品，他们希望能够通过这些打通地府，以获得逝者在地下的安宁，从而保佑生者的平安。

在入殓、开丧、下塘，都要请阴阳合八字择日期时辰。如近期没有适合的日子就临时安厝暂不埋葬。确定葬期，孝子就要到至亲友好和"上七下八"邻居家里下跪报丧，并按亲疏划范围，送上白布孝帕。

设灵堂、守灵：灵柩前供死者遗像，设香炉烛台，大门外用松柏和长青装饰牌坊，缀纸花，贴对联。给每个孝子制一根马桑树的哭丧棒在灵柩前。全家要禁油荤，素食，停止娱乐活动。孝子披麻戴孝，腰系草绳，脚穿草鞋，在灵柩旁边地上过夜，叫"寝毡枕块"。亲友来祭奠，孝子朝外跪在灵柩旁以示还礼。

开祭：家族和亲友来吊唁，一般都是送赙仪（钱）、香烛、纸钱、爆竹、祭幛、挽联、花圈、祭席，都要到灵位前行跪拜、祭奠礼仪。至亲上祭，祭品丰厚，仪节隆重，有的还备祭文，同时宣读。

家祭、堂祭：家祭是每天早、午、晚三次祭奠，焚香燃烛，化纸钱，供茶酒肴馔，行三献礼，孝子主祭。堂祭在出殡前一天下午，规模宏大，仪式隆重，所有孝男孝女、儿媳及孙曾辈全部参与，跪在灵前，主祭孝子跪在最前面，司仪指挥行三献礼，每一献礼都要盥洗、净巾、三跪九叩、三上香、焚帛（烧纸钱）、献茗、献爵、献肴馔、歌诗、讲书、奏乐。三献毕，读祭文，鸣炮，礼成。

铭旌、点主：官宦人家请达官贵人书写铭旌，绵帛制成长方形旗幡，粉支某官某公之枢，无官衔的写显考显妣；另用一张纸写题者姓名，粘于旌左下方，以竹竿悬挂，置于灵右。葬时去掉竹竿和题者姓名，将旌覆盖在枢上。点主的"主"指死者的灵位牌，高约0.33m，上书显考某公之神位。点主仪式比堂祭更为隆重，由"大宾"用针刺破死者长子的中指，蘸血补上"神位"之"神"字的末一竖（墨书神主时故意缺这一笔），然后将神主供在家神龛上，三年后移进祠堂或埋葬。

出殡：凌晨四点左右将灵柩端出大门，叫"偷材"。用16人抬灵柩，用4条白布拉在四角叫"拉纤"，即执绋。长子或长孙扶哭丧棒走在柩前两绋之内，其余孝子孝媳、女婿走在灵柩后两绋之内。走过一段路程，孝子孝眷要赶到前面，面向灵柩成单行俯伏，让灵柩从头顶越过，叫"钻棺"。之后，孝子抄另一条路回家，其他送葬人员可以不拘。

安葬死者的当天下午，要备办丰盛的酒席款待送礼的亲友及帮忙的人员。

殡葬过程，一般要请以此为职业的法师做法事。法师有念佛经的，有行道教仪式花圈。

第四节　积德行善施义茶

昔时，由于交通的阻塞，行旅十分艰难，人在旅途，常常是精疲力竭、唇焦口干，身处荒山野岭，旅人们无不渴望路途中有一些可以阻风挡雨、喝茶解渴的休憩之所。因此，民风淳朴的贵州许多地方政府和社会贤达都把施茶作为一种慈善事业。每逢炎热季节，在交通要道上建一些茶亭，或临时搭建一些凉棚，内设茶缸、茶桶，煮茶水施舍，供过往旅人歇息解渴。

千百年来，茶叶作为一种友好、和平、和睦的象征，促进了毕节地区的安定团结与稳定。官员之间通过互赠茶叶、饮茶谈心，增加相互理解，获取互信，减少摩擦，促进团结；商人之间通过互赠茶叶、饮茶谈心，获取互信，增加交易，而获得利益；官民之间、百姓之间可以通过茶叶互赠互送，增加彼此往来，增强互信，加强团结，从而减少很多不必要的口舌发生，促进社会的团结和稳定。

饮茶在毕节，不仅是一种生活习惯，更是一种源远流长的文化传统。中国人习惯以茶待客，并形成了相应的饮茶礼仪。按照我国传统的习俗，无论在什么场合，敬茶和饮茶礼仪都是不可忽视的一个环节。以下都是一些简单的茶的礼仪。

"酒满敬人，茶满欺人"因为酒是冷的，客人接手不会被烫，而茶是热的，满了接手时茶杯很热，这就会让客人之手被烫，有时还会因受烫致茶杯掉下地打破了，给客人造成难堪。

"先尊后卑，先老后少"到人家跟前说声"请喝茶"，对方回以"莫拘礼""莫客气""谢谢"。如果是较多人的场合，杯不便收回，放在各人面前桌上。在第一次斟茶时，要先尊老后卑幼，第二遍时就可按序斟上去。对方在接受斟茶时，要有回敬反应。喝茶是长辈的，用中指在桌上轻弹两下，表示感谢；小辈平辈的用食、中指在桌面轻弹两次表示感谢。

"先客后主，司炉最末"在敬茶时除了论资排辈，按步就方之外，还得先敬客人来宾然后自家人。在场的人全都喝过茶之后，这个司炉的，俗称"柜长"（煮茶冲茶者）才可以饮喝，否则就对客人不敬，叫"蛮主欺客""待人不恭"。

"强宾压主，响杯檫盘"客人喝茶提盅时不能任意把盅脚在茶盘沿上檫，茶喝完放盅要轻手，不能让盅发出声响，否则是"强宾压主"或"有意挑衅"。

"喝茶皱眉，表示弃嫌"客人喝茶时不能皱眉，这是对主人示警动作，主人发现客人皱眉，就会认为人家嫌弃自己茶不好，不合口味。

"头冲脚惜（音同），二冲茶叶"主人冲茶时，头泡必须冲后倒掉不可喝，因为里面有杂质不宜喝饮，本地有"头冲脚惜（音同），二冲茶叶"之称，要是让客人喝头冲茶就是欺侮人家。

"新客换茶"宾主喝茶时，中间有新客到来，主人要表示欢迎，立即换茶，否则被认为"慢客""待之不恭"。换茶叶之后的二冲茶要新客先饮，如新客一再推卸叫"却之不恭"。

"暗下逐客令"本地群众热情好客，每以浓茶待人，但有时因自己工作关系饮茶时间长会误工作或是客人的话不投机，客人夜访影响睡眠，主人故意不换茶叶，客人就要察觉到主人是"暗下逐客令"，抽身告辞，否则会惹主人没趣。

"无茶色"主人待茶，茶水从浓到淡，数冲之后便要更换茶叶，如不更换茶叶会被人认为"无茶色"。"无茶色"其意有二，一是茶已无色还在冲，是对客人冷淡，不尽地主之谊；二是由于上一点引申对人不恭，办事不认真，效果不显著，欲有"某人无茶色"。

"茶三酒四秃桃二"本地人习惯于在茶盘上放三个杯，是由于俗语"茶三酒四秃桃二"而来，总认为茶必三人同喝，酒必须四人为伍，便于猜拳行酒令；可是外出看风景游玩就以二人为宜，二人便于统一意见，满足游兴。

另外，在七星关区亮岩镇等地谈婚论嫁、丧葬祭祀、积德行善中都有"五谷盐茶"之说，即将"五谷盐茶"作为婚嫁仪式、丧葬事宜和积德行善中祭祀神明的贡品，寓意"家业兴旺、五谷丰登、平平安安、大吉大利"。在二十世纪六七十年代，物质钱财匮乏的时候，茶叶更是作为婚丧嫁娶和逢年过节中走家串户的礼金和礼品。在农贸集市等地还成为当时货币交易的一种替代品，用以换取其他物资物品。

总之，无论毕节农村或城镇，茶叶已经渗透到毕节人民深层文化生活之中，形成了"一茶、二酒、三食肉"的饮茶文化特色，奢香茶文化将随着毕节经济社会的发展，为毕节的安定团结、社会进步作出更大的贡献。

第九章　茶馆篇

一个地方的茶文化，最能集中展现的地方莫过于茶楼茶馆。新中国成立前，毕节茶馆主要受巴渝茶文化影响，大多建在茶马古道上，供来往客商饮茶歇脚、交流商贸信息。现在的茶馆，大多建在景区、公园或优雅之所，消费的主要群体已不是过往商贩、行脚挑夫，为了满足不同消费者的需求，茶馆也呈现出各具特色的风貌。

第一节　茶馆的历史渊源

中国的茶馆由来已久，据记载两晋时已有了茶馆。自古以来，品茗场所有多种称谓，茶馆的称呼多见于长江流域。

明朝置毕节卫起，在彝族女政治家奢香夫人摄理贵州宣慰使职后，筑道路，设驿站，沟通了内地与西南边陲的交通，巩固了边疆政权，促进了水西及贵州社会经济文化的发展，从江南调北征南的屯兵将士与陆续从江浙、江西、湖南、福建的移民带来了江南先进种茶制茶技术和饮茶习俗，在城镇及通往四川、云南的川滇古驿道，通往贵阳的驿道旁及驿站有了烹茶、卖茶的小摊，供往来的盐商、挑夫饮茶解渴，这是黔西北茶馆雏形。如今在七星关区三板桥办事处就还有茶亭的地名，就是明清两朝七星关区上云南的古驿道旁第一亭（古驿道十里一亭供行人休息、乘凉），因有摊贩卖茶而称为茶亭。据记载茶亭为四立三间三米进深的瓦亭，中间的门两旁的柱上还有对联，上联"为名忙、为利忙、忙里偷闲，具饮一盏茶去"，下联"劳心苦、劳力苦、苦中作乐，再打两杯酒来"，上书"茶亭"二字。织金县茶店明初还是只有几户人家没有名的村子，明末清初随着从毕节、大方通往织金、安顺古盐道的兴盛，人户增多开始栽种茶树并利用从四川运盐的商贩将茶叶销往四川。有经商头脑的人家，开起了茶店为贩盐茶的商人、挑夫提供歇脚饮茶、吃饭住宿的地方，久而久之就有了茶亭的地名。

黔西北茶馆的源起是受到川、渝茶文化的影响而兴盛。清朝康乾之后，社会相对稳定，无大的战事，直至民国时期，大量外省，特别是邻近毕节的四川、重庆人涌入黔西北，城镇人口的增加，各县（区）出现真正意义上的黔西北茶馆，茶馆数量剧增，且到大点的乡镇都开有大小不等的茶馆。抗日战争时期随着川滇公路的通车，茶馆也表现出各种形式的兼营性，主要表现为：茶馆与行会帮会的结合、茶馆与说书唱戏等艺术的结合、茶馆与餐饮业的结合、茶馆与杂货店的结合等特征。

中华人民共和国成立后，随着生活节奏的加快，人们的饮茶习惯的改变，至"文化大革命"前仅有少量的茶馆存在。

改革开放后，随着人民生活的提高，旧城改造等原因，老茶馆逐渐消失，仅有少量老年茶客坚守在老茶馆喝茶，但传统饮茶文化已经消失。

第二节　老茶馆的缩影

七星关老毕节城区作为三省通的交通要地，茶馆多，颇具特色，直至民国年间形成了高、中、低端的茶馆数十家之多。

高端的如陕西会馆、四川会馆，这里既是会馆，还是同乡做生意的商人互通商业信息、思乡饮茶聚会的地点。陕西庙（又名陕西会馆）始建于清朝乾隆年间，是陕西籍商人所建的会馆，原大殿内供奉的有蜀国名相诸葛亮、名将关羽等，又称为春秋祠，是七星关区目前仅存的商帮会馆。穿过戏楼和大殿中间是宽敞石院坝，摆有十余张茶桌。清末至民国时期，一到晚上做买卖的商人商店打烊后，四五人相邀来到石院坝摆好的茶桌旁，坐上竹靠椅，来上几碗海马宫高山云雾茶，再来上几碟瓜子杂糖，伙计提着铜壶在茶桌四处端茶加水。戏台上有来自云、贵、川三省的川、京戏台班子演的《空城计》《捉放曹》等茶客、戏迷百看不厌的剧目，演到精彩之处，武生端着铜锣，顺桌求点赏钱，多少不论。有时戏台上还上演与现在的小品相似的滑稽剧，据说有"滑稽大王"之称的蒋大头只要一登台，演出的滑稽剧让人笑破肚皮。西南运输处的京川票友逢假日也在陕西庙搞上一两场业余演出。

中端的有抗战时期小横街蟾宫大戏院、三义殿等。蟾宫大戏院整个建筑带有典型民国时期戏院风格，长约 40m，宽约 10m；戏台中为太师壁，左右为出场门，太师壁后为演员候场之用；剧场前三排为雅座，设有茶桌；两侧的楼梯连接至二楼的 6 个包厢，每个包厢约有 $4m^2$，供达官贵人携家眷饮茶看戏、商人饮茶谈生意之用。入夜，戏台的汽灯正亮，来自西南各地的川、京剧班子纷纷登台亮相，场内卖水烟的小贩与端水倒茶的小二穿插其中，观众边看戏边品茶，"水烟！水烟！"在烟民的喊声中，被称为水烟哥的小贩隔着两三个观众递上一个可伸可缩约 1m 长的烟杆，远远地装上烟丝，划燃火柴再点上火，剧场中随即便弥漫了淡色的烟。"小二，毛巾！"随着喊声，戏院的小二从老远摔来一块蒸热的毛巾。浓浓的烟味，淡淡的烟圈，飞转的毛巾与台上铿锵的锣鼓声交织在一起，成了其时"蟾宫大戏院"一景。

三义殿位于毕节平街上双井寺（现为七星关区人民医院）之后，是一个一殿式建筑，里面供奉有刘备、关羽、张飞的塑像，因刘、关、张桃园三结义的历史故事，三义殿而得此名，殿前有一近百平方米青石板铺就的院坝，顺两侧约十多级踏步而下，中间是一青石铺的坪台，中有圆形凸出雕塑。旧社会屠户们都拜张飞为杀猪的祖师爷，每天早上杀猪卖肉赶完早市，下午聚会在三义殿两厢，各自泡上一大缸来自燕子口水田坝大杆杆浓茶，天南地北地摆龙门阵。有的谈生意，有的调解做生意的纠纷，有的来上一段调情的山歌，如"梓橦阁下小横街，大红花轿抬妹来，先拜天地和爹娘，洞房花烛投哥怀"。更有甚者乱吹牛皮大放厥词地乱侃"张飞杀岳飞，杀得满天飞"。

在威西路（原市检察院位置）有一家称为说唱团的茶室，说唱团不但卖茶，主要还是有几位艺人在里面表演吸引茶客。20世纪60年代有位十七八岁的女艺人每天表演说唱，一曲"金钱梅花咯，荷花老海棠……"，以至人们都忘记她的名字，都叫她"老海棠"。还有一位魔术师艺名叫"斗鸡"，其实真名叫窦学文，他表演的中国古彩戏法"仙人栽豆""四连环"叫座又叫卖，为茶室吸引了不少常客。"文化大革命"随着"破四旧"不再演唱和表演戏法，说唱团的茶室没有人气，就关门大吉了。

低端小一点的，有新街上通津路、珠市路、威西路的大众茶馆，吃茶的大多数是做小买卖的中老年人，早晨卖完菜、卖完面，吃了中午饭相邀而来进茶馆，泡上一杯茶，打上几圈撮牌，可一直坐到晚上关门，茶馆加水而不增加收费，整天仅收一次的茶费。大一点的珠市路口杨家茶馆，上午卖清茶，下午和晚上请艺人临场说书，在茶馆的正堂搭上高约0.33m的木台，上面摆上1m高的文案，说书坐在高凳上，口若悬河讲"三国演义"、论"水浒传"，讲到精彩之处，惊堂木一拍，"且听下回分解，明日请早"。茶客则是三教九流，喝茶谈生意、养生、打牌，所以茶馆成天热闹，茶馆除了卖茶，还卖糖果、香烟、瓜子、花生等小吃。

第三节　现代茶馆

改革开放后，随着对外交流，老茶馆已经不适应现代年轻人的饮茶要求。现代风格的茶楼、茶室应运而生，结合了茶文化和当下生活模式的一种新类型的统称茶楼，其中以商务茶楼和休闲茶楼为主。商务茶楼一般分布在高档写字楼或商业步行街附近，以商务为主，品茶为辅，常设有大包可供商务洽谈和小型会议，消费中高档水平，一般面向商务人士。现代休闲茶楼，多分布大学附近或年轻社区周边，提供了一个类咖啡厅风格的饮茶场所，比较吸引年轻人的喜爱，茶品以特色茶品和咖啡等为主。此外，文化娱乐休闲类茶馆是普通大众娱乐休闲的场所；同时还有茶艺类茶馆，爱好茶艺的人在这里品茶、研究茶道，吸引的是对茶艺有兴趣的人；另外还有特色茶馆，比如以研习国学为主题的茶馆。

据统计毕节市目前有现代茶馆数百家之多，仅七星关区碧阳湖畔同心步行街就有茶楼十多家。毕节市现代茶楼装饰考究（图9-1），有中式风格茶楼、现代风格茶楼。营销方式上有自己有茶园，在市里的休闲娱乐处设置茶楼并卖自己产的茶，自产自营茶楼的有杨家湾周驿茶场的"奢府"、大坡茶场的"碧阳茶汇"、纳雍县高山有机茶园"民革毕节茶汇"。威宁香炉山茶园,在草海观海大道设立"乌撒烤茶馆",装修品茗具有彝族风格,形成茶园观光、产销、品茗、茶道等一条龙的营销模式。七星关区百里杜鹃大道"金兰茶舍",形成品茶赏兰、儿童茶艺书画琴棋培训(图9-2)、餐饮住宿为一体的经营模式。七星关区碧阳湖同心步行街"那年花海"则以多种经营带动茶楼,吸引培养年轻群体品茶习惯(图9-3)。

图9-1 装修时尚的现代茶馆

图9-2 正在习茶的小朋友

图9-3 优雅洁静的现代茶馆

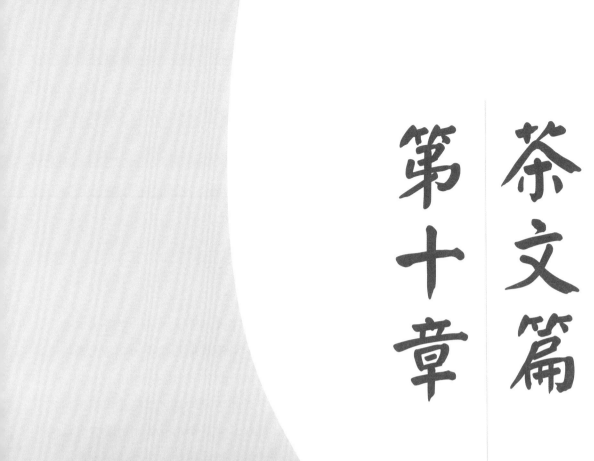

第十章 茶文篇

茶与文化相互融合成为茶文化。在毕节，那些被"茶"冲泡出来的故事，围绕"茶"展开的技艺表演，因"茶"而创作的诗词书画、歌舞戏剧，以及饭后"茶"余讨论的话题，以及文人墨客创作的茶诗、茶文、茶歌、茶剧等，无不是一个地方文化的生动体现，带着浓郁的地方特色和粗犷豪迈的少数民族生活烙印。

第一节　诗　词

一、诗

茶

饮风，颂雅

解轻愁，生思遐

爱茶且烤，乌撒人家

高原生烟翠，香炉焙芳砂

火起轻转婀娜，水入旋绽青花

美醇厚滑流年度，还笑看冷落繁华

（龙凤碧）

（一）

绵延茶海吐芬芳，雀舌龙芽唤客尝。

驿外列亭谁束马，峰回九路忆奢香。

（二）

重峦叠翠好风光，绿掩茶山果满冈。

选胜穷游成束约，休闲避暑觉身凉。

梦圆古驿乾坤转，场擅崇墉岁月长。

芳溢琼杯来客醉，苔笺走笔句生香。

（吴学香）

（一）

应邀兴致探周驿，茶树青青遍野碧。

炒得毛尖香扑鼻，频传美誉赞声溢。

（二）

化竹毛尖茶叶长，三开冲过有余香。

他年修订茗茶谱，篇里自应点几行。

（谢正发）

（一）

无怪团香周驿茶，含膏可口万人夸。

借它一盏浇心脾，旧恨新愁或可消。

（二）

二八村姑自顾家，茶场勤奋作生涯。

路人若问从工事，手巧心灵洵可夸。

（李继荣）

新泉活火沸汪洋，拈取龙团嫩叶香。

半盏氤氲消暑困，松冈对卧看斜阳。

（赵春霞）

人勤垄亩土生金，埌粒绿华带月耕。

若到乌蒙把玉盏，万香首取驿亭春。

（汪寿先）

静憩碧山巅，鸣条拂满天。

新茶伸雀舌，活火托泉煎。

袅袅清香气，扬扬称啧言。

龙图身尽许，美誉享人间。

（孟天明）

初夏清凉季，登高不逡巡。

万山铺翠黛，千亩布茶林。

壅土催根壮，沐风拂叶新。

三江宾客汇，斗品驿亭春。

（李宗玮）

榴花怒放近端阳，骚客相邀古战场。

鹤舞松枝风送爽，山盘髻螺檑飘香。

宝璜一把容沧海，雀舌三杯沁肚肠。

但觉灵台明似镜，哪知身已醉仙庄。

（陶仁礼）

走进周泥令眼花，山庄处处泛春华。

茗芽簇簇张鹰嘴，泉水淙淙唱晚霞。

未必淳香三碗酒，但须沸水一瓯茶。

馨香醒脑乘诗兴，八句吟成莫自夸。

（吴维福）

品茗佐诗入韵成，嘉宾尽赏驿亭春。

华阳国志列其谱，不负团香溢璨情。

（周遵鹏）

十里山原无尽头，茶园千亩绿油油。

但看三五采茶女，绰约丰姿夺眼眸。

（谭昭文）

山乡周驿胜仙乡，杖履来游骚客忙。

一盏龙芽方饮罢，万千佳咏贮奚囊。

（李佑唐）

松风榴果驿前新，骚客来游笔有神。

写就团香诗一卷，无妨传作品茶经。

（陈　跃）

乌蒙雀舌味香淳，有口皆碑遐迩闻。

茶圣若教今日在，定夸极品驿亭春。

（王昌平）

闻听芳名奉至尊，陆经查遍却无存。

千山寻踏终须见，得品驿亭一碗春。

（黄宸宇）

古驿九衢通，廊轮经纬中。

蜀期多祃祭，此日少蒿蓬。

茶树连千亩，春芽破万丛。

主人邀客至，品茗涤心胸。

（申时练）

应是茶香盛酒香，远游人到品评忙，

捧杯应手氤氲袅，嗅味沁心荼蒂忘。

既了浮沉梦幻事，还吟跌宕凤鸣章。

好收十万清狂句，权当陆经一卷藏。

（盛郁文）

（一）

贵客登门品味佳，一杯到肚笑哈哈。

风流放纵何曾醉，笔底激情溅浪花。

（二）

指尖掐破似伤鳞，百次加工费苦心。

月兔云龙称不绝，可知能耐是何人。

（三）

千顷绿茵万亩茶，春临有朵正抽芽。

手勤眼快精挑选，午后社前漫品夸。

（汪诗明）

（一）

情结此处纠，雅聚幸同游。

周驿名堪胜，骚客逞风流。

慢饮一杯爽，香醇自可收。

（二）

从来本色纯，繁茂却根深。

卉绽馨香发，芽萌碧玉存。

静喝能醒脑，细品可清心。

万顷毫无损，年年萼绿荫。

（王明灯）

人间绝品数毛峰，味美甘鲜树有功。午日归来煎碗饮，消渴祛闷去无踪。

雀舌催芽品质优，甘甜回味数红柔。举杯最合三更饮，无怪人呼不夜侯。

（聂宗泽）

二、词——《乌撒烤茶》

三千年了，我们一直围着火炉

还是祖先烧制的陶罐，还是三千年前的火苗

陶罐上的图案，是乌撒土司的王冠

那火苗吐露的，是彝家世代的语言

三千年了，我们一直围着火炉

透过叶片焦黄的光泽，透过肆意弥漫的豆香

一片古老的阳光，在今日重现

那红棕色的土地在阳光下发响

三千年了，我们一直围着火炉

乌撒烤茶的传说，写遍大乌蒙起伏的群山

就像彝家的火把穿越祖先的记忆

就像彝家的歌谣飘动所有的夜晚

三千年了，我们一直围着火炉

那红棕色的土地，烤红了彝人红亮的肌肤

那绵延千年的豆香原来是祖先的呼吸

乌撒烤茶，原来是世代的贡品

三千年了，我们一直围着火炉

那淡黄色的火焰，容颜不改，吟唱千年

那火炉上的陶罐，宁静如初，气沉丹田

它遥望星空，它与时间对峙

三千年了，我们一直围着火炉

空气胀满千年的故事，豆香渗透所有记忆

时光垫着脚尖，在火焰之中倾听

又在豆香之中，安安静静慢下来

（南　鸥）

第二节　茶散文

茶比汤色

上海的一位文友，凭多年积累，写了一本书，请我给他作个序。书出版后，他给我送来两小盒茶叶，装在纸袋里。那纸袋印刷得别致典雅，一望便知是好茶，细一看，纸袋上隶书写了老上海人个个认识的 3 个大字：汪裕泰。这是上海的一家百年老店，光是在上海就有 7 家分店，如果算上江苏苏州、浙江杭州的分号，总共有 20 几家。将近 180 年来，数代汪姓安徽人，倾几辈子心血经营茶庄，把茶叶这门生意做得风生水起，声名显赫。只要一说是汪裕泰出品的茶，质量那是没说的。近年来，那包装的小盒子，更是做得精美庄重，盒子上印着醒目的汪氏三字经：汪裕泰，诚信在；人之道，如品茗；茶性苦，味回甘；饮香茶，思人生……让人未开盒，就想品茶了。

也是凑巧，就是在同一天，贵州纳雍县一位朋友，借着到复旦大学进修的休息时间，来拜访我，请我给他的演讲稿"把把关"，提点意见。据他说，进修以后他就要去北京一个大单位演讲，怕演讲内容质量不够上档次，让我审阅一下。看完稿子，提了点意见，朋友留下了一纸袋纳雍县姑开乡的"彝岭苗山绿茶"，说是家乡的茶，请叶老师喝过提提意见。

对于贵州的茶，我多少了解一点。这几年几乎县县出好茶，不过省里面主推的是"三绿一红"，这打着彝岭苗山出的纳雍大针彤茶，显然还没有列入"三绿一红"的行列，不知道茶味如何。

回到家中，我对妻子说，拿两个白瓷杯来，我们把汪裕泰茶和纳雍茶冲来当场比一比，比一比香味，比一比茶的条索形状，比一比喝下去的滋味。

水开了。两杯茶冲出来，汪裕泰茶系黄山毛峰，香味淡雅，形状均匀，喝来有一股幽然之味，却不浓郁。

彝岭苗山的茶呢，开水冲下去，一股馥味的茶香扑鼻而来，顷刻间弥散在屋内，再看茶的形状，紧紧地缩在一起，煞是可爱。我想起纳雍那位朋友说的，这茶 1 芽 1 叶，是真的高山生态有机茶。喝一口，那滋味显然胜过汪裕泰一筹，人有一种舒爽之感。

夜里，妻子要把茶叶倒掉，冲洗白瓷杯。我说且慢，放过一夜再说。

第二天上午，打开杯盖。汪裕泰买来的茶，汤色呈红黑云状；如若昨天冲出来是这种汤色，我就不会喝它。

而彝岭苗山茶呢，汤色清朗，似如昨天冲出来时一模一样，绿莹莹的。再看杯底，那茶叶的条索似收得紧紧地。

就在这一瞬间，我决定要写这一篇文字：茶比汤色。

贵州的好茶多啊！全省种了 46 万 hm²，要让这些好茶的品质让全国、全世界的茶客都晓得，有一条不短的路要走。

这是另一篇文章的话题了。

叶辛（著名作家 ，中国作家协会副主席）

茶 缘

如果你寂寞了，别忘了喝桌上那杯茶。劳累一天到得家来，看到爱妻的留言和尚有余温的香茶，轻取茶盏临窗漫饮，窗外的落雪都有了暖暖的色调。如此极致的场景，多么走心的幸福，可见茶在电视画面上给人的心灵也会有一种难以名状的温暖的。

幼小的时候，茶之于我近乎于一种圣物。生于物质匮乏年代，柴米油盐尚且难保，酱醋茶嘛，基本上算是奢望的东西，酱醋偶尔还可见着，记忆中这是节日里的调味品，吃到的时候应该差不多只是过年的那些美好时光。

至于这茶，幼时的我是不敢想象它会与我有什么关系的。知道有这东西，是村上有一位古稀高龄的闲老人，据说年轻时在外闯荡过江湖，生活一如既往的考究，衣冠整洁，每到他家，常见他坐在堂屋的方桌前，座椅是有些特色的黑漆靠椅，那是他的专座。左手执一锃亮的茶壶，不时向褐色的古杯里注茶，然后慢慢地品饮，饮一会又添，总让茶水保持在八分位上。右手拿一蒲扇，不经意地扇动。有时又闭目养神，手里的扇子还是缓缓地扇着，不过像是为了配合优雅的习惯动作似的，那种缓慢几乎就扇不起风来。有大人来访，老人就招呼坐下来同饮，我们这样的小孩，他几乎就视而不见。也有呼唤小孩乳名的时候，那就是要人家帮他从门背后拿烟杆来，被呼的小孩受宠若惊，慌忙地几乎要奔跑着的去拿，似乎老人多等一会怕要不行了似的。

老人是我的一个族中长辈，他在我们那个忙碌的村子中悠闲地活在他自己的茶与蒲扇的世界里，直到鲐背之年而走完他的一生。在幼时的想象中，人们常说的神仙似的日子我认为就是这样子的。

在毕节地域内，最好茶的要算威宁人了。我走牛栏江的那些日子，所到的地方，几乎家家户户都离不开茶。在那里，沏茶或泡茶那是待客的，对他们自己则过不了瘾。早上起来，取一个小小的土砂茶罐，放在火上烤烫，抓半把茶叶放在里面，边烤边摇，直到烤得茶叶喷香，然后快速加入半小杯水，"趋……"的一声过后，倒入杯内，冷到适口，一大口饮下，带上农具，上山干活了。据说这一口，就可以管半天，直到回家后才如法炮制，又整一口。这样制作的茶，闻起香，本地人喝起带劲，对于外来的客人，那就简直是难以下咽了。

对于茶的另一个深刻印象是在黔西，20世纪90年代末，新中国成立五十周年之际，报社开了一个"老区今日"的栏目，我带队到黔西采访。巧遇一位对茶颇有研究的老人，他叫针怀义。在他家里，我生平第一次目睹了"功夫茶"。老人对功夫茶的研究真有些功夫，他早就置办了一套价格昂贵的功夫茶设备。他家的茶室里，茶海置于茶几之上。他拿来茶盘，海中放盘。一个笔筒式的漆具则是"工具箱"，内装茶针、茶夹等小件茶具。另有茶壶、茶漏、茶缸、茶虑、茶杯及一些我叫不上名的什物，可谓茶具家族"一家子"一应俱全。

老先生先将一勺台湾名茶通过茶漏放入茶壶之中，用酒精灯煮沸水，沸水倒入壶中，并及时倒出，是谓洗茶，是不能喝的。第二次把开水倒入壶中，泡一会，通过茶虑倒入茶缸，如果茶叶堵住了壶嘴，茶针就派上了用场。茶缸中的茶水被他熟练地依次倒在排着队的、每客一盏的柱型小杯中，每倒一杯，茶缸就像点了一下头，连续倒几杯，就连连点头。先生说，这叫"将军巡城"。

放下茶缸，柱型杯上再盖上茶夹夹来的小茶杯。几分钟过后，用拇指按住柱型杯杯底，食指和中指夹住柱型杯，娴熟地逐一翻转过来，小茶杯就整齐地置于茶几上，滴水不漏。然后老先生边做示范动作，边教客人各自把自己的柱型杯倾斜取下，双手捧着，杯口向鼻，边搓边闻，感到一股清香之味渐渐地漫浸而来，慢慢地吸气吐气，开启嗅觉的欲望；接着饮茶，先觉苦涩，渐渐转香，是为闻香杯。重复同样的工序过后，直接把茶倒入小茶杯中喝下，细细品味，苦涩渐减，香味渐浓。第三杯时，就纯纯的一股清香味了。老先生边制作功夫茶，边谈论着日本茶道、四川盖碗茶、北京大碗茶等等，头头是道。

对我，这是一堂深刻的茶文化课，多年以后，那情那景，都还清晰记得。

青年时代好饮酒，常常邀约朋友或是参加朋友聚会，每每离不开酒，而且豪饮者多，几乎每饮必醉，每醉必悔。之后不久，好了伤疤忘了疼，于是又醉。如此岂止几次三番。现在想来是少时无知，无聊之极才干的事。以至于身体肥胖，血压血脂多项指标超标。

距今快二十年了吧，突然的一天，想明白了的我坐下来写了一篇谈及饮酒的文章，记得标题叫《也谈无酒不成礼仪》，文中我引用了清代醉月山人的名句"茶亦醉人何必酒，书能香我不须花"，想以此鞭策自己，希望此后的自己少喝些酒，多饮些茶，改善一下自己的生活习惯。多少有些效果，不过至今仍然没有做得很好，酒是节制了些，茶喝多些就睡眠不好，尤其下午。所以喝茶的习惯一直没有养成。

回头再看，多年前的这篇不足二千字的小文也其实是青春祭，虽然没有仪式感，确也算是作别我有些年少轻狂的过往和少不更事的青春了。

我相信，一盏茶也许可以苦后明智，然而心里爱茶，又还真心的消受不起，却是情深缘浅不得已。不过，寻找机会同自己待一会，关掉手机，关掉电视，关掉内心那些人世浮华和心灵烦躁，阳台上置一几一椅，一盏淡茶，一轮明月，品尝一种有意味的孤独。在寂寞中沉淀自己。这不仅是想象中的美好，也是可以偶或为之的幸福。

这样的夜晚，纵然不眠，也是甘愿！

（刘靖林）

茶尖记忆

我想说说茶。"茶在山上，山在云中"，云雾山中生茶叶，村庄纹理含云雾，山歌悠扬，翠绿满山，说的就是纳雍县姑开乡永德村，和生长于村里的高山生态茶。约上三五好友，到了这里，我似乎喜欢上了这片小小的天地。

一场夏雨过后，茶农来到茶山，采摘茶叶，不时哼出几句欢快的山歌。这一枝一叶的葳蕤，或轻盈律动，或沉淀心绪，都是一种不惹俗尘心事。山歌与茶香中，一派生机勃勃的产业发展景象，幸福地洋溢在茶农脸上。这不是一种单调的劳作场景，而是一种"安全滋味"的演绎。

《贵州通志》记载："平远府茶产岩间，以法制之，味亦佳。""平远府茶产岩间"，阐释的便是纳雍县水东乡的姑箐茶。据传，产于姑箐的茶叶，早在明清时期就是"贡茶"。姑箐茶凭借舒适口感、甘甜回味的独特个性，进入了皇家视野，经过岁月长河的洗礼，姑箐茶逐步成为纳雍好茶的一个"代名词"。

"一茶接地，厚土生金"。20 世纪 90 年代，姑开乡"云雾坡"茶场先声夺人，将云雾大山上生产的茶叶冠以姑箐之称，一下盛名于天下。姑开乡至此借"云雾坡"茶叶还了魂，逐步有了"姑箐贡茶"的符号意义——"食品安全与生态文明有机融合"的要义也尽在其中显现。

云雾散去，走在阳光下的永德村茶园里，纵然外面世界喧哗，而离我最近的"最温婉的 1 芽 1 叶或 1 芽 2 叶"，不难让我感知到"一花一世界，一叶一如来"的自然禅意。

纳雍县连续 8 年被评为全国重点产茶县、被中国茶叶流通协会命名为"中国高山生态有机茶之乡"。

纳雍的茶只是毕节茶产业发展的一个缩影。毕节依托生产的生态、有机、无公害的茶叶，已培育出姑箐、府茗香、清水塘等贵州著名商标 9 个。市内的纳雍"彝岭苗山"、金沙"清贡牌千年绿"、七星关"太极古茶"等与市外遵义的"湄潭翠芽"、都匀的"都匀毛尖"等亮眼"名片"，皆被世人所熟知。

两年前，《经济学人》发表了《按需经济》的文章，它表述的未来前景就是：生活就像满屏的手机应用，你永远不知道新的 APP 打开后会看到什么食品？其实，没有那个时代的人比我们更知道自己需要什么——我们需要的，仅仅是喝干净的水、吃安全的食品、呼吸新鲜的空气。

"云在青天水在瓶，一枝一叶暖人心"。闲暇之余，举起茶杯，慢慢把心放空，一定会收到黔茶带来的惊喜和感动。

（刘国琪）

茶 说

茶说："世人品我，品的不过是人生而已。水中的茶叶不过沉、浮；手中的茶杯不过拿起、放下；杯中的茶水不过苦后甘甜。"是啊，品茶之人品的都是沉浮不定、拿起又放下、苦中有甜的人生。

一说到茶，想到的便是温文尔雅、风度翩翩的文人在一娴静处论道，不浮躁，不做作的自在悠然；年迈的老人坐在院中大树下，摇着扇子，喝着清茶的怡然自得。总的来说，茶给人的是淡然自在，茶已与人紧密地联系在了一起。

世人爱茶不无道理，它有清头目、除烦渴、解毒等作用，于人的身心健康都有很大的作用，它成为了修身养性的象征物之一。若说它的来源，得追溯到很久很久以前，它被人饮用，被人知晓，都是出自意外。很久以前，人们在树下烧水，树上的叶子无意落入沸水中，被人们不小心饮用了，觉得味道不错，便有了煮叶子这一操作，人们尝试着煮各种各样的叶子，最终找到了茶叶，觉得茶叶的味道比其他叶子的更好。此后，茶被世人所喜爱，由此流传于世。

古人品茶就会论道，而茶在他们看来有朋友的性情、柔情，自然也有茶情，他们和朋友品茶就像伯牙和子期一样，都是人生的知己，酒逢知己千杯少，其实茶也一样，古人品茶某种程度上也是品人，茶可以说是古人沟通的纽带；而今人品茶，品的是平静，是人生的苦甜，是年轮的沉浮，是拿起与放下间的感叹，今人品茶，品得更多的是自己的人生。一杯芽色的清茶，是多少奔忙之人的向往；蒲扇清茶的怡然，是多少忙于为生计而奔走、忙得忘记了时间、忙得燥然的人的奢侈。茶间行走的怡然，是世人的向往。

茶如人生，沉浮间的是性情，拿起放下的是感情，苦后甘甜的是生活，茶的一生就这样在沉沉浮浮，拿起又放下，苦后甜中变淡；人生如茶，最浮躁的茶叶终会被时间沉入杯底，最浓的味道终会被一次次的开水冲淡，在一圈圈的沉浮中，我们再也没有了年少轻狂时浓重的味道，再也没了浮在水面的浮躁。

这一杯一杯的茶就如一个一个的我们，第一杯是年少时，贪念着浮华，自高自大，欲望太重，追求太多，太浮躁；第二三杯是年老时，依然有茶的清香，却被开水冲去了深重的味道，吸收了所有的冷暖后，愿意沉淀于杯底了，对外面的繁华没了期待，变淡然了。这即是茶也是人生，愿茶中的你懂得沉浮间的转换，懂得苦中的甜、甜中的苦，懂得杯中的拿起放下，懂得在茶中品得人生。

（曾　雪）

父亲与茶

父亲偏爱酒，但更爱茶。茶是父亲生命中的一部分。当思乡之情在一树的绿茶长出嫩嫩的叶片，我便忍不住放下手中的物事，马不停蹄地回到故乡。

踏入故乡的土地，首先映入眼帘的，便是那片绿油油的茶，单凭那让人迷醉的绿意，便足可解我思乡之情，沉淀思乡之苦。

进入家门，第一眼便看到父亲那被烟火熏黑的茶罐，一股浓浓的茶香便不由自主地触动我灵敏的嗅觉。父亲说：渴了吧，我先煨一壶茶给你喝。端着父亲递上的清茶，我的心便先醉了。淡淡的清香入口，沁入心脾，周身的疲乏顿刻化尽。父亲说：柴米油盐酱醋茶，咱就离不开这个。

父亲的言语，勾起我不知在哪听来的一句话：茶乃一种人生，不同的人品茶能品出不同的意。百姓喝茶是一种需要，和尚饮茶是一种禅，道士品茶是一种道，而对文人来说则是一种文化。对我来说，当然更应该把茶当作一种文化了。

母亲呢？我问父亲。摘茶去了，父亲说。那摘茶的情景，便浮上心头：老的，少的，以及花枝招展的姑娘们，系着围腰，十指尖尖，快速地掐着嫩绿的茶尖，那"嚓嚓嚓"的声响，甚过世间最美的音乐，伴着那欢声笑语，更让人迷醉。

这时，母亲推门而入，满头汗水，围腰鼓鼓的，掩饰不住母亲脸上的喜悦，那满脸的笑意，大概包含着：摘取绿茶，满载而归，见到了久别的儿子。

父亲和母亲一起，开始加工绿茶了。把大铁锅放在火炉上，煨热，然后把绿茶小心放入，翻来覆去的炒，直到那茶叶柔软，冒起青烟（母亲和父亲都很懂得火候的），便倒入簸箕，双手使劲地揉，翻来覆去。之后再倒入锅里炒一遍，再倒入簸箕揉。

有几次，我看到母亲的汗水滴落其中，我说：母亲，擦擦汗吧。母亲说：不用，让吃茶人多品一份艰辛。这让我想起："满身罗绮者，不是养蚕人"的诗句，吃茶人又有几个是种茶的呢？我不再言语。

绿茶揉好后，便放到炕上烘干。这是我最初掌握的手工制茶。而机器制茶，当然就比这简便快捷多了。

有几年，父亲专靠背茶到七八十里外的龙头山卖钱供我读书，我还和父亲背过一次。父亲背一百来斤，我背五六十斤，可总是跟不上父亲的脚步。也许是父亲太强壮的缘故吧，或许是我过于羸弱。

如今，父亲病倒了，茶不能背了，可茶还是依然要吃的。我虽不常在父亲身边，可我知道，父亲早已和茶结下了不解之缘。那些从唐诗宋词里沁出的茶的芳香，那些从茶马古道溢出的有关茶的故事，那些从关山明月里飘来的茶的气息，对我来说，既是遥远，又是逼近。唯有在孤独的午夜，当我端起紫砂壶，慢慢品着茶香的曼妙的时候，父亲与茶的故事，像一幅童话绘制的画卷，在我心底逼真地显现。虽然我的青春已落满沙尘，这清凉的茶香会将它慢慢沉淀；虽然红尘让我疲惫的身心伤痕累累，这杯绿茶弥漫的馨香，自会为我疗伤。使我不得不紧握这弥留的久远。

（注：茶树不分绿茶树、红茶树，同一棵茶树上采摘下来的茶叶，经过不同的加工工艺，可以制作成绿茶、红茶，或者是白茶、黄茶、黑茶、乌龙茶等。）

（罗　龙）

新芽古干梦清香

大瓢贮月，小勺分江，那是宋代诗人汲江煎茶的雅趣，只能心向往之。再往前朝，还就探寻到大唐盛世茶圣陆羽的古味了。可是这位《茶经》大手笔，却也不能尽天下佳茗而述之，在他这部茶学原典的末尾，把偶一得之、往往绝佳的黔地极品，泛泛的一笔带过了。于是山水赛江南的贵州老岩深箐之中的净心清茗，如同地下的宝藏，千百年来，空谷幽兰似的自生自长，不售余馨，枝枝叶叶，远离人间烟火，清净无为得享长寿，老寿星般活到而今。兵燹未遇，盛典不名，经籍乏载，山林潜英。世间探茗君子，今日方得一睹玉颜，聊慰芳心。这就是纳雍古茶树上的新碧芽，山泉水沁透的芬芳茶，她是深闺处子年年岁岁迷醇的心香了！

纳雍是西南深山中一个少女般年轻的县，现代以前的历史舆图中找不到她的芳名。卢夷、夜郎、罗甸、水西、大定都曾经是纳雍的前身。就在这块土地上，也有古老的蕨类化石的遗存，还有全国最大面积的原生态珙桐树林，奇迹般完好无损地留存下来。和这种民间称为鸽子花的珙桐树林一样生长于斯的古茶树，由于远藏深山老箐，若干年过去了，所幸还没有遭到贪心的人类的探采。因其无名，才得无虞，斧斤所赦，香魂久住。佳禾异穗，盛世灵异之物，如今探寻到姑箐古茶，觅得绿野仙子，新叶古味，千年一遇，梦醉神清，可慰君子平生了，幸甚至哉！

我对家乡的忆念，往往系之于土酒与清茶。老同事，新同志，同乡之谊，同胞之意，偶尔来家里一叙，伴手的新茶嫩酒，芳馨自到。促膝与对饮之间，旧事新闻，家长里短，都在茶烟酒意之中汩汩淌出，自然得好比滋养了桃花鳞鱼的总溪河水。这种种清香茶韵，姑箐毛尖、康茗银针、贵茗翠剑等等，都是难得的上品，市面上买不到的。这有机茶，土地必须一块一块地认证，凝聚了中国农业科学院茶叶研究所专家们若干年来的心香与美意，产量是极其有限的，小批量的供应尚且不足，大量上市还得努力多年。发现古老的茶树，也就是偶然之中的必然，对于倾心茶业的纳雍人，也是一件遇缘的美事了。有福人，才得那么点点的一盒一罐，非至交与远客，恐怕轻易不得品尝呢！萤火虫点夜灯，家乡人认我还曾经是县里的一颗星宿，不因我远离官场政界就断了往来。古茶与新茗，也还有那么一杯半盏，银针玉乳，翠剑碧汤的烟香，乡愿的深情与厚意，都在那山那水那些东方树叶的清芬古味中了。

故乡人心善，在润涩朵颐、津养清神之余，还要奉送古事与新说，让神奇的碧叶翠芽之灵，在纳雍历史与人文的浸沁之中，透过素朴的土地和实诚的民风，给世界和未来一些清忆与梦念。同心合意，我的胸怀中也伸出一双绵薄的手，紧紧地握住家乡与美好的世界！

（王明贵）

大箐坡与金雀茶的传说

巍巍百宝山是个充满神话传说和原始美丽的地方。主峰大箐坡，方圆 20 余里，原有 99 个坡头，横跨大关镇、新仁乡、雨朵镇三乡镇，林深草茂，风景优美。民间相传，很久以前，这里是汪洋一片。有一大木船航行至此搁浅，船上 99 人食尽而亡，水位下降后，这里留下 99 个坡头，因船长名"大箐"，人们为了纪念他便取名大箐坡，附近有山如船形，取名船头山。清乾隆十年（公元 1745 年），为配风水，黔西知州派人搬石垒起一小山，取名宝山，凑成大箐坡百个坡头。

百宝山百个山头，山上古木参天，原始森林中有各种美妙的野味和各种奇妙的野花。山上还有奇珍异果，杂花生树，构成美丽的奇观。

美丽的大箐坡是一个林泉幽古的地方，群山之中产的茶好，出的水也好。大箐坡主峰山上长满了茶叶树，半山腰一株大茶树下有口井，井水清洌甘甜，常有一对金雀栖息茶树上，到泉水中洗澡。每年土人持筐采茶归，未见其异。按时采者如故，一年采茶者偶取树下之井水烹之，茶水中骤见金雀嬉戏，品之，清香满口，采茶者争呼神茶，遂取名金雀茶。土人中之智者闻之遂采摘带回家中，精心揉制，见此茶条索紧结、卷曲成螺，白毫显露，银绿隐翠，煞是可爱。冲泡出来，恰似白云翻滚，清香袭人。品饮下来，更觉鲜爽生津，滋味殊佳。于是上报官府，官府大人品之，重赏献茶土人，遂将此茶定为官府用茶⋯⋯

清乾隆时，在京做礼部尚书官的黔西州人李世杰回乡探亲。听闻此事，亲尝此茶，大赞奇妙！便将茶叶和井水带去京城贡献乾隆皇帝，乾隆尝试后，龙颜大悦，定为贡品，人们改金雀茶为贡茶。此后金雀茶在乾隆年间，每年都要上贡，是贡茶中的绝品，清香扑鼻，质醇味甘，喝了后齿颊留香，回味无穷。于是，成了赫赫有名的金雀贡茶。

我爬上大箐坡，寻觅那株金雀茶树，树已了无踪迹，井已干枯不留一丝痕迹。咂磨咂磨想象中御茶的甘香，回味回味那悠远的历史传说，在这片幽静清雅的林下也可一涤尘俗，抛却许多世事的喧嚣烦剧，这儿四围青嶂，满目葱茏，实在是个修身养性的好地方。

东坡诗曰："泥上偶然留指爪，鸿飞那复计东西"。如今，昔日那"偶然指爪"的金雀茶树和那日夜不歇的淙淙井水，都不复存在了。唯独没有改变的是大箐坡那古老的青葱，在这片空明灵秀中，依稀能看到蓝天上鸿飞的那高举优雅的曲线⋯⋯

（周德富）

第三节　茶歌曲

茶歌是一种传统民间歌舞体裁。由茶叶生产、饮用这一主体文化派生出来的一种中国茶文化现象。茶歌的来源，一是由诗为歌，也即由文人的作品而变成民间歌词的。茶歌的另一种来源，是由谣而歌，民谣经文人的整理配曲再返回民间。茶歌的再一个也是主要的来源，即完全是茶农和茶工自己创作的民歌或山歌。

采茶山歌

周明宽　词

潘　章　曲

1 = C 2/4

5 3̲5̲ 3̲1̲ 1 - | 1̲ 5̲1̲ 6̲5̲5̲ 5 - | 5 3̲5̲ 1̲6̲ 6 - | 1 ♭3 - 2̲1̲1̲ 1 -

太阳 出来 照山 崖罗， 妹妹 走来 像朵 花（啰）。

‖: (1̲1̲ 5̲3̲5̲ | 1̲1̲ 1̲1̲♭3̲ 0 | 1̲1̲ 5̲3̲5̲ | 3̲3̲ 3̲3̲ 1 0

5̲ 5̲ 1̲ 5̲1̲ | 3̲ 1̲ 3̲ 0 | 5̲1̲2̲3̲ 5̲3̲2̲1̲ | 5̲ 5̲5̲ 5̲1̲ 0)

5̲ 5̲ 1̲ | 5̲ 3̲5̲ 3̲1̲ | 5̲ 3̲2̲ 1̲ | 1 1̲. | 5̲ 5̲ 1̲

（男）太 阳 出来　照 白 岩（哟）　照（呀）白　岩　（哟），　妹妹 走来
（女）太 阳 出来　照 山 坡（哟）　照（呀）山　坡　（哟），　云里 飘来
（合）情 哥 情妹　上 山 坡（哟）　上（呀）山　坡　（哟），　一起 采茶

5̲ 3̲5̲ 3̲1̲ | 5̲ 1̲6̲ 5̲ | 5 5̲. | 1̲1̲ 5̲3̲5̲ | 1̲1̲ ♭3̲ 0

像朵　花（呀）　像（呀）朵　花　（哟），　我问 妹妹　去 干 啥？
采茶　歌（呀）　采（呀）茶　歌　（哟），　听见 歌声　心 欢 喜，
来唱　歌（呀）　来（呀）唱　歌　（哟），　如今 赶上　新 时 代，

1̲1̲ 5̲3̲5̲ | 3̲3̲ 1̲ 0 | 3̲1̲ 1̲5̲6̲ | 5̲ 5̲6̲ 0 | 3̲1̲ 5̲2̲3̲

妹说 上山　去 采 茶。　我问 妹妹　去 干 啥？　妹说 上山
那是 哥哥　在 唤 我。　听见 歌声　心 欢 喜，　那是 哥哥
唱完 茶歌　唱 情 歌。　如今 赶上　新 时 代，　唱完 茶歌

1̲1̲ 5̲ 0 | 5̲ 1̲2̲3̲ | 3 - | 3̲ 1̲4̲6̲ | 6 -

去 采茶。　（哎 啰 哎 啰　哩　　哎 啰哎 啰　哩）
在 唤我。　（哎 啰 哎 啰　哩　　哎 啰哎 啰　哩）
唱 情歌。　（哎 啰 哎 啰　哩　　哎 啰哎 啰　哩）

1̲ 1̲ 5̲ 5̲ | 3̲3̲ 5̲ 0 | 1̲ 1̲5̲ | ⌐1. 2.⌐ 3 - | 3 - | 5̲3̲2̲1̲ | 1̲ 0 :‖

我问 妹妹　去 干 啥？　妹说 上　山，　去（呀）去 采　茶。
听见 歌声　心 欢 喜，　那是 哥　哥，　在（呀）在 唤　我。
如今 赶上　新 时 代，　唱完 茶

⌐2.
3̲ 1̲1̲ | 5 - | 5 - | 5̲3̲2̲1̲ | 1̲ - 1̲ - 1̲ - 1̲ -

歌，唱 情　歌，　　唱（呀）唱 情　歌。

采茶的妈妈

周明宽 词

张婷婷 曲

1 = D 2/4

（ 0 5 | 3 - | 0 2 3 | ⁱ6 - | 0 5 6 1 | 2 3 | 0 2 3 | 2 · 1 ）

3 5 3 | 6 5 | 5̇3 - | 3 - | 2 1 2 | 3 1 |
故 乡　　老 屋 后，　　　　有 片　　古 茶
儿 时　　多 好 梦，　　　　品 尽　　天 下

ⁱ6 - | 6 - | 5̇ 6 1 | 2 3 | 2 - | 2 - |
树，　　　年 年　　收 新 绿，
茶，　　　茶 香　　伴 着 我，

3 2 3 | 2 1 | 1 - | 1 - | 3 5 3 | 5 6 6 |
妈 妈　　都 采 她，　　　　　长 大　　离 家 后
一 路　　走 天 涯，　　　　　妈 妈　　年 已 老

6 - | 6 - | i̇ 5 6 | 5 6 | ⁱ3 - | 3 - |
　　　　　常 喝　　家 乡 茶，
　　　　　还 采　　古 树 茶，

3 3 2 | 2 1 | ⁱ6 - | 6 - | 5̇ 6 1 | 2 3 | 5 - | 5 - ‖
茶 水　　一 入 口，　　想 起　　老 妈 妈。
茶 香　　入 我 梦，　　梦 里　　有 妈 妈。

0 3 5 6 | i̇ i̇ | 0 2̇ i̇ 6 6 | ³5 - | 0 3 5 6 | i̇ i̇ |
　一 杯　　香 茶　让 我 找 到 家，　　　一 杯　　香 茶

0 3 6 5 | 3 - | 0 3 5 6 | i̇ i̇ 3̇ | 2̇ - | 2̇ 0 |
　我 到 家　　走 遍　　千 山 万 水

0 ⁱ6 5 | 3 5 5 | 2 3 | 1 - | 1 - ‖
　忘 不 了 采 茶 的 妈　　妈。

rit.

远望茶山

（花灯）

1 = D 2/4

♩ = 78

风 笛 改编

（5 2 3 5 5 | 2 3 2 1 | 1 2 1 6 | 5 — | 5 —）

5 6 1 | 2 1 2 3 | 1 2 5 3 | 2 — | 5 2 3 5 5 | 2 3 2 1

远 望 茶 山 好 风 光， 农家（的呀）姑 娘（呵）
茶 山 阿 妹 好 漂 亮， 十指（的呀）尖 尖（呵）
砍 柴 阿 哥 亮 开 嗓， 一支（的呀）情 歌（呵）

1 2 1 6 | 5 — | 5 6 1 1 | 2 3 | 1 3 | 2 2

采 茶 忙。 引得蜜蜂 摇（呀） 摇 摆 摆 （哎），
采 茶 忙。 唱得蝴蝶 双 双 飞 呀 飞 （哎），
俩 人 唱。 唱得茶花 并（呀） 并 蒂 开 （哎），

5 2 3 5 5 | 2 3 2 1 | 1 2 1 6 | 5 — | 3 3 1 3 | 2 1 2

对面 坡（吧）来了（哎） 砍 柴 郎。 （哥儿哟 喂哟喂
茶林 里（吧）飞出（哎） 金 凤 凰。 （哥儿哟 喂哟喂
唱得 里（吧）茶花（哎） 遍 地 香。 （哥儿哟 喂哟喂

3 2 1 3 | 2 1 2 | 5 2 3 5 5 | 2 3 2 1 | 1 2 1 6 | 5 — 5 — :‖

妹儿哟 依哟喂） 对面 坡（吧）来了（哎） 砍 柴 郎。
妹儿哟 依哟喂） 茶林 里（吧）飞出（哎） 金 凤 凰。
妹儿哟 依哟喂） 唱得 里（吧）茶花（哎） 遍 地 香。

rit……

5 2 3 5 5 | 2 3 2 1 | 1 2 1 6 | 5 — | 5 —

唱得 （里哟） 茶花（哎） 遍 地 香。

彝家待客一盅茶

1 = E 4/4 2/4

述说的、赞美地

老 潘 词
周 沛 曲

(3 5 5 5 5 6 5 -) | 6 i i i 3 5 6 5 5 | 6 i i i i 6 6 - |
老祖宗 留下 了   东方 神奇的 树 叶，   老祖宗 留下 了
儿孙们 守住 了   乌蒙 彝乡的 翠 绿，   儿孙们 看护 着

5 6 6 5 5 1 2 3 2 2 | 3 5 5 5 5 6 5 3 - | 6 i 2. i 6 - |
博大 中华的 茶文化。   老祖宗 还留 下   传家 的 叮 嘱：
父辈们 留下的 芳华。   儿孙们 还永 远   记住 那 句 话：

5. 6 i 6 5 6 3 | [1.] 2. 2 3 1 - : ‖ [2.] 2. 2 3 1 - | 2/4 1 - |
彝 家 待 客   一 盅 茶。   一 盅 茶。
彝 家 待 客

‖ 4/4 6 i i 6 i. 2 3 | 2 i 3 3 6 5 - | 6. i i 0 6 5 6 3 0 |
茶树 生 在彝 山，   茶味 浓在彝 家。   头 道苦， 二 道 涩，
一壶 浓 茶交 友，   朋友 遍及天 崖。   轻 轻烘， 慢 慢 烤，

5 5 5 6 5 2 3 2 - | 3 3 2 2 3 2. 1 6 | 3 3 2 3 5 6 6 6 - |
三道 待客 乐开 花。   端起 手中 小 茶罐， 三江五湖 都 装 下。
越烤越香 醉华 夏。   端起 手中 小 茶罐， 三江五湖 都 装 下。

5 6 5 6 i. 2 3 | 7 3 5 6 7 2. i i - : ‖ 5 6 5 6 i. 2 3 |
人生 就是 一 罐茶，   品淡品浓 品 天 下。   人 生就是 一 壶茶，
人生 就是 一 壶茶，   品淡品浓 品 天 下。   人 生就是 一 壶茶，

7. 3 5 6 | 7 2 - i 2 | i - - - ‖
品 淡 品 浓 品 天 下。

一壶清茶

潘 章 改编

（花 灯）

1 = F 2/4

中速

（扎 扎 | 6 6 6 6 2 6 5 3 | 2 3 2 1 6 6 6 1 | 2 3 1 2 3 6 3 5 |

2 2 3 6 6 | 2 2 3 6 6 | 2 6 5 6 6 3 | 2 0 2 0 ）

5 3 5 7 6 6 | 5 3 5 7 6 6 | 5 3 2 2 7 | 6 6 7 2 | 6 . （7

一 壶（哪）青 茶（呀）把 乡音 融 化,（依 哟）
朋 友（哪）坐 在（呀）淡 淡的 月 下,（依 哟）
风 卷（哪）云 舒（呀）宇 宙在 轮 回,（依 哟）

5 6 6 2 3 2 5 7 | 6 6 6 0 ） | 3 7 . 2 | 6 6 7 6 5 | 5 6 6 5 6

（匡采一采匡 匡 匡采一采匡） 千 年的 情（呀）思（呀）长满枝
（匡采一采匡 匡 匡采一采匡） 举 杯共 对（呀）饮（呀）一杯清
（匡采一采匡 匡 匡采一采匡） 古 老的 茶（呀）歌（呀）描绘儒

3 3 （5 | 3 . 5 3 6 | 1 6 1 2 3 ） | 6 . 5 6 5 | 6 5 3 5 2 2 3

桠,（呀） （匡 采 一 采 匡采一采匡） 月 缺月 圆 不 说 话,（嘛）
茶,（呀） （匡 采 一 采 匡采一采匡） 浮 生片 刻 偷 闲 暇,（嘛）
雅,（呀） （匡 采 一 采 匡采一采匡） 品 茗笑 谈 解 困 乏,（嘛）

5 3 5 2 3 2 1 | 1 6 5 3 5 7 | 6 6 6 . 1 | 2 3 2 3

西 风 古 道 落（嘛）落 满尘 沙。（哪 呀 嗬 嗨 哟）
我 从 宁 静 中（嘛）学 会放 下。（哪 呀 嗬 嗨 哟）
沉 淀 岁 月 中（嘛）洗 去浮 华。（哪 呀 嗬 嗨 哟）

5 3 5 7 | 6 6 5 6 7 2 | 6 - | 6 - ：‖

落 满 尘 沙。（哪 呀 依 哟）
学 会 放 下。（哪 呀 依 哟）
洗 去 浮 华。（哪 呀 依 哟）

结束句

渐慢

5 3 5 7 | 6 6 5 6 7 2 | 6 - | 6 - ‖

洗 去 浮 华。（哪 呀 依 哟）

乌蒙茶山美

潘军伟 词

陈 麟 曲

千年一约

$1=E$ $\frac{4}{4}$

罗鹏举　词曲

抒情地　思念地

```
1  2 3   3  -   | 5 5 5 2 4 3  -  | 1. 1 1  6  | 2 2 1 3 3  -  |
乌 蒙  山          轻柔的阳 光，       穿 行 一朵   花的轻 叹，
乌 蒙  山          采茶的美 人，       五 彩 花血   染透衣 裳，

6. 1 2  2. 2 | 6. 5 5 5 2  2  -  | 1  1 1  3 3 | 2  1 7  6  -  :|
三 月 唤醒 谁的容 颜，       流 连 在 光阴 里璀 璨。
花 丘 上 等 我的吻 吧，     (1. 1  3 3 | 2 1 1 7  6.  - )
                              醒 来 消磨 一世余 光。

1.
2. 2 2 2 2 5 2 | 2  -  -  -  | 2. 5. 5 5 5 2 3 4 | 3  -  -  0 3 |
石 头总在呼     喊，          湖 水还在守   望      这

3 3 3 6 5 5 2 | 2  -  -  -  | 2. 5. 5 7 5 5 6 | 6  -  -  -  |
清澈的天     空，          滴 下诱  人的  蓝，

※
3 3 3 1 5 5 6 | 6  -  -  3 | 5 5 5 5 5 5 6 | 3  -  -  -  |
采茶的美 人  哟，           可 知道我的忧   伤，
采茶的美 人  哟，           何 时依偎 身   旁，

6. 6 1 1 5 2 | 2  -  -  3 | 1.
                             5. 5 5 5 2 3 4 | 3  -  -  -  |
等 你千年之   约，           就 为牵手一   场。
凝 视你的双   眼，                                      D.S.

2.
5. 5 5 7 7 5 6 | 6  -  -  -  ‖
从 此不再流   浪。          Fine
```

中国茶全书＊贵州毕节卷

146

苗家姑娘采茶忙

1 = G 4/4

潘军伟 词

沈凤鸣 曲

欢快 喜悦地

（乐谱）

背起背篓上山岗（啰），苗家姑娘花一样，
伸出巧手一双双（哟），苗家姑娘本领强，
背起背篓下山岗（啰），苗家姑娘真漂亮，

驾起彩云去采茶，好像仙女从天降从天降。
春夏秋冬装进篓，片片茶叶留茗芳留茗芳。
一片茶叶一片金，背个银行回村庄回村庄。

采茶忙，采茶忙，乌蒙凭添好风光。山茶舞，杜鹃唱，
留茗芳，留茗芳，乌蒙名茶四海香。你一盅来我一盅，
回村庄，回村庄，乌蒙就是画一张。唢呐吹，芦笙响，

结束句

春风染绿我家乡我家乡。新的农村新气象。
客人请来尝一尝尝一尝。
新的农村新气象新气象。

来喝威宁罐罐茶

1 = G 4/4

（独唱）

潘军伟　词

胡德祥　曲

中速、深情地

(3 7 6 7 5　6 - | 3 6 5 6 2　3 - | 6 2·3 2 3 1　2 | 6 5 6 6 6 1　2 - |

3 7　6 7 5　6 - | 3 6 5 6 2　3 - | 6 2·3 2 3 1　2 | 2 7 6　5 6　6 -)

mp

6 2 3 3 1 2 3 3·| 2　2 5 6　6 - | 6 2　2 2 1　6 | 1·6 6 6 5　3 - |

远方　客　人（哟）　到彝　家，　来　喝威　宁　罐　罐　茶。

远方　客　人（哟）　到彝　家，　来　喝威　宁　罐　罐　茶。

3 5 6　6 3 5 6　6·| 6 3 3 1 2 3　2·| 3·3 3 2 3 5 6 5

彝家　礼　仪　哟，　来　表　示　啰，　一　盅　为你　解困　乏

彝家　盛　情　哟，　装　满　杯　啰，　三　盅　下肚　乐开　花

§. mf

2 7 6　5 6　6 - | 3 5 6　6 6 3　5 6 7 6 | 7 3 5 7 6 7　6·|

解　困　乏。　天地　从这罐中出　罐　中　出　哎

乐　开　花。　春秋　从这罐中出　罐　中　出　哎，

3 5 6　6 6 3　5 6 7　6 | 6 5 6　6 6 2　5 6　3·| 3·6　6 6　1 2 3　2 |

日月　从这罐中下　罐　中　下　啰，　喝　出　幸　福

夏冬　从这罐中下　罐　中　下　啰，　喝　出　时　代

3 2 3　3 3 6　1 2　1·| 5·5　5 5 3　5 6　7 | 7 3 3 5 6　6 - :|

好　日　子　哟，　清　心　明目人人夸　人　人　夸　D. S.

新　滋　味　哟，　罐茶　清香飘天涯　飘　天　涯。

5·5　5 5 3　5 6　7 | 7·3　5 6　7 6 | 6 - - - |

罐茶　清香飘天涯　飘　天　　　涯。

古茶飘香

1 = G 6/8 9/8

鲁保书　词
况荣峰　曲

轻快、活泼地

（3 6 6 6 3 ｜ 2 5 5 5 2 ｜ 1 1 6 1 2 3 ｜ 5 5 · 2 3 · ｜

3 6 6 6 3 ｜ 2 5 5 5 2 ｜ 1 1 6 3 2 · 5 ｜ 6 · 6 · ）

6 3 5 6 3 5 ｜ 1 2 3 6 · ｜ 1 1 6 1 2 3 ｜ 5 5 · 2 3 · 3 · ｜
采 一 片 绯 红 的　云　　霞，　轻 轻 地　放 进 那　古 老 的 紫 砂；
采 一 把 古 茶 的　新　　芽，　静 静 地　聆 听 那　古 老 的 禅 语；

3 6 3 5 5 5 1 ｜ 2 3 2 · ｜ 5 5 6 2 2 2 · ｜ 3 2 · 5 6 · 6 · ｜
盛 一 瓢 总 溪 河 的　波　浪，　醉 人 的 茶 香　弥 漫 天 涯。
饮 一 杯 北 镇 关 的　清　泉，　远 方 的 客 人　忘 了 回 家。

6 3 6 i ｜ 6 · 6 · ｜ 6 5 1 2 ｜ 3 · 3 · ｜
一 片 古 茶　树，　　　青 翠 又 挺　拔，
一 片 古 茶　树，　　　清 香 又 淡　雅，

1 1 1 6 · ｜ 1 2 3 5 2 ｜ 3 · 3 · ｜ 6 3 5 6 i ｜
那 是 一 幅　美 丽 的 风 景　画。　　采 茶 的 姑 娘
那 是 一 席　温 馨 的 家 乡　话。　　品 茶 的 客 人

6 · 6 · ｜ 6 5 1 2 ｜ 3 · 3 · ｜ 1 1 1 6 · ｜
哟　　　青 春 又 活　泼，　　　脸 上 挂 满
哟　　　善 良 又 醇　厚，　　　脸 上 挂 满

1 2 3 5 6 ｜ 3 · 3 · ｜ 1 1 1 6 · ｜ 2 2 2 2 5 · ｜
醉 人 的 红　霞，　　脸 上 挂 满　醉 人 的 红
醉 人 的 红　霞，　　脸 上 挂 满　醉 人 的 红

1.
6 · 6 · ｜ 6 · 6 · ‖
霞。　　　　D.C.

2.
6 · 6 · ｜ 6 · 6 · ｜ 6 · 6 · ｜ 6 · 0 · ‖
霞。

茶山青青茶歌醉

1 = G 2/4

（花灯）

潘 章 改编

喜悦地

（3 2̇ 3 2 2 | 2·6̣ 1 | 6̇ 1 6̇ 5 3· 5̇ | 6̇ 1 6̇ | 5 - ）

2 5 5 3 3 | 2 2 5 3 2 | 1 3 2 | 3 2 3 1 3 2 | 2·6̣ 1

哥 是 茶来（是）　妹（呀）是　　水，（啊 哎）好茶　好水（呀）（么 儿 么）
哥 妹 情意（是）　飘（呀）芳　　菲，（啊 哎）一年　四季（呀）（么 儿 么）
茶 山 青青（是）　茶（呀）歌　　醉，（啊 哎）茶歌　醉哟（呀）（么 儿 么）

6̇ 6̇ 5 3· 5̇ | 6̇ 1 6̇ | 5 0 | 3 5 3 3 5 | 2 2 5 3 2

泡（呀）泡 一　　杯。（么　　　喂）　　苦 与 甜都　无（呀）所
有（呀）有 滋　　味。（么　　　喂）　　相 亲 相爱　百（呀）年
女（呀）女 儿　　美。（么　　　喂）　　女 儿 美哟　蝴（呀）蝶

1 3 2 | 2 3 2 2 1 | 2·6̣ 1 | 6̇ 1 6̇ 5 3· 5̇ | 6̇ 1 6̇

谓，（呀 喂）只 要 清香（是）（么 儿 么）入（呀）入 心 肺。（么
好，（呀 喂）茶 叶 茶杯（是）（么 儿 么）永（呀）永 相 随。（么
追，（呀 喂）天 上 地下（是）（么 儿 么）双（呀）双 双 飞。（么

5 0 | 2 2 3 2 3 | 2 2 5 3 2 | 1 3 2 | 3 2 3 2 2 2

喂）　　苦 与 甜都（是）无（呀）所　　谓，（呀 喂）只 要（的）清香（是）
喂）　　相 亲 相爱（是）百（呀）年　　好，（呀 喂）茶 叶（的）茶杯（是）
喂）　　女 儿 美哟（是）蝴（呀）蝶　　追，（呀 喂）天 上（的）地上（是）

2·6̣ 1 | 6̇ 1 6̇ 5 3· 5̇ | 6̇ 1 6̇ | 5 0 :‖

（么 儿 么）入（呀）入 心 肺。（么　　　喂）
（么 儿 么）永（呀）永 相 随。（么　　　喂）
（么 儿 么）双（呀）双 双 飞。（么　　　喂）

结束句　稍慢

6̇ 1 6̇ 5 3· 5̇ | 6̇ 1̇ 6̇ | 5 - | 5 0 ‖

双（呀）双 双　飞。（么　　　喂）

茶 恋

鲁保书 词

沈凤鸣 曲

第四节 茶典故

一、哲庄"贡茶"与"共茶"

哲庄镇位于贵州省赫章县城东北部，东与云南镇雄接壤，南邻七星关区，境内土地肥沃，物产丰富，特别以茶、煤、烤烟著名，更有悠久的历史文化和红色文化，是贵州抗日救国军第一支队司令席大明将军故居，红二、六军团在乌蒙山回旋战的重要战斗遗址，省级全民国防教育基地。哲庄坝战斗遗址纪念碑（图10-1）、席大明墓、红军烈士墓等就坐落在这里。

图 10-1 赫章县哲庄坝战斗遗址纪念碑

相传，大约明洪武十四年（公元1381年），明太祖朱元璋派傅友德、沐英经贵州入云南，以讨伐元梁王巴匝剌瓦尔密盘踞在芒部（今云南镇雄）的残余势力，途经哲庄坝宿营，因长途奔袭而人困马乏。其间，明军将士发现当地村民在饭后将山中一种野生树叶用开水冲泡后饮用，将士效仿，饮后疲乏顿消，精神抖擞，次日一举攻下巴匝剌瓦尔密的部队。之后，有明军将领将其（野生茶）带至朝廷上贡，从此便有了哲庄"贡茶"之说。

机缘巧合，1936年3月11日，贺龙、萧克领导的中国工农红军二、六军团在哲庄坝伏击国民党中央军万耀煌纵队，为了防止目标暴露，红军禁止生火做饭，埋伏了一天一夜的红军将士饥饿难耐，只好采摘身边的树叶在嘴里咀嚼，将士们发现，有一种口感微苦的树叶（野生茶）在口里反复咀嚼后有甘甜味，食后，渐渐地消除了饥饿和疲劳感，大家便大量采摘身边的野生茶叶为食。次日，"追剿"红二、六军团的国民党万耀煌纵队进入哲庄坝红军伏击圈，红军以逸待劳，将敌人一举歼灭，万耀煌化装马夫逃走，这就是著名的乌蒙山回旋战之"哲庄坝战役"。战后，红军对当地老乡说："你们的树叶成了我们红军的粮食，共产党是为穷人打天下的，这些树叶帮了共产党的大忙。"后来人们把哲庄坝野生茶既叫"贡茶"也叫"共茶"。

中华人民共和国成立后，当地政府组织了附近几个村的群众，将野生茶大面积人工种植，2012年，福建茶商倪芳女士与当地茶场负责人孙亚共同投资，组建了贵州红顶现代农业科技开发有限公司，对哲庄茶叶从种植、加工等技术进行全方位提升打造，并与哲庄坝红军战斗遗址（图10-2）、贵州抗日救国军司令席大明烈士墓等红色文化深度融合，走一条茶旅融合发展的营销新路子，我们有理由相信，这将会成为茶文化与旅游文化融合发展的典范，哲庄"贡茶"和"共茶"定会弥漫出更浓厚更醉人的芬芳。

二、奢香夫人与清水塘"灵茶"的由来

奢香夫人，出生于永宁府（今四川叙永县）且蔺州（今四川古蔺县）安抚使彝族恒部扯勒君长奢氏家中，长得高大漂亮，身段窈窕，很出众。奢香从小受到优秀的塾师教育，也喜欢弯弓射马演练沙场，活像一个野小子，常跟随其父阅边查哨，了解民间疾苦，富有怜悯心。民间都尊称她为奢嬢嬢。当时有一首民谣描述奢嬢嬢（民国时期永宁的茶馆里都还有人唱）："奢香嬢，管诸罗，蔺州生长的儿马婆（蛮方民间对出众女娃的称呼）；儿马婆，心软民，泪水淌进鱼塘河；鱼塘河，与鱼欢，艳冠群芳事多磨；事多磨，嫁遇雨，夫亡守寡烦事多；烦事多，摄政忙，偏偏受辱马阎罗（明贵州都督马煜）；马阎罗，被下狱，龙场九驿通边坡；通边坡，心力瘁，妙龄女杰赴阴河。"

清池镇当时隶属永宁地，元代在这里建有清水塘哨，派遣土目阿开带兵镇守。奢香曾多次顺鱼塘河到清水塘查访民情。鱼塘河上游有一"活鱼塘"，水清澈透明，塘中各色鱼儿活蹦乱跳，自由嬉戏。夏天清晨太阳出山或傍晚太阳落山时，河南北两岸的高山映入塘中，构成一幅美丽的画卷。此时，鱼儿们更是欢舞异常。奢香最喜欢此处美景，每年夏秋季节都要来此游泳与鱼儿们共享欢乐。据传说，奢香要出嫁的那年，她穿着红绣鞋，头顶黄桷树枝叶编成的绿叶伞，身背一个小水壶，来到活鱼塘游泳。游累时，她站立塘边浅水处梳理秀发。鱼儿们有序地在她身边环游，像一圈圈的花环；蜻蜓也赶来凑热闹，在奢香头顶上翩翩起舞，停在她头上组成一个银环，就像今天她的塑像头顶上的首饰一样。当时，鱼塘河"活鱼塘"上游500m处的岜灰洞住有两位身强力壮的土酋，他们每次受命监护奢香游泳时的安全。当年，岜灰洞土酋有一个三岁小儿，能在急流中闭气穿梭，活像一头人鱼。当时陪在奢香身边戏水，倍添情趣。奢香非常喜爱他，想收做义子，为他取名"流涉才"，并把他头上的发分扎成两个揪揪，称为"马马颠"（蜻蜓的俗称）。至今，这里的小孩们头上都还有扎"马马颠"的习俗。那次，奢香离去时，留下头上的绿叶伞和腰间的水壶，送给流涉才作纪念。其父将水壶埋藏在鱼塘河岸边，并把绿叶伞插在其上土层中。瞬间，黄桷树生根发芽长成枝繁叶茂的大树，树下水壶变成一眼清泉长流不息，成为今天古盐道上的一处风景。

当年奢香出嫁时，流涉才就陪在身边。当送亲队伍到达大河口时，突发狂风暴雨。

流涉才爬上轿顶手舞足蹈，瞬间风停雨住。据传说，奢香出嫁这一遭遇预兆她今后夫亡守寡、裸衣笞背等灾难；又预兆她遇到明太祖，开龙场九驿，减免租税等喜事。对此，

图 10-2 长眠于赫章县哲庄坝战役的红军墓

有一童谣流传："马马颠，飞上天，穿红鞋。水西姐，请媒来。黄桷树，请吹手，三岁娃儿打跟斗，来拢奢嬢大门口，今天起媒明天走。走到河边大沙坝，风又大，雨又大，打湿奢嬢盖头帕。流涉才，爬上台，雨住乌云开。"因流涉才出生在鱼塘河边，河北岸的大高山似观音大士坐台，河南岸的一线悬崖上一字排开十八座圆山包，就像罗汉。鱼塘河及两岸景观构成了十八罗汉拜观音的道场，在这里出生的流涉才被视为一个奇童。后来，清水塘地方上为防洪水灾害，每年春末都要做会（俗称"打青轿"）抬着轿子游行，轿顶上绑站着一个幼童，是贫苦人家缺吃少穿雇用出来的。游行长达一个多小时，结束后，幼童吓得半死。这一流传下来的野蛮风俗直到新中国成立前夕才废掉。

清水塘地界上的阳波、中普、铸钟等地生产茶叶，有甜茶、苦茶（苦丁茶）、涩茶（即今绿茶）等品种，尤以涩茶为大众所喜爱。元代时期起就大量生产"蒸茶"（用大木桶蒸后再揉捏晒干，手艺粗糙），销往蒙古、西藏等地，供不应求。也曾因为运送不方便，研制过茶膏（采摘老茶叶熬制而成）方便运送。元末明初，有永宁茶师前来教土著人制作茶，有"针针茶"（杆杆茶）、"尖尖茶"（细叶茶）、"和合茶"（叶与杆混杂，叶多杆少且柔嫩）。当时，茶叶经过盐道过鱼塘河到永宁，有一条小道过岜灰洞往上游顺河到长沙坝、大河口。茶商们经过这里都要备一份茶叶敬献岜灰洞土酋，也就是今天所说的买路钱。

清水塘地界内生产的"和合茶"，炭火沙罐烧煮，汤成褐绿色，浓香可口，盛入杯中可观可赏。若有茶杆竖立汤中悠闲飘忽，兆有贵客要来。据传说，当时岜灰洞土酋就是通过煮茶赏茶，预测奢香嬢是否要来，真的很灵验。奢香闻听此讯，称赞此茶为"灵茶"。

奢香于明洪武八年（公元 1375 年）出嫁，次年岜灰洞土酋带着小儿流涉才邀集随从背着"盐、茶、米、豆"四种宝物，从清水塘出发，经今天的阳波、铸钟、太平、果瓦、飘儿井，风尘仆仆去云龙山拜访奢香。所带茶叶据传说是当地生产的"和合茶"，用红棕扯条编制的棕袋盛装，可通气防潮保鲜。奢香收到特色包装的"灵茶"，甚是高兴，留住

三天后，备了一份厚礼打点流涉才父子一行还家，并叮嘱他们说，在返回的捷路上种好茶树，待茶树茂盛的时候，她要以茶树为路引，再到鱼塘河游泳。但是，因事务繁忙，奢香再也没能去过鱼塘河游泳。当年，奢香受其夫霭翠派遣进京面圣，"率土酋十五人，随淑贞贡方物及马"。据传说，其中的"方物"就有红棕袋盛装的"和合茶"。明太祖朱元璋见"和合茶"包装奇特，闻之香味浓郁，便吩咐御厨按奢香教授的方法烹制。茶汤端递上来，果然色味俱佳。因国务繁忙，批阅奏章过多，太祖精神欠佳、视力模糊。饮过此茶后，顿觉神清气爽，用茶气熏眼，有明目之效，不觉龙颜大悦，随口惊叹："蛮方竟产此奇物！"遂赐奢香"纹绮织锦及金环、绣衣诸物"，奢香一行扬眉吐气返回水西。不料，这一切被"素恶香傲"的贵州都督马煜（时人称马阎罗）所嫉恨，挖空心思寻找茬儿，"叱壮士裸香衣而笞其背……欲辱香激诸罗怒，俟其反，而后加之兵……思灭尽诸罗代以流官"。

此信息传到鱼塘河岜灰洞土酋那里，因路途遥远，信息有误，误传为奢香已被马阎罗所害。素来敬重奢香的岜灰洞土酋兄弟、父子，闻此噩耗，如雷轰顶，旋即冲到"活鱼塘"边，跳入水中如发疯一般，捶胸顿足、以掌劈水，仰天哭吼，声震如雷，传达数里。就这样，狂吼三天三夜，七窍喷血而亡。后来，土民们只看见流涉才的尸体竖立活鱼塘中，悠闲飘忽，就像"和合茶"汤中的茶杆一样。人们传说他是为奢香守浴池，又说他如此飘忽，预兆奢香没死，还会回来。而土酋的尸体却不知去向。有好心人将流涉才的尸体捞出来葬在岜灰洞旁边，即后来人们所称"阴阳坟"是也。又据传说，岜灰洞土酋的尸体沿鱼塘河漂流进入长江，直到南京告御状去了，在南京陈尸江边，被人发现，尸体上全是"冤"字。这一消息传入皇上耳中，太祖闷闷不乐。次年（公元 1384 年），水东摄宣慰同知刘淑贞专门为奢香"走诉京师"，太祖闻讯后才长叹："果真冤也！"后来，人们把岜灰洞土酋死去的地方叫"雷吼塘"。清雍正八年（公元 1730 年），四川总督张广泗南下阅边，观赏"活鱼塘"，途经岜灰洞，被"雷吼塘"悲壮的故事所感动，即挥笔在水中突出的大石板上书写"雷吼涛声"四个大字，命匠人雕刻以纪念岜灰洞土酋的衷心义举。后来，每逢洪水暴发时期，鱼塘河浊浪滔天，水声如鬼哭狼嚎，人们传说是岜灰洞土酋冤魂不散，索命来了。

奢香被马煜"裸衣笞其背……折所服革带誓以必报……四十八部诸罗咸集香军门，戛颡，愿尽死力助香反"。"香乃谋之淑贞"，商议如何能保水西平安又可制裁马阎罗。明洪武十七年（公元 1384 年），刘淑贞带着奢香委托的"廪积"物——红棕袋包装"和合茶"为她"走诉京师"。太祖"命归招香"。临别时，皇上问："爱卿，奢香何时能达？"淑贞回答："皇上，您烹煮和合茶盛汤于杯中品用，细观茶针竖立飘忽于汤中时，奢香至也。"

太祖将信将疑。

刘淑贞离开京师，快马加鞭昼夜兼程赶回水西报喜。"香闻命，即与助率各部把事入贡，具言煜激变诸罗欲反状。"据传说，奢香到南京那天，太祖正在宫中品尝"和合茶"，见茶针竖立飘忽于杯中，忽然想起刘淑贞的话来。这时，宫外传呼："贵州宣抚使夫人奢香求见。"太祖大惊，再度惊叹："蛮方竟产此奇物！"直到今天，清池一带仍流传着茶杆直立茶汤中，兆有贵人来访的说法。

后来，奢香受命开通龙场九驿。每逢"岁贡马及廪积"时，都有红棕袋装"和合茶"（灵茶）。龙颜大悦，善待水西。明洪武二十一年（公元1388年）二月庚申，户部奏："贵州宣慰使霭翠、金筑安抚使密定所属租税，多逋负，蛮人顽险，不服输送，请遣使督之。"上曰："蛮夷僻远，知畏朝廷，纳赋税，是能遵声教矣。其多逋负，非敢为邪，必其岁收有水旱之灾，故不能及时输纳耳。所逋租税，悉行蠲免，更定其常数，务从宽减。"明洪武二十五年（公元1392年），都督何福讨毕节罗诸蛮，克之。寻遣入奏："故宣慰使霭翠妻奢香桀骜不服，请并讨之。"上以非稔恶，不许。明洪武二十六年（公元1393年），西平侯沐春奏："水西故土官霭翠纳税粮八万石，连年递减至二万石，尚不能供。"上曰："蛮夷之人，其性无常，不可以中国之法治之，但羁縻之足也。其贡赋之逋负者悉免征。"由此可见奢香贡"灵茶"之效应。

明洪武二十九年（公元1396年），奢香因经营水西事务和操心龙场九驿之事，劳累过度，倍感疲倦。一天，她忽然想起义子"流涉才"来，思忖为何多年未来看他。于是，遣其子带随从沿当年"流涉才"父子到云龙山的路线走访清水塘，沿路栽种御赐白果树。从清水塘走到鱼塘河，在当地土民口中探听到流涉才的故事后，伫立在岸边黄桷树下面向邑灰洞泪流满面。泪珠滴进树下泉水池中，铿锵有声。所以至今，黄桷树下汩汩冒出的泉水，细品有淡盐味。其子返回云龙山告之其母。奢香悲泪纵横，从此病入膏肓，不久辞世而去。

据传说，奢香辞世的那些日子里，鱼塘河畔有人恍惚看见一贵妇人，脚踏红绣鞋，头戴"马马颠"首饰，手提红棕袋，在黄桷树下徜徉；又有人恍惚看见她在"活鱼塘"上空凌波飞舞，有一头扎"马马颠"的孩童跟随身后，最后沿邑灰洞往上游大河口方向去了。不久传来奢香苴慕（君长）仙逝的消息，人们传说原来所见是奢香苴慕来鱼塘河"收足迹"（传说人死前魂魄飘忽到他曾经走过的地方收回当年的足印），并带走为她死守"浴池"的"流涉才"儿，同时也把"灵茶"带到天国去。

如今，古盐道上的阳波古茶树、铸钟大垭的千年茶树和果瓦道上的千年白果树，似乎在诉说六百多年前奢香与清水塘"灵茶"的动人故事。

三、平远斗茶赛

清康熙六年（公元 1667 年）的初秋，一位小女孩用一壶纳雍古树茶叶捧走了"卧这斗茶赛"的金牌。

明洪武二十九年（公元 1396 年），年仅 38 岁的奢香夫人，带着"纳雍古树茶制作工艺就此失传"的失落和"没能把纳雍古树茶传承和光大"的遗憾，与世长辞了。可是，奢香夫人没有料到在她去世 271 年后的卧这城（今纳雍县乐治镇）里，纳雍古树茶却又再度现身。

卧这城是当时的彝家安坤政府的经济文化中心。

清康熙六年（公元 1667 年）六月，首辅索尼病故。七月初七，14 岁的康熙帝正式亲政，在太和殿受贺，大赦天下，四海升平。新上任的平远知府王仁天决定在茶乡卧这城举行斗茶赛，对夺得大赛金牌者，赏白银千两。

斗茶，也称为"茗战"，就是比试茶的质量。康熙时代的斗茶，不像现在要从干茶和泡茶两个角度来考量茶的"色、香、味、形"，从而分出高下。茶品以"新"为贵，用水以"活"为上。那时的斗茶，只是一斗汤色，二斗水痕。斗汤色，就是看茶汤色泽是否鲜白，纯白者为胜，青白、灰白、黄白为负。茶汤纯白，表明茶采时肥嫩，制作恰到好处；色偏青，说明蒸时火候不足；色泛灰，说明蒸时火候已过；色泛黄，说明采制不及时；色泛红，是烘焙过了火候；汤花，即指汤面泛起的泡沫。汤花的色泽标准与汤色的标准是一样的。斗水痕，就是汤花泛起后，看水痕出现的早晚。如果点汤、击拂恰到好处，汤花匀细，就可以紧咬盏沿，久聚不散。反之，汤花泛起，不能咬盏，会很快散开。汤花一散，汤与盏相接的地方就露出"水痕"。以水痕早出者为负，晚出者为胜。

平远府斗茶，重金赏赐夺冠者的信息一传出，立即四方轰动。皖、闽、湘、滇、蜀和吴越一带的茶师闻讯，纷纷各携所藏名茶前来，都想摘冠而归。一时间，卧这城里各种名茶云集，品茗高手荟萃，犹如春天的百花园，万紫千红，竞相争艳。以致卧这城的空气中都透逸着浓郁的茶香。

斗茶的胜负要经过品鉴师集体品评确定。这次斗茶的品鉴师都是由平远知府王大人亲自挑选的，他们都是个中顶尖高手，只要将沏好的茶品一口，不但能说出茶名和产地，甚至能说出茶叶的采摘时间、炮制过程和储存方法。而担纲的光福寺主持净一大师更绝，他不用品茶汤，只要闻一闻茶气就能分辨出茶的高下。

因为光福寺的主持净一大师担纲斗茶，所以，斗茶的场所就选在该寺院的斋房里。大师说，这里有"耳听流水之音，目送飞鸟之影"的饮茶环境，在这样的环境里品茶，可以雅志、清心、助禅！寺院的斋房分为前后二进，前厅阔大，是众和尚用斋的地方；

后厅相对前厅而言较狭小，可供作煮茶的茶房。

斗茶拉开帷幕后，就一直高潮迭起。直到傍晚，品鉴师们都还没能在各种名茶中分出伯仲。因为参赛的祁门红茶、安溪铁观音、武夷岩茶、信阳毛尖、六安瓜片、君山银针、庐山云雾以及杭州龙井等等，无不汤色清澈明亮，汤花紧咬盏沿，久聚不散。更兼香气清高持久，香馥若兰，品饮茶汤，沁人心脾，齿间流芳，回味无穷。确实让品鉴师们一时难分高下。

最后还剩下卧这城里"一壶天地"郭琳参赛的茶，还没有品鉴。郭琳是"一壶天地"老板郭正枋的独生女，长相清秀，刚20岁出头。

知府大人、净一大师和品鉴师们走过来，看着这个稚气未脱的小女孩，脸上不禁露出轻慢的神情。这本地的黄毛丫头懂得什么茶？凑热闹而已！但郭琳却一副成竹在胸的样子。她面前的茶桌上已摆好了茶具，她的身后站着两个茶童，茶童手里各自提着一壶咕嘟嘟冒着白汽的开水。

"各位大师，你们谁动手冲泡这茶？"郭琳看着知府大人一行，脸上微微一笑，声音里透透地洇着诚恳。

其实，越是懂茶的人，越不敢轻易侍茶。因为茶不同，水的温度，水的软硬度，盛茶的器皿，冲沏煮泡的方法都不相同。只有知道了面前茶叶的身世品格，才敢上水。而品鉴师们对郭琳的茶一无所知，自然不会轻举妄动。所以，郭琳得到的是一片指责声，说她有意卖关子，让她自己赶快动手冲泡。

这种指责郭琳听着很舒服！

于是，郭琳在指责声中从桌上拿起一个洗得干干净净的青瓷带盖茶碗，将白色丝绢包着的几片茶叶，小心地倒入茶碗。然后从后面那个茶童手里接过依然冒着白汽的水壶，将水壶稍稍一斜，只见一股白水从壶口轰然泻向青瓷茶碗，将那茶叶冲动了却没有冲起来。但郭琳没等大家看清楚，就立即盖住茶碗，屋里顿时飘起了大雨初霁时山野里游蕴的清香气息。

片刻过后，郭琳揭开碗盖，只见一股轻烟在茶碗里打着旋，然后袅袅升起，升到一尺多高时，轻烟铺开化成碗大一朵轻云，云上幻化出一群二寸来高的穿青色服装的美女。这些美女先是亭亭玉立，继而翩翩起舞，舞姿婀娜……

"这就是奢香夫人命名的纳雍古树茶叶……"净一大师望着茶烟中那些正翩翩起舞的美女，由于心情激动，面色有些潮红。

郭琳没有说话，只向大师微微点头。

"原以为这神奇的纳雍古树茶已经失传，想不到竟能在270多年后的今日得以一睹真容，实乃三生有幸！"净一大师激动地赞叹道。

"曾有耳闻，不得目睹。纳雍古树茶叶在明朝初年一两黄金也买不到一两茶叶呀！""这纳雍古树茶叶神奇！似美女翩翩起舞……"纳雍古树茶叶在沉寂了270多年后再现，让品鉴师们无不神情激动。

说话间，茶烟已经散去，郭琳请品鉴师们品尝茶汤。

"苦，从没尝过如此美妙的苦。"知府王大人首先小呷了一口。

"苦中有雪味……"身上带有一股檀香味的净一大师说。

另外一位鹤发童颜的品鉴师接住了他的话："不是一般的苦雪味，是一种凛冽的苦，凛冽的雪。"

你们说得对，你们的感觉更对！郭琳在心里说。她没时间和大家说话，因为她知道这纳雍古树茶叶的冲沏时间非常讲究，若不立即续水，茶叶就不会充分渗透自己的潜能。于是，郭琳立即揭开茶碗的青瓷盖，这时，大家都见到了碗里的叶片已经微微绽开，一丝丝湿润的橙黄虽依然包裹着茶心，但却可以看见茶心的颜色，依然是一种不惊不艳的水绿。

郭琳不等他们观察这瞬间的、冲沏过程中稍纵即逝的美景，便从前面那个茶童的手里接过依然冒着热气的水壶，高冲入茶碗。这次的水更没有将碗底的茶叶冲起，还是将它埋了。但随即细匀的汤花泛起，只见汤花紧咬盏沿，久聚不散。约莫过了半炷香的时辰，汤花渐渐散去，汤与盏相接的地方才缓缓会露出一道淡淡的茶色水线。

这时，郭琳才端起茶碗，让大家品第二口。

净一大师用嘴唇贴住茶碗边缘，轻吸微吮，呷下了一口，然后眯起眼睛体会。

此时，不但前来看热闹的街坊邻舍紧闭了嘴，就连品鉴师也噤了声。斋房大厅里异常寂静，连知府王大人的喘气声，都让人听得清清晰晰。

等呷到茶碗中已无一滴茶的时候，净一大师依然眯着眼睛。他感到浑身的每一个关节都浸透了那凛冽的苦雪味。他感觉到自己站在雪地里，似乎有风吹来，风是凉风，却不让人感到冷，反而感到凉爽。站在雪地里感受到酷暑时节才会有的清风，绝非人间能有。于是，他将眯着的眼睛闭住了，他知道口中的茶味还要变化，要由清苦变成清香。仔细地体会这个变换过程，是生命中一大快事，不能让任何其他事情分神。

其他的几位品鉴师的茶道都是很深的，他们也被同样的感觉笼罩着，所以，他们品了碗中茶后，却没有一个人吭气。他们在等着净一大师。

当净一大师感觉到四周的白雪已经渐渐融化，清风也渐渐停息，浑身融进暖暖的花香中时，他才睁开了眼睛。击掌大呼出了一个"好"字！

知府大人和众位品鉴师，无不神采飞扬地伸出了大拇指！

这样的结果出乎大家的意料之外，却在郭琳的预料之中。

知府王大人宣布：纳雍古树茶叶夺得第一名，捧走金牌！赏郭琳白银千两，并于第二天披红挂彩，打马游街，以壮纳雍古树茶叶声威！

第五节　茶道茶艺

一、乌撒烤茶

威宁，古称乌撒，地处贵州西北海拔 2000m 多、素有"贵州屋脊"之称的乌蒙山区。这里是彝族先民祖居地，风光秀丽、物产丰富、人民勤劳，有着悠久的历史积淀和深厚的茶文化底蕴。一日三餐不可或缺的"乌撒烤茶"与高原明珠"威宁草海"，是这块土地上璀璨的两颗明珠，使这块土地充满了神秘与魅力。乌撒烤茶艺术表演（图 10-3）以乌撒民族文化为背景、彝族山寨为场景、"乌撒烤茶"为载体，辅以多民族舞蹈、音乐，全景展现了原汁原味的"乌撒烤茶"的神韵，从一个侧面具象表现了丰富多彩的云贵高原民族民间茶文化……

图 10-3 古老的茶文化与现代茶艺表演的深度融合

"乌撒烤茶"艺术表演解说词：

"在那远古时，乌撒水西地，东西群山隔，南北众水流……"

在云贵高原的乌蒙腹地，有一个古老的地方叫"乌撒"。这里有著名的威宁草海，这里是茶树原产地的核心区，这里居住着彝、回、苗等 19 个少数民族，历史悠久、文化厚重、物产丰富，民族和睦。这里的先民与茶共生、以茶为伴，在长期的生活实践中与茶结下了不解之缘。他们"宁可三日无米，不可一日无茶"。他们所创造并世代传承的"乌撒烤茶"制作工艺及其品饮方式，堪称茶文化的活化石。

（歌舞）

乌撒烤茶最典型的品饮方式就是"乌撒八步烤茶法"，简称"乌撒八步"（图10-4）。

图 10-4 乌撒八步烤茶法

夜郎布阵：古夜郎国是汉代以前我国西南最大的方国，人多地广、兵强马壮，曾因夜郎王问汉使"汉孰与我大"而传为千古佳话。八步烤茶所用器具主要有火盆、炭火、烤茶罐、土水壶等，烤茶前的器具准备与排列犹如当年夜郎王临战时排兵布阵，天地风云、龙虎鸟蛇，阵容严整。

奢香沐火：烘罐动作优雅，好似美人沐火，仪态万千。

鹤舞高原：高原泽国威宁草海是鸟的王国，黑颈鹤是这里最珍稀的鸟种。烤茶时为了避免罐中茶叶焦煳，要不停地抖动茶罐。茶罐上下翻飞，真看乃鹤舞高原。

凤饮龙泉：龙泉是威宁八景之一，悬壶高冲好比凤饮龙泉。

草海飞雪：冬天的草海，雪花漫天飞舞，美轮美奂。拂沫时茶沫飞散的瞬间，恰似草海飞雪。

落隐煨茶：明朝太皇孙隐居乌撒双霞洞期间，人称落隐秀才，每日申时，太阳照进双霞洞，秀才即生火烤茶自饮。看到茶罐在炭火上煨煮，怎能不让人浮想联翩？仿佛落隐再世，再现秀才煨茶。

布摩施法：彝族的布摩，相当于汉族的法师，他上知天文、下知地理，在本民族中享有至高无上的威望。出茶分杯好似布摩施法，法无定法，播撒甘露，润泽世人。

索玛奉茶：在彝族语言中杜鹃花叫索玛花，索玛是彝家对少女的美称。彝族人民热情好客，但凡有贵客临门，都是由家中的索玛向尊贵的客人奉上一杯香茶，以示欢迎。

乌撒烤茶汤色杏黄、豆香馥郁、滋味甘醇，是古乌撒厚重历史、古朴民风、憨厚人格的具象体现。尊贵的客人，请喝了这杯茶吧！

（歌舞）

天高云淡，相约草海真浪漫！

热忱欢迎各位宾朋亲临威宁、亲临草海、亲临乌撒，去实地感受我们乌撒人的好客情怀，再品乌撒烤茶的甘醇！（图 10-5）

图 10-5 乌撒烤茶艺术表演荣获
第三届贵州省茶艺大赛金奖

二、《高山茶香·情满纳雍》解说词

磅礴乌蒙，莽莽苍苍，崇山峻岭，逶迤绵长。

纳雍春来早，云深采茶忙，绿萝舒云指，红袖舞添香。

中国茶，纳雍情，追溯往昔，茶是纳雍的美丽，茶是纳雍的风情，代代相袭，老少皆宜。今天，我们纳雍茶艺师表演队给各位嘉宾展示纳雍高山茶的风彩神韵。

（山魂）

纳雍，地处贵州省西北、毕节市东南，平均海拔 1684m，是座落在峡谷之中的生态茶城，气候温和，云雾缭绕，置身纳雍重峦叠山之中，山高水长，鸟语花香，那高山上随处可见的一抹抹茶绿，茶香清幽，沁人心脾。

山，是一片云。

山，是一个世界，它们承载着纳雍上千年古树茶叶的历史，讲述着纳雍几千年茶叶生产贸易的故事。

茶与山在云雾里相遇，丝丝幽香冲淡了旅途的浮尘和疲惫，带来许多绵思乡愁、娓娓情怀、文情诗韵、款款心曲，这是高山的意境，这是纳雍茶的魅力。

"美酒千杯难成知己，清茶一盏也能醉人"。古往今来，纳雍高山茶，是天涵地育的灵物，冰清玉洁，纤尘不染，让品茶者从凡尘烟火之中慢慢变得干净而明澈。

（茶韵）

自古以来，姑箐大山产好茶。

《茶经》说，茶"上者生烂石，中者生砾壤，下者生黄土"，《茶经》又说"野者上，园者次"，纳雍的茶，符合古人心目中上品茶的标准，早在明、清年间就是朝廷贡品，今天幸存水东乡姑箐村的有 1000 年以上秃房种古茶树群，更是纳雍高山茶的璀璨珍宝。

纳雍高山茶，细嫩高贵，嫩如莲心，带着高山万物的清香，浸润着大地的光泽。在茶与水的交融中，茶叶慢慢复活、绽放，如亭亭玉立的少女踏着舞步，唱着山歌，朝着我们款款走来。

此时一盏纳雍高山茶，提壶高冲，飞流直下三千尺，用来自大山的甘露唤醒这丝丝幽香、株株嫩芽，方能一睹纳雍高山茶"高原，冷凉，生态，有机"的独特魅力，方能感悟养育纳雍茶叶的山山水水。

（情缘）

一方水土养一方人，纳雍高山茶，茶汤清纯甘鲜，冷凉而有味，这鲜爽至极的淡淡茶香，是我们纳雍家乡的味道，是我们从小喝到大的记忆。不管如何泡法，哪怕是大杯冲泡，大碗喝茶，纳雍的茶，都能品出天地间至清、至醇、至真、至美的韵味来。

"春茶不解身何物，千载留得草色青"，茶，是纳雍人的财富；茶，是纳雍人的深情，我们用茶给每一位领导和嘉宾带来健康，带来快乐，带来情思，带来难忘的纳雍回忆。

组织篇

第十一章

为了有效推进毕节茶产业的健康有序发展，毕节市委、市政府高度重视茶叶科研机构和行业协会的建设工作，在毕节职业技术学院开设中职茶树栽培与茶叶生产加工专业，在毕节市农业科学研究所成立茶叶研究室，成立了毕节市茶产业协会、纳雍县茶产业协会和民革中央毕节茶文化交流中心，对推动毕节茶产业的发展发挥了重要作用。

一、毕节职业技术学院

2008 年 2 月经贵州省人民政府批准、教育部备案组建成立的全日制公办普通高等职业技术学院，贵州省毕节农业学校同时并入，2015 年加挂"毕节市第一技工学校"牌子，形成了以高职教育为主体，中职教育、继续教育和社会培训、技能鉴定为两翼，科研、技术开发与推广服务为助推的办学格局。

为了服务地方产业和区域经济发展，毕节职业技术学院自 2012 年起开设中职茶叶生产加工技术专业，2015 年起开设茶树栽培与茶叶加工专业，为毕节茶产业发展培养了一批懂茶、爱茶、会经营茶叶的新型复合人才。

为了贯彻落实《贵州省经济和信息化委员会、省教育厅关于推广"产业园区 + 标准厂房 + 职业教育"模式的通知》和《毕节市人民政府关于贯彻落实教育"9+3"计划的实施意见》等文件精神，使职业教育教学工作与产业园区有效结合，更好地为地方经济建设发展服务，毕节职业技术学院（简称"乙方"）与毕节市周驿茶场（简称"甲方"）依照"挖掘优势资源潜力，发展学校职业教育，优化育人资源建设结构，让学生掌握就业的过硬本领，以满足社会对实用性人才的需要"的指导思想，坚持相互合作，共同发展，实现双赢的基本原则，建立校企合作关系。

按照专业服务产业指导思想，产业优先为学校提供学生实习实训和就业机会，学校从办学的实际出发，根据产业发展的趋势来设置专业，双方共同合作达到教有所用，产有所依，产教结合，共同发展。建立新型培养模式"学校（2 年，由乙方在甲方场地组织实施）+ 产业园区（1 年，由甲方组织实施）"，围绕毕节市茶叶产业发展，联合开发茶叶生产加工的新技术、新产品、新工艺，以毕节市茶产业开发为载体，共同申报市级以上科研课题。

通过校场合作办学，周驿茶场员工的整体学历，加工技术水平得到有效提升。

二、毕节市农业科学研究所茶叶研究室

紧密围绕毕节市委、市政府关于农业产业结构调整、脱贫攻坚相关文件精神及决策部署，2014 年毕节市农业科学研究所成立了茶叶研究室，现有科研人员 4 人，其中副高

职称 3 人、中级职称 1 人。随着全市农业产业结构调整的深入推进，研究室成立以来，积极调整研究方向，使自己的研究选题与本市茶产业发展紧密结合，承担了中央现代农业生产发展项目《野生古茶树保护、利用与适度开发》子项"毕节古茶树产业化平台建设"、毕节市科技计划项目《纳雍县姑箐茶古茶树资源的保护与产业化开发》《毕节市茶树资源圃建设及古茶树资源开发》。目前建有茶艺体验室、茶展厅 600m^2 余，茶树资源圃 0.7hm^2，共引种茶树品种及资源 46 个，开展了茶树引种试验、古茶树调研、古茶树扩繁试验、茶树栽培试验、茶园管护等研究工作，在国家、省级刊物、出版物发表科研论文 7 篇。同时积极参与茶叶科技推广，结合省市科技特派员、"三区"人才支持计划、科技人员联系帮扶示范点、科技活动周等工作及活动的开展，课题组成员通过印发相关技术资料、现场实操等多种方式进行了茶产业发展方面的技术推广，先后培训茶农 300 人次，发放技术资料 800 余份。课题组积极开展与省市大专院校、科研院所及茶企的合作与交流，于 2019 年获毕节试验区人才基地"茶叶产业科技创新人才团队"挂牌。

三、毕节市茶产业协会

毕节市茶产业协会经原毕节地区民政局批准，按照自愿、自立、平等、互利原则，由原毕节地区民政局于 2009 年 1 月 19 日批准成立的社会组织。目前，协会积极按照上级有关部门的要求进行脱钩，于 2014 年 5 月 9 日选举原毕节地区人大工委副主任赵英旭任会长。

协会宗旨：遵守国家各项法律、法规和政策，遵守社会道德风尚，竭诚为会员服务，维护行业整体利益和会员的合法权益，保障行业公平竞争，促进行业管理水平和技术水平的全面提高，沟通会员与政府、社会以及非会员之间的联系，促进全区茶叶产业化的健康、有序发展。

协会功能：以提高毕节地区茶叶生产组织化程度，为全区茶叶生产提供产前、产中、产后服务，降低生产成本，提高茶叶产品产量、质量，增强茶叶产品市场竞争力，依法维护茶叶种植农户和加工企业的合法权益；加强行业自律，引导、指导全区茶叶生产企业及专业合作社开展茶叶生产和营销活动，增加茶叶种植农户和加工企业的合法收入。协会按照"民办、民管、民受益"原则，实行自主经营、自我服务、民主管理。在经济和其他活动中承担民事责任，并接受审批和注册登记部门的指导、监督。会员享受平等权利，利益共享，风险共担，入会自愿，退会自由。

协会主要任务：一是建设标准化茶叶生产示范基地，开发、引进、试验和推广茶叶新品种、新技术、新设备、新成果；二是组织开展会员生产经营中的技术指导、咨询、培训和交流等活动，向会员编发生产技术和经营信息等资料；三是组织采购、供应会员需要的各种茶叶生产投入品；四是制定茶叶产品质量标准，注册商标；五是联系销售会员的茶叶产品；六是开展会员需要的运输、储藏、加工、包装等服务；七是开展会员需要的法律、保险、担保、文化等服务。

自协会成立以来，在毕节市委、市政府的正确领导和相关部门的大力支持下，通过转让获得了商标4835993（奢香）所有权，为打造"奢香贡茶"区域公用品牌奠定了基础。

近年来，协会已成功举办了五届毕节市"奢香贡茶杯"春季斗茶赛和一届手工制茶活动，承办了贵州省茶叶协会、贵州省总工会安排的两次茶事活动，连续多年组织茶企参加贵州省相关部门举办的各类茶事活动，有效提高了全市高山生态茶产业的知名度和美誉度，特别是促成市政府加大了野生古茶树资源保护与开发利用，出版了《生态毕节·古茶飘香》画册，拍摄了《茶旅天下·贵州威宁篇》《探访古茶树之旅·贵州毕节篇》宣传片。

四、纳雍县茶产业协会

纳雍县茶产业协会于2006年2月27日召开成立大会，推选县政协副主席李德超为会长，聘请中国农业科学院茶叶研究所许允文教授为顾问。

为统一打造"纳雍高山茶"公共品牌，推动纳雍县区域公共品牌的发展，提高品牌知名度，加大品牌宣传，提高品牌价值。把茶产业培育成纳雍县打赢脱贫攻坚硬仗、推动实现乡村振兴、助力经济社会发展的特色战略产业。在各级领导和部门的支持下，纳雍县农业农村局于2018年9月26日召集了全县涉茶企业30余家，在纳雍县农业农村局三楼会议室召开了座谈会，推选纳雍县九阳农业综合开发有限公司总经理陈学祥担任协会会长。协会统一品牌打造，统一质量要求和行业标准，报团发展，对推动纳雍茶产业的发展发挥重要作用。

五、民革中央毕节茶文化交流中心

近年来，随着广大人民群众的生活水平提高，人们更加注重健康和养生，所以，具有保健功能的纯天然茶叶饮品就很自然地受到更多消费者的热切关注。但由于缺乏专业人士的引导，许多群众不能科学享受一杯健康茶，更不会融入深厚、迷人的茶文化之中。

为了普及茶、助推毕节茶产业，让更多的人喜欢茶、常喝茶、享受健康生活带来的快乐，并宣传、推广和展示高品质的毕节高原生态茶。贵州高山有机茶开发有限公司总经理、中国国民党革命委员会毕节茶文化交流中心主任彭江（国家一级茶艺技师，茶艺培训师，高级评茶员）在贵州省茶叶学会、贵州省第一三九国家职业技能鉴定所的大力支持下，邀请省市相关茶艺、评茶方面的专家组成培训团队，在美丽而静谧、温馨而迷人的碧阳湖畔"同心步行街民革毕节茶文化交流中心"，按照国家有关职业技能鉴定要求，开启了茶艺培训，有少儿茶艺班、茶艺师考证班、茶文化爱好兴趣班，并带领学员参加"全国茶艺职业技能比赛"，由此填补了毕节市茶艺培训的空白。

参加培训的学员通过系统的技能培训，既传承了中国传统的茶文化，又能让更多的人了解茶、喜欢茶、热爱茶，了解毕节高原生态茶品质及悠久的茶文化，进而加入到宣传和推广毕节高原生态茶的队伍中，这对推动地方茶产业的发展起到了一定的推动作用。

民革中央毕节茶文化交流中心还围绕着品茶养心、吃茶养生、用茶养颜的理念设置茶叶体验馆，内有茶叶品销售、品茶室和绿茶汤圆、绿茶面条、绿茶甜酒、茶叶蛋、抹茶糖、面饼等茶点小吃，并不定期组织民革中央毕节支部委员和邀请茶叶爱好者交流茶艺，承办省、市斗茶赛活动，丰富茶叶体验馆内容。

第十二章 茶旅篇

近年来，毕节市从加快推进农村产业革命，有效延长高山生态茶产业链条，努力促进农业增效、农民增收的角度出发，结合实际成功打造出一批茶旅整合发展典范：织金县双堰街道办事处"中国海拔最高、规模最大的黄金芽观赏茶叶生产基地"，纳雍县骔岭镇"中国最美的猪—沼—茶生态循环经济茶园"。特别是百里杜鹃依托国家5A级风景区打造出遍及全区的茶旅一体化观光基地，呈现出茶山环绕杜鹃花海、茶园摇曳杜鹃花树，花增茶之色、茶添花之味，一个融一、二、三产于一体，集"茶—花—旅"于一身的色香味俱全的富民产业已喷薄欲出。

第一节　世界海拔最高茶园的茶之旅

乌撒，这是贵州省威宁县的旧称。这里平均海拔2200m，地处贵州西部乌蒙山腹地的高原山区，是贵州的西大门（图12-1）。城郊凤山古寺、准提阁、双霞洞、盐仓彝族向天坟、中水汉墓群、石门柏格里故居、灼甫草场、可渡河石刻，以及热烈奔放的彝族"火把节"、庄严肃穆的回族"开斋节"、欢快明朗的苗族"花山节"等，古老的民俗、民风、民族文化铸就了威宁的神奇，构成了威宁旅游的动人乐章。

在这片汉、彝、回、苗族等19个民族大聚居的地方，融合着不同民族的文化与风俗特色。乌撒烤茶，便是各民族文化融合的代表之一，它贯穿千年历史，成为当地人们生活中不可或缺的一部分。

以文兴茶，以茶促旅，以旅带茶，茶旅一体化以乌撒烤茶文化为基础，开始逐渐发展壮大。2014年，威宁乌撒烤茶文化体验之旅荣获贵州省旅游局发布的2014贵州十大

图 12-1　高原上的生态茶园

最美茶旅线路之一，茶旅线路为贵阳—威宁—草海—百草坪—凉水沟—盐仓彝族向天坟—板底彝族村寨。在这条线路上，可以体验乌撒烤茶文化、少数民族风情以及高原自然风光等。近年来，威宁茶旅受到越来越多人的青睐。

一、世界海拔最高茶园

世界最高海拔的山峰是珠穆朗玛峰，那世界最高海拔茶园在哪儿呢？

从威宁县城出发一个多小时，走进茶林相间的炉山镇香炉山茶园，拾级而上，便在层层叠叠的茶园之间发现一块凹凸有致的石碑立在此处。碑上写着——世界最高海拔茶园，最高海拔 2277m（图 12-2）。这样的海拔高度，比以前世界海拔最高茶园西藏易贡茶场的 2240m 还高。因此，香炉山茶园称得上是世界海拔最高的茶场。

炉山镇，位于威宁县东部，乌江上源，平均海拔近 2000m，面积 203km²，人口 3.36 万，其中彝、苗等民族占 11.6%，辖 23 个村委会。炉山镇东与东风镇相连，南与金钟镇隔 102 省道相望，西与威宁县草海镇毗邻，北与板底乡接壤，镇政府所在地距县城约 20km。炉山镇属于亚热带季风气候，四季分明、常年多雾、光照充足，年均温 11.2℃，年降水量 739mm，平均海拔 2200m，年平均日照数为 1812h，气候条件优越。同时，茶园现有地类大部分为坡耕地，土壤肥力好，土层厚，立地条件好，对茶树生长极其有利，为茶叶生产提供广阔空间。

图 12-2 世界最高海拔茶园——威宁县炉山镇香炉山茶园

香炉山的地理位置具有绿色污染少的优势。威宁县为高原、高山地貌，夏季气候冷凉，冬季漫长严寒，冰结期长，限制了茶叶很多病虫害的发生。茶园毗邻草海与森林，与传统老农作区天然隔离，有机肥多，极大地减少了土壤、水源及空气的污染程度。因处于高原、高山地段，茶叶种植生长期长，干物质积累多、品质好、产量高，有利于茶叶中的养分（干物质）积累。

由于高海拔的地理环境，香炉山茶园的采摘期从 4 月持续到 8 月。这里气候冷凉，昼夜温差大，使茶叶可以慢慢积蓄精华，可以减少茶中的苦涩味。2018 年 6 月，中国农业科学院茶叶研究所副所长鲁成银看过威宁香炉山茶园后，赞誉道："名副其实，这是世界上最高的人工种植茶园。威宁县从来没有平均气温超过 22℃ 连续一个月，所以这里又是没有夏天的茶园。氨基酸、茶多酚、可浸出物含量都会高于一般的贵州绿茶。"

曾经世界最高海拔茶园为西藏的易贡茶场。2016 年 8 月 16—26 日，贵州省茶叶协会副会长兼秘书长赵玉平、副秘书长蔡定常等一行 4 人到西藏实地考察了波密县易贡茶场和墨脱县拉贡茶场。考察组到达西藏易贡茶场后，实地对该厂的茶叶种植地进行 GPS 海拔仪测量，他们的茶叶种植地实测海拔高度在 2100~2200m。西藏拉贡茶厂最高海拔在 2240m，最低海拔在 1106m，平均海拔约 1199.5m。然而威宁乌撒烤茶草海北坡茶园最高处约 2277m，平均海拔在 2200m，已经远高于西藏茶园的海拔。

每到春季，香炉山茶园的野生杜鹃花开的漫山遍野，如火般铺满山间，与世界最高海拔茶园中的绿色茶垄形成强烈对比。近年来，随着威宁县对世界最高海拔茶园基础设施的不断完善，一批批的游客慕名而来。在茶园中，游客可以进行采茶、制茶、泡茶、体验农家生活等一系列体验活动，乌撒烤茶文化也在游客心中有了更好地普及。

二、茶与水之旅

明代张大复在随笔《梅花草堂笔谈》中云："八分之茶，遇十分之水，茶亦十分矣；八分之水，试十分之茶，茶只八分耳。"茶与水，自古以来就相生相伴。

威宁县有好茶，也有好水。

距离世界海拔最高茶园——香炉山茶园 10km 之处，一眼清泉潺潺流淌，1050km 的乌江，生命便从这里开始。位于威宁县城东北部 15km 的盐仓镇营洞村龙山梁子下的石缸洞，井旁立着几块碑铭，字迹依稀可见，上面记录着乌江源石缸洞被发现、保护的过往。洞旁青苔铺满，沉浸着这宁静山林的悠悠岁月。从这里，一条清澈的溪流流出，横贯贵州省东西，经 7 个地州市，于重庆涪陵汇于长江奔东海浩荡而去，这便是贵州人民的母亲河——乌江。

图 12-3 朝霞映照下的威宁草海　　　　　图 12-4 夕阳下飞翔的黑颈鹤

威宁县另一处与水有关的则是世界闻名的草海（图 12-3）。草海是贵州高原上最大的淡水湖泊，水面面积达 3000hm²。草海水质良好，水草茂密、鱼虾众多，生物资源比较丰富。每年 10~11 月，被誉为"鸟中大熊猫"的黑颈鹤（图 12-4）从北方南迁回草海，在千里碧波中度过冬天。除此外，草海有高等水生植物 37 种，其中海菜花为国家重点保护植物，有鱼类 10 余种，鸟类 178 种或亚种，其中 27 种为国家重点保护动物，48 种属中日候鸟协定保护鸟类。此外，区内还发现大量古生物化石和人类文化遗迹。该保护区的建立对黑颈鹤及高原湿地生态系统的保护和研究具有重要价值。

在距离草海不远，一座新的茶园正在规划中，与草海相望，新的茶园将吸引更多的人体验茶的魅力。

三、茶与火之旅

火，点亮黑暗，象征着光明、温暖、热情、生命与希望。乌撒烤茶在 300℃多的高温中翻炒制成，因为火，乌撒烤茶浴火而生，散发出更醇厚的香气。

视火为信仰的还有威宁的彝族同胞。每年农历 6 月 24 日，是彝族传统节日"火把节"，它流行于云南、贵州、四川等彝族地区。而在威宁县板底乡彝族村寨的"火把节"，已成为全国规模较为盛大、知名度较高的"火把节"欢庆活动之一。

成千上万名彝族同胞和其他民族同胞欢聚在板底海草赛马场，欣赏彝族古歌，观看摔跤、文艺演出，参加篝火晚会和火把狂欢等活动，共同欢度节日。

举办"火把节"的板底彝族风情寨是一个典型的以彝族为主，多民族混杂聚居的民族乡，形成各民族大杂居的格局，民风淳朴，民族民间文化历史悠久，原始古朴，绚丽多彩，底蕴浓厚，保留和传承在黔西北地区尚处前茅。许多经典歌舞，以歌传情，以舞表意，真实自然，质朴豪爽，来源于生活，给人以一种自然质朴的感受。极具民族特色的优秀传统艺术节目有傩戏"撮泰吉"（变人戏）、彝族民歌阿买啃（出嫁歌）、乐外（娶妻歌）、情歌、生产劳动歌、儿歌；传统乐器月琴、唢呐；彝族舞蹈"啃豪本"（铃铛舞）、"酒礼舞""撒麻舞""点荞舞""阿西里西"等。其中"撮泰吉"在国内外享有很高的知名度。英国、法国、日本的民族学家、人类学家和贵州省内外专家学者曾多次前来参观、考察、采风，2006 年被列为国家级非物质文化保护遗产。民歌"阿西里西"曾被选作第四次世界妇女大会开场曲。板底彝族在这片世居土地上，同其他兄弟民族在不断创造物质财富的同时，也创造了绚烂多彩、底蕴深厚、独具魅力的彝族民间文化。2011 年荣获"贵州三十个最具魅力民族村寨"称号。

四、茶与高原之旅

因为高原地貌，乌撒烤茶有着厚积而发的品质。高原赋予了植物的忍耐，也形成独特的地形地貌。

威宁县凉水沟草场，地处威赫两交界，距县城 30km，进场道路 0.5km，与 326 国道连接。境内水源较好，环境优美，生态植被良好；全场总面积 666.7hm^2 余，其中优质人工草地 266.7hm^2、草山草坡 200hm^2，场内海拔 2000~2400m，年平均气温 10℃左右，相对湿度 80% 左右，年平均降雨量 1000mm 左右。

该场以养羊业为主，农牧相结合，兼顾多种经营。1992 年与安徽的大柳、湖北的罗汉寺、云南的寻甸种羊场，一起被国家农业部指定为中国南方考力代半细毛羊育种基地。1999 年通过省级验收，成为省级重点种羊场，是贵州省乃至西南重要的绵羊生产繁殖基地。

在威宁，除凉水沟草场外，还有一片令人神往的草原——百草坪。这片草原位于盐仓、板底两乡镇之间，距威宁县城 20km 多，海拔 2400~2800m，最高山峰祖安山海拔 2817m，草原面积有 26666.7hm^2，是我国南方最大的天然草原和南方重要的畜牧基地，是黔西北最盛大的彝族赛马节的活动场所。

百草坪是大自然赐予乌蒙高原的一块巨大绿毯，它的独特还在于有起伏跌宕的地势，山势通体呈现出"乌蒙磅礴"的雄浑大气；百草坪也有柔婉的一面，走近百草坪，厚厚的草层绿得逼眼、柔得醉人，给人以温情的抚慰，使得百草坪阳刚与阴柔相济，豪放与婉约互补。

白草坪的尽头便是盐仓镇的彝族向天坟，这些密布于威宁县盐仓镇盐仓、团结、兴发、么站、百草坪等地的彝族向天坟，因其墓向天，向天上的北斗星座，所以又叫向星坟。

这些形如金字塔的独特墓葬，建于宋、元代或更早以前，是古乌撒部落历代国王、大臣、民众的坟墓。其规模、大小不一。其中最大的坟墓，是该镇百米之外的大坟梁子顶上的"祖摩乌曲"，即彝王坟。

图 12-5 千里乌江源头　　　　　　　　　　图 12-6 千里乌江行纪念碑

大坟梁子山顶墓葬是至今国内发现的向天坟中规模最大的一座，呈大、中、小三圆台堆垒而成的金字塔型，墓基周长 217.2m，直径约 70m，墓高约 10m，此墓为祖摩乌曲意为君王坟墓（年代无考），推论是明代乌撒土司祖先的坟墓。从距墓 15km 余的羊街运来毛石，就其自然形状配搭堆砌而成，一台一台往上收缩，第三台用石砌成凹口，凹穴朝向北斗星。周围山上有六座圆环单台墓葬与祖摩乌曲墓相似，但规模较小。

乌撒烤茶这片威宁高原上的特色茶叶，它化为一叶扁舟，顺水而下，流淌过威宁的乌江源头（图 12-5、图 12-6），草海湖畔，再化为热情的火苗，将威宁各族人文融化在一起，悄悄地燃烧在威宁各个民族的心中。

火代表着热情，茶代表着和谐。在贵州的高原净土——威宁，火与茶，茶与景共谱一首文化之歌，将多民族、多文化、大聚居融合在一起，化成新时代的和谐旋律。

第二节　百里杜鹃茶旅一体化观光基地

素有"地球彩带、杜鹃王国、养生福地、清凉世界"美誉的百里杜鹃管理区，茶山环绕杜鹃花海、茶园摇曳杜鹃花树，花增茶之色、茶添花之味，一个融一、二、三产于一体，集"茶—花—旅"于一身的色香味俱全的富民产业喷薄欲出（图 12-7）。

2017 年以来，百里杜鹃管理区依托得天独厚的旅游资源禀赋，充分利用"国家 5A

图 12-7 杜鹃花下生态茶园

级旅游景区"金质名片,围绕基地、主体、品牌、机制、人才、市场等核心内容,大手笔推动茶产业和旅游产业融合发展,走一条短期以旅促茶、长期以茶兴旅的茶旅融合发展之路。

百里杜鹃管理区紧紧围绕茶旅互补、留住游客这条主线,在环绕百里杜鹃风景区规划建设一批茶旅一体化项目,吸引游客入驻茶园,满足游客吃、住、行、游、购、娱的需求,带动茶产业及相关产业发展。通过外引内强方式加强茶叶经营主体建设,出资 2 亿元组建了贵州百里杜鹃瑞禾生态农业投资集团有限公司,通过"公司 + 合作社 + 农户"的运营模式,全力带动全区 48 个合作社参与茶产业发展。为激活社会力量参与推进茶产业发展,先后出台了《百里杜鹃管理区茶产业脱贫攻坚三年行动实施方案(2017—2019 年)》等一系列政策性文件,引进了云涯天馨、兰馨雀舌、58 优品等一批茶企入住,加速了社会资本参与茶旅一体化建设。

目前,百里杜鹃管理区已建 1564.7hm² 高标准茶旅融合基地,带动 9180 户农户发展产业,推动 1119 户 4853 人贫困人口贫困致富,实现务工 41.25 万人次。规划建设的桶井茶场、迎丰茶场、大青山茶场、大竹山茶场、中山茶场、朝门茶场等一批具有茶旅融合发展茶场已初具规模,并根据适中便利、易于形成景观的原则正在合理布局精深加工体系建设。

贵州百里杜鹃瑞禾生态农业投资集团有限公司将通过对当地自然气候、旅游资源、人文资源等方面的要素研究,结合茶叶发展规律,研究制定茶行业标准,推出以百里杜鹃公共品牌为核心的绿茶、红茶、白茶、花茶体系,打造具有百里杜鹃特征的茶叶产品。同时,借助"贵州绿茶"风行天下之机,加快融入贵州省茶叶协会、贵州省茶叶学会等组织,积

图 12-8 杜鹃花丛中的民居

极参与展会展览，融入一带一路外贸体系，推进 60% 以上的茶叶产品走出国门；借助百里杜鹃每年 400 万人以上旅客流量的影响力，充分运用旅游渠道资源，强行植入茶产业业态，在 400 万人中挖掘 10% 的目标客户群，推动茶叶总量的 20% 销售；借助百里杜鹃发展以大健康产业为核心的全域旅游之机，发展茶园总面积的 20% 的区域为茶旅一体化业态，通过认领、私人定制、众筹等方式，以体验带消费，实现茶叶的体验销售（图 12-8）。

第三节　纳雍骟岭高山有机茶园——中国美丽茶园

近日，"中国美丽茶园"揭晓，全国仅有 35 个，纳雍骟岭高山有机茶园入选，成为"中国美丽茶园"之一。

"中国美丽茶园"由中国农业国际合作促进会茶产业委员会在全国范围内征集，入选名单已在第三届中国国际茶叶博览会重大活动——"第二届茶乡旅游发展大会"现场发布。

纳雍骟岭高山有机茶园系贵州雾翠茗香生态农业开发有限公司所建。茶园位于贵州省毕节市纳雍县 20km 余的骟岭镇坪箐村海拔 2300m 神箐大山上，茶园总面积 666.7hm²。茶苗沿等高线种植，一块地自成一级。一级一级的茶苗随梯土从低处往高处叠放，从山腰一直叠到山顶。一条条绿色等高线勾勒出的茶园，变成了绘在高山上的艺术品（图 12-9、图 12-10）。

茶园终年多云雾、少日照、雨水充沛、气候清凉，无工业污染、无农药残留，是名副其实高品质的高山生态有机茶园。园内成林的有机茶园 460hm² 全部通过中国、欧盟等相关组织有机认证。自 2017 年以来，先后荣获"贵州绿茶"产品地理标志使用证书、贵

图 12-9 猪—沼—茶循环经济培育出来的中国美丽茶园全景

图 12-10 高山上的立体茶园

州省出入境检验检疫局出口原料种植场检验检疫备案证书、中国质量认证中心 HACCP 体系认证证书及"贵州省食品安全诚信建设示范企业"称号、贵州省大国工匠产品观摩基地企业、"贵州省大国工匠产品"荣誉称号、中国质量品牌种养殖业匠心典范企业奖。

茶园中分布着大量杜鹃花、樱花、桂花、玫瑰花、月季花等。每逢春夏秋季节，这里既是茶园也是花园，是人们休闲娱乐的好去处。

第四节　黄金芽观赏茶叶生产基地

游灵秀织金，品平远古茶。去到织金，不仅可以一睹国家地质公园、国家自然遗产、国家 4A 级旅游景区、世界地质公园织金洞的风采，更不能错过织金的一杯好茶。从织金县城沿金中大道出发大约 20min 车程，就进入到一片茶场——位于织金县双堰街道办

图 12-11 云雾映衬下的黄金芽生态茶园

事处黄金芽茶观赏茶园。放眼望去，绿色与金黄色茶树如镶嵌在起伏群山间的彩带，一片片金黄色的茶树更像铺展在山间"流淌的黄金"——黄金芽茶树，给这一片美丽的茶场增添了无尽的魅力（图 12-11）。

好山好水出好茶，青山绿水孕茶香。织金县地处贵州省中部偏西、毕节市东南部，最高海拔 2262m，最低海拔 860m，平均海拔 1512m；属亚热带湿润季风气候，年均气温 14.1℃，年均降雨量 1444.1mm，无霜期 281d，年均日照时数 1172.2h，日温差大，年温差小；土壤 pH 值 4.5~6.5，地理环境及气候条件均适合种植高山生态茶。

织金县茶文化底蕴厚重，产茶历史悠久。据《平远州志》记载，清道光年间，织金平桥茶以茶抵缴公粮，每年上贡青茶四担。该茶具有茶芽萌发早、芽叶长大、鲜叶肥壮、茸毛较多、叶厚而软、持嫩性长等特点；加工工艺细致讲究，通过三炒两揉而成，其品质特征外形条索紧结，香高味醇耐泡，饮后回甘明显、口舌生津、唇齿留香，余味数小时而不散，茶汤金黄透亮，叶底黄绿嫩亮。

来到双堰街道办事处黄金芽茶观赏茶园，车辆慢行在环绕茶场公路上，每隔一小段路程就能够看到正在茶场务工的人们。她们三三两两在绿色与金黄色的茶树间，采茶的、手工拔除杂草的……大家的脸上都洋溢着笑容。劳作的人们成为茶场上的风景，美丽的茶场成为大家眼中的风景。

来到双堰街道办事处黄金芽茶观赏茶园，让人置身于一个金灿灿的茶世界，绿色的是茶树，金黄色的也是茶树，茶树成为了群山间最美的风景，沉浸其中，不仅目光所及之处是一片茶香浓，就连空气里也都有一种金黄色的茶香味道。

在织金，茶在山间，山在茶间。山是绿的，山也是金黄的，山河因茶而美，茶因山河更香浓。茶树山间长，人在画中游，摘一片茶叶，品一口茶香，黄金芽茶叶——这不仅是一种视觉的盛宴，更是蕴藏着旅游与经济的无限生机！

第五节　太极村茶旅融合观光旅游示范园

七星关区亮岩镇太极村（俗称水田坝）土壤肥沃，雨量充沛，位于东经105°29′、北纬27°34′，海拔800~1300m，总面积5.4km²，属亚热带湿润季风气候，年平均气温17.8℃，年降水量1100mm，日照多，无霜期长。地貌起伏变化较大，高山密布，沟壑纵横，土壤大面积以酸性黄壤、马歇泥为主，少数沙壤土分布于沟壑、缓坡地带，无论气候还是土壤，都具有茶树生长的得天独厚的地理条件。

太极茶叶有着悠久的历史，太极村是太极茶的发源地，也是太极茶叶种植的核心区，至今保留有价值的古茶树69877株，茶树基径20~30cm的共767株，30~36cm的17株，基径最大达36cm（1株），株高最高的达5m。据《华阳国志》《茶经》等有关史料记载，早在秦汉时期的平夷县就种植、制作、饮用茶叶，清代还出产了著名的"太极贡茶"，茶叶独具特色，品质极佳。一些史料还记载，太极村古茶文化颇为深厚，种茶、制茶、饮茶都有自己的特色。村寨的老百姓嫁娶、喜庆、丧葬和祭祀等民间活动仪式中，茶是不能没有的物品，民间称"五谷盐茶"都要齐全，缺一不可，由此可见茶文化在民俗中的浓厚影响。

近年来，太极村坚持以现有古茶树为基础，采用"以古养新"的方式加强现有古茶树的管理保护，采取无性化繁殖技术对现有古茶树进行扦插育苗扩大古茶树新茶园标准化规划种植，形成新旧古茶树的对比。在发展茶叶过程中，亮岩镇坚持发展生态茶、有机茶理念，全面推广"林中有茶、茶中有林"的生态茶园种植模式，基本实现茶园保水、保土、保肥等功能的生态茶园。目前，全镇拥有茶叶园林333.3hm²余，太极村有太极古茶扦插育苗种植的新茶园133.3hm²。

太极村（图12-12）因太极河沿山绕行转了一个270°的圈，形成一个S型大拐弯，把村庄一分为二，形成一个完美的天然"山水太极图"，

图12-12　天然的七星关区太极村图

太极村由此而得名，太极村四周是山，海拔都在1300m以上，除了太极河绕山开了两个河流进出小口外，再也没有其他的出口，典型独特"小盆地"，拥有与其周边不同的小气候。由于太极村有山有水有古茶，地理环境特殊，气候与众不同，不受外界环境的影响，资源丰富，所以前来太极村考察的商家非常多。亮岩镇党委党政府看好太极村的地理优势，独特的气候环境，超前谋划太极村发展前景，按照茶旅融合旅游示范园区的规划设计，制定优惠的招商政策，加大招商力度，引进外资及技术在保持太极村原有古朴风貌的基础上拓展现代审美元素，形成古现结合典范的茶旅示范旅游区。目前，太极村形成133.3hm² 新古茶园与原有古茶树的对比观光区、古茶树加工示范区，26.7hm² 太极现代农业园区与26.7hm² 太极农业传统产业园的对比观光区，以打造开发运行3km "野狼谷"漂流体验区，沿河形成农家体验示范带。亮岩镇党委党政府致力于打造茶旅融合示范区，近年来不断加大太极村基础设施建设，力争再有2~3年的时间，将太极村茶叶融合观光示范园打造成为亮岩乃至七星关区一张靓丽的宣传名片！

第六节　红色茶旅——原生态茶园拥抱的钱壮飞墓

1935年，红军难渡乌江，途经金沙县后山镇，革命先烈们不畏牺牲，顽强作战，其中，被周恩来总理誉为"龙潭三杰"之一的钱壮飞烈士，在这里壮烈牺牲。

"黔山秀水祭忠魂，龙潭虎穴建奇功"，简短的14个字，分别刻在钱壮飞烈士墓前的两根石柱上，巍然屹立，精炼地概括了钱壮飞烈士一生的丰功伟绩及后人对他的缅怀（图12-13）。

图12-13　金沙县后山镇钱壮飞烈士墓

钱壮飞，原名壮秋，别名钱潮，浙江省湖州市人，生于1896年9月。1925年，加入中国共产党，开始从事党的地下工作；1928年，考入国民党上海无线电训练班；1929年，打入国民党中央组织部调查科，并担任国民党公开情报机关长江通讯社和明智通讯社负责人，成为我党中央特科反间谍工作最得力的干部，他与李克农、胡底3人成立了一个坚强的地下特别党小组，被周恩来总理誉为"龙潭三杰"；1931年4月24日，中央特科负责人顾顺章叛变投敌，在党中央领导机关和中央主要负责同志的安全面临严重危险的紧急关头，钱壮飞同志机智、勇敢地同敌人进行争斗，及时上报了这一关键性情报，为保卫党中央领导机关的安全做出了巨大的贡献，使我党避免了一场空前的灾难；1931年8月，钱壮飞根据党的决定和安排，离开上海，到达江西中央苏区，从事红军的情报保卫和天空侦查工作，曾先后担任红一方面军政治保卫局局长、中央军委二局副局长、局长等职；1934年10月，钱壮飞随中央苏区红军长征；1935年，遵义会议后，中央主力红军在贵州境内完成四渡赤水，再次南渡乌江天险，为确保中央军委机关和毛泽东、周恩来等领导同志安全渡江，身患疾病的钱壮飞到金沙县后山乡（今后山镇）一带侦察敌情，因遭敌机轰炸，与部队失去联系；1935年4月1日，遭到当地地主、土顽反动武装的袭击光荣牺牲于金沙县后山乡，长眠乌蒙大地，年仅39岁。中华人民共和国成立前后，周恩来总理曾多次满怀深情地提起钱壮飞，他说过："如果没有钱壮飞同志，我们这些在上海工作的同志早就不在人世了。"

钱壮飞牺牲后，几个村民组织把烈士就地安葬于梯子岩下。1970年，因为乌江干流上第一座电站——乌江渡水电站即将建成蓄水，水位上升，将淹没烈士墓，遂将烈士的遗骨迁到后山公社旁的张家垭口；1992年，"撤并建"时，后山乡成立，当地群众自发集资、出力，将烈士墓修茸成石墓，同年后山乡修建了钱壮飞烈士纪念碑；2003年，国家安全局、贵州省委、金沙县委在后山乡张家垭口修建了钱壮飞烈士陵园，供后人瞻仰缅怀；2004年，后山乡争取到上级部门的支持，扩建了钱壮飞烈士陵园；2005年，钱壮飞烈士陵园被国家安全部和贵州省国家安全厅命名为"国家安全教育基地"，被贵州省委、省政府命名为"贵州省爱国主义教育基地"；2006年，钱壮飞烈士铜像落成（图12-14）。

铭记红色记忆，传承革命精神，迈步未来征程。近年来，在金沙县委、县政府的领导下，后山的经济社会正在发生着巨大变化。曾经的穷山恶水已不复存在，后山镇成为了山清水秀、吸引八方游客的茶旅融合和红色旅游景区（图12-15）。

走进后山古镇，漫步在古朴的街道上，一栋栋独特的仿古建筑干净整洁，青石板铺设的道路仿佛让人置身江南小镇，幽雅别致。后山镇地处金沙县东南部，乌江库区北岸，自然风景幽美，地理优越，森林覆盖率达72.1%，素有"省会城市后花园"之美称。目前，后山镇人口 1.9 万余人，新街的规划、老街的翻修，种植业、养殖业的快速发展，油路的铺筑、壮飞大桥的竣工等等这些都为后山的悄然新起铺就了平坦大道。

在招商引资大力推动后山经济的转型发展过程中，后山镇引进了龙头企业——贵州三丈水生态发展有限公司，公司紧紧围绕着大力发展生态农业、生态旅游业、出口茶叶基地的要求，在钱壮飞烈士墓周边发展了 533hm^2 高标准茶叶生产基地，建成 2000m^2 茶叶加工房，并着力研发品质优异的茶叶文化产品——"壮飞红"，推进专属茶园基地建设及线上销售模式，有效促进了红色茶旅发展，因而被评为贵州省级茶旅示范园区。

图 12-14 钱壮飞烈士塑像

图 12-15 中国贡茶之乡

第十三章 政策规划与质监篇

任何一个产业的发展，都要与时俱进，紧跟时代步伐。近年来，毕节为了把茶的资源优势转变为经济优势，市县两级出台了扶持茶产业发展的优惠政策，引导和鼓励市内外茶企业、能人参与茶产业发展，全面形成了政府引导、部门联动、茶企为主、市场运作的茶产业良性发展局面，把毕节打造成全国高山生态茶生产加工基地、优质绿茶原料生产加工基地、优质出口茶叶生产加工基地。

第一节　优惠政策

一、毕节市

毕节市是贵州省主产茶区之一，是贵州省规划建设的高山生态茶优势产业带，近年来，市委、市政府及各县（区）政府高度重视茶产业的发展，对茶产业在经济发展中的作用进行定位，为加快推进毕节市茶产业科学发展，规范和引导茶产业的健康有序发展，将茶产业打造为实现脱贫攻坚、乡村振兴、助力经济社会发展的特色产业，出台了《关于加快高山生态茶产业发展的实施意见》《关于印发毕节市发展高山生态茶产业三年行动方案（2018—2020 年）的通知》等许多优惠政策扶持茶产业的发展，并认真制定了《毕节地区茶产业发展规划（2008—2020 年）》，明确到 2025 年，全市茶园面积达到 66667hm^2，其中投产茶园 40000hm^2，产量 1.45 万 t，产值 50 亿元，农民人均每年增收 3000 元以上，共带动 10.12 万涉茶贫困人口脱贫致富。

为了完成上述目标，各县（区）应建立健全组织领导机构、加大资金投入力度、加大招商引资力度、统筹推进茶旅一体化建设、加强督促检查，重点抓好种苗基地建设、种植基地建设、示范引领建设、古茶树保护与开发、加工体系建设、科技支撑建设、质量标准体系建设、经营主体培育、品牌建设、市场建设，把毕节市建设成为全国高山生

图 13-1　国家农业综合开发产业化经营有机茶种植基地

图 13-2　新时代愚公开垦茶园

态茶生产加工基地、优质绿茶原料生产加工基地、优质出口茶叶生产加工基地，助推毕节试验区生态建设和开发扶贫工作，推动农村经济快速发展，实现"产业兴、百姓富、生态美"（图 13-1、图 13-2）。

同时，为了鼓励和引导社会各界参与高山产业发展，市委、市政府出台了奖补政策，即：

① **育苗基地**：每公顷育出标准茶苗 180 万株以上（要求茶苗必须达到国家 GB11767 – 2003《茶树种子与苗木》二级茶苗标准），市级财政按照 9000 元 /hm² 的标准进行补助，由各县（区）实行订单采购育苗；对村社一体合作经济组织的育苗，应在核算育苗成本不高于 30% 的利润实行订单采购育苗，产生利润的 30% 用于奖励补助给村支两委干部（不高于乡镇副科级干部待遇），剩余部分作为村级集体积累分给鳏寡孤独等极贫户。

② **茶叶基地**：新建茶叶基地 13.3hm² 以上且成活率达 85% 以上的，经验收合格后市级财政按照 4500 元 /hm² 的标准进行奖补。

③ **加工厂房建设**：新建茶叶加工厂房 500m² 以上的市级财政按照 50 元 /m² 的标准，1000m² 以上的市级财政按照 60 元 /m² 的标准一次性奖励。茶叶企业建标准茶园 20hm² 以上，按照不超过 4% 比例给予加工厂、办公用地及接待中心用地指标。

④ **引进加工设备**：企业购置茶叶加工设备的贷款，市级财政可按照银行同期基准利率进行 1 年贴息。

⑤ **品牌创建**：对在县级以上城市开设冠名"乌蒙山宝·毕节珍好""奢香贡茶"茶叶专卖店，在茶城开设批发毕节茶叶专柜，门店面积在 20m² 以上，且连续经营 2 年以上的经营主体由市级财政一次性奖励 2 万元；对全市范围内开设"奢香贡茶"茶楼并主要销售毕节茶，且连续经营 2 年以上由市级财政一次性奖励 2 万元。其余按毕节市培育新型农业经营主体财政奖补办法（试行）进行奖补。

二、各县（区）

（一）七星关区

七星关区委、区政府高度重视茶产业的发展，在近几年的区委一号文件里都提及茶产业发展，文件对规模的茶产业示范点、加工厂、基础设施等进行大力支持和补助。在 2018 年制定了《毕节市七星关区茶产业发展三年行动方案（2018—2020 年）》，为七星关区茶产业发展指明了方向，注入了动力。

（二）大方县

印发《大方县发展高山生态茶产业三年行动规划（2018—2020 年）》大方县 2018 年

高山生态茶产业工作实施方案的通知》文件。

（三）金沙县

编制了《金沙县茶产业发展规划（2008—2020年）》，规划到2020年，全县茶叶发展规模达到16667hm²以上，茶叶年产值8亿元以上。制定和出台了《金沙县关于加快茶产业发展的实施意见》和《金沙县关于2008年冬季至2009年春季茶产业发展项目申报的通知》号文件。

（四）织金县

织金县农业农村局主持编制了《织金县发展高山生态茶产业三年行动方案（2018—2020年）》，对织金未来几年茶产业发展作了详细的规划和安排。

（五）纳雍县

纳雍县县委、县政府高度重视茶产业的发展，对茶产业在经济发展中的作用进行定位，提出了打造"中国西部有机茶之乡"的战略构想和发展茶叶大县的奋斗目标，出台发展茶叶的相关扶持政策，制定了《纳雍县2003—2015年茶叶产业发展规划》，编制了《纳雍县2003—2007年有机茶叶生产发展规划及实施方案》，并于2006年颁布实施《纳雍有机茶》生产地方标准，相继出台了《中共纳雍县委、纳雍县人民政府关于加快茶叶发展的意见》《关于印发纳雍县高山生态茶产业发展三年行动方案（2018—2020年）的通知》、《关于进一步做好纳雍县2018年茶产业发展工作的通知》文件。重点对连片种植新茶园、新建茶叶加工厂房、修建纳雍地方特色建筑风格的茶文化体验馆和招商引资、品牌创建、开设专卖店、领办创办的扶持进行全面明确，对工作取得实效并受上级表彰的单位和个人给予奖励，从而极大地调动了社会各界参与茶产业发展的积极性和主动性。

（六）百里杜鹃管理区

编制了《百里杜鹃管理区茶产业脱贫攻坚三年行动实施方案》，完成了《百里杜鹃管理区茶产业发展规划》编制。计划用3年时间，建成3333hm²高山生态有机茶园。

第二节　发展规划

立足毕节产业实际，引入现代农业理念，引导专业化分工生产，缩短中间环节，走集约化发展道路。充分发挥政策优势、后发优势和生态优势，实施工业反哺农业战略，稳步推进规模、夯实产业基础，面向国际国内市场，抓住制约产业发展的关键环节，注重基地建设、主体培育和人才培养，以点带面，重点突破，把毕节打造成全国高山生态茶生产加工基地、优质绿茶原料生产加工基地、优质出口茶叶生产加工基地。重点发挥扶持资金的杠杆作用，切实增加财政投入，积极引导社会投入，提高产业的自我发展能力。市场开拓上建议走低成本价格战略，以价取胜，迅速占领市场。

一、发展目标

面积：茶园总面积 6.67 万 hm²，其中投产茶园 4 万 hm²。

产量：总产量 3.2 万 t。

产值：农业总产值 50 亿元，每公顷产值 12.5 万元。

品牌：区域公共品牌 1 个，省级著名商标 5~8 个，孵化中国驰名商标 1 个。

企业：产值 5000 万以上规模企业 10 家，孵化国家龙头企业 2 家。

二、品牌战略

引入现代品牌与营销理念，结合毕节具有的独特资源，建立"一主多副"品牌架构。一是品牌整合，集中全市资源重点打造"奢香贡茶"区域公用品牌，其功能是强调毕节茶的原产地域性，突出毕节的生态优势，提高毕节茶的关注度与知名度；二是结合高山生态茶生产加工基地、优质绿茶原料生产加工基地、优质出口茶叶生产加工基地建设和高山生态茶定位打造特色个性品牌；三是扶持企业产品品牌创建，调动龙头企业在品牌创建中的积极性，待企业品牌强大后，逐步引导企业成为品牌营销的主力军。

三、产业发展定位

（一）整体定位

使茶产业发展成全市重要的特色优势产业、现代农业发展的示范产业，成为带动金沙、纳雍、七星关农业发展的主导产业，成为百里杜鹃管理区、大方、织金、威宁休闲旅游产业。把毕节建设成为全国高山生态茶基地、高品质绿茶原料生产加工基地、优质出口茶原料生产加工基地，进而发展成为"中国高原生态茶第一大市"！

（二）产品定位

结合毕节市的气候环境、产业基础、主栽品种、产业政策及市场前景等因素，产品建议以出口为主的珠茶、眉茶和适合大众品饮的高品质绿茶及原料绿茶为主，适当发展红茶、黄茶，适度开发有毕节地域特色的功能茶；高品质绿茶及原料茶的外形建议以扁茶、芽茶和卷曲形为主。加工方式以机制为主，适当发展手工名优茶。

（三）市场与价格定位

原料茶市场定位：内销原料茶重点以国内大中茶叶加工企业为采购群体；外销原料

茶重点以国内外茶叶贸易企业为采购群体。

品牌茶市场定位：目标市场定位首先立足毕节和贵州省内市场，借助大型零售连锁企业拓展北方市场和东南沿海市场。重点开发二类市场，一是商政礼品茶市场，重点以毕节市及周边城市单位或个人为购买群体；二是国内零售市场，重点以国内外流通企业为主要渠道，面向国内个体消费者。

出口原料茶的价格应具有价格优势，可定位于 30 元 /kg 左右；内销优质原料茶定位在 100~600 元 /kg；内销品牌茶定位于大众可接受的范围，形成合理价格梯度。

四、种植基地布局

以纳雍县为核心的中国高山生态茶有机茶之乡产业带，辐射带动大方县、织金县，茶园种植面积 2 万 hm²；以金沙县为核心的中国贡茶之乡产业带，辐射带动黔西县、百里杜鹃管理区，茶园种植面积 2.47 万 hm²；以七星关区为核心的中国古茶树之乡产业带，辐射带动大方县、金海湖新区，茶园种植面积 2 万 hm²；以威宁县为核心的乌撒烤茶产业带维持现有 0.2 万 hm² 茶园面积。基地的规划与布局必须掌握的原则有以下几点。

（一）以点带面，重点突破，辐射带动

经济发展的规律是：只有当茶叶种植收入占到农民收入比例 70% 以上时，农民的茶叶种植和茶园管护的积极性才能充分发挥。因此，在基地建设过程中，在土地适宜、发展积极性较高和有茶叶大户的地区优先打造一批茶叶生产专业户、专业村、专业乡（镇）等，集中连片建设一批高标准、高质量、高效益、值得学、推得开的示范样板，增强农民发展茶产业的信心和积极性。

（二）科学规划、合理种植

全市茶园种植应按照"低海拔、土层厚、有水源、背风口"的要求选择种植区域，即海拔高度原则上不超过 1800m，对于小气候环境较适宜茶树生长地区（如沿江沿河两岸，空气湿度较大较多，不易发生冻害等）种植海拔高度可适当放宽；土地应尽量选择向阳背风面；新发展茶园基地的坡度以不大于 25° 为宜；种植的土壤类型以黄壤和黄棕壤为主，土壤应符合《无公害食品 茶叶产地环境条件》（NY 5020—2001）的要求，喀斯特地貌（土壤 pH ≥ 6.0 不宜种植）及重金属超标等土壤理化指标不合适种植茶树区应禁止发展新茶园；在一些海拔较高的茶园，应在上风口建设防护林带，以避免茶园遭受灾害性干寒风和大风的侵袭；在集中连片的区域建议以 66.7hm² 为单位并以自然地理条件做好病虫害隔离带和防护林。

（三）选择适宜品种，发展间作套种

鉴于全市规划茶区普遍存在海拔相对较高，土壤保肥、保水能力弱，且易受凝冻及干旱等灾害影响。品种选择方面建议选择抗逆性较强品种，同时注意早、中、晚搭配种植其他品种。在品种适制性方面，按照规划产品定位，适制珠茶的主要品种有迎霜、福鼎白毫等，适制扁茶的主要品种有龙井43、安吉白茶、乃白茶及乌牛早（乌牛早适宜在低海拔地区种植）等，适制芽茶和卷曲形的品种主要有福鼎大白茶、黔茶1号等。在茶旅整合方面，应选择黄金芽、中黄1号等观赏性强的品种。各主产地可根据本地区情况选择适宜品种。

由于发展前期投入较大且见效需3年以上，为解决茶业发展的短期利润问题，增加农民和企业收入，保持生产积极性，必须在新建茶园时考虑茶园间种，按照"以短养长，长短结合"的原则发展生态种植，增加前期效益，确保基地建得好、稳得住、见效益。在间种作物上宜选择矮秆、一年生、与茶叶争水争肥少、无共同病虫害的作物（间作作物以大豆或豌豆、花生等绿肥豆科作物为佳，其次是辣椒、蔬菜等矮秆作物。不宜种植玉米、高粱等高秆作物）。

（四）区分功能定位，打造专业产区

结合全市气候条件、资源禀赋及市场前景，应将全市发展茶园规划为生产型茶园、旅游观光型茶园两大类，全市规划面积为6.67万hm^2。生产型茶园重点以纳雍县、金沙县和七星关区为主，纳雍县充分利用高海拔、无污染的自然环境，主要通过低产茶园改造等方式，努力提高单产，重点发展以出口茶为主的茶类产品；金沙县借助相对较好的产业基础重点发展以品牌茶为重点的产品；七星关区依托优越的区位优势，便利的交通条件，建设茶叶交易市场，重点发展以原料茶为主的茶类产品；旅游观光型茶园围绕交通和旅游规划建设，重点将这部分茶园打造成展示和推介本地区茶产业的窗口，不对发展面积进行硬性要求，百里杜鹃管理区、大方县、织金县和威宁县利用丰富的旅游资源重点发展以旅游观光型为主的茶园。

五、加工体系及流通体系布局

（一）加工厂布局

在"十三五"期间，着力建设以加工大户为主体的小型加工中心、以合作社为主体的中型标准化加工厂和以规模企业为主体的大型现代化加工厂的三级加工体系。

在较为集中连片地区每33hm^2左右就近建立一个加工能力15t左右的小型加工中心，每66.7~100hm^2左右就近建立一个40t左右的中型加工厂，每200hm^2以上建立一个加工能力 100t 左右的大型加工厂。在茶园分布较为分散或交通条件不便的地方要做到茶青运输 30min 车程的半径内有一个加工厂。

（二）流通体系布局

在七星关区建立一个专业化的、功能齐全的、集批发和零售为一体的茶叶批发市场（乌蒙茶城），引进本地加工企业和省外茶叶流通企业入驻，力争打造成毕节乃至我国西南绿茶原料的集散中心。在纳雍和金沙各建立中型茶叶批发市场一个。在种植规模和青叶产量较大地区，可建立茶青市场，调节茶青供求关系。

六、水利、道路、电力等配套设施建设

茶园基础设施方面，目前全市大部分茶叶基地基础设施建设十分薄弱，亟待改善，特别是一些海拔较高的茶区，水、肥及茶青采摘后的运输都比较困难，茶园定植后基本上靠天吃饭，自然灾害影响较大，茶园管护成本较高，生产效率较低。建议政府重点加强茶园周边公共道路建设，到"十三五"末期，全市茶叶主产区茶园周边道路实现平整、硬化和拓宽，保证集中成片区道路的通畅，主干道的贯通，而且完善道路排水系统，使一般农用机械和车辆通行顺畅。同时，出台相应优惠补贴政策鼓励企业进行茶园内的道路、蓄水池及喷灌系统和病虫害防治等设施建设。使公共基础设施和茶园基础设施同步发展，保障茶产业发展基础条件。

加工厂基础设施建设方面，由于加工厂选址一般离茶园较近，土地大多为农用地，导致加工厂的建设用地受到很大限制，建议出台相关政策首先解决目前茶叶加工厂用地问题，同时完善茶叶加工厂周边水、电、路等公共基础设施，保证茶叶生产顺利进行。

七、规划实施步骤

2019—2021 年每年新建茶园 1.33 万 hm^2，累计新建小型加工中心或加工厂 1000 个，中型加工厂 200 个，大型加工厂 28 个。

第三节　质量监管

质量是产品的生命线。近年来，毕节市狠抓金沙贡茶等地理标志认证和纳雍县出口茶叶基地建设，严格茶叶产品质量地方标准建设，高度重视茶叶产品质量监管，有效杜绝了不合格茶叶产品进入流通市场，先后培育出乌撒烤茶、奢香等知名品牌和贵州乌撒烤茶茶业有限公司、纳雍县贵茗茶业有限责任公司等龙头茶企。

一、金沙贡茶地理标志

金沙县是茶树的原产地之一，茶叶是金沙县的传统产品。茶叶作为贡品，最早要追溯到西汉时期。汉武帝品尝唐蒙出使夜郎带回的新茶后，大加赞誉，又从稳定疆域、安抚少数民族的角度出发，亲自将此茶命名为"夜郎茶"，并传旨作为贡茶。西汉杨雄《方言》中称："蜀西南人，谓茶曰蔎"，就是指今天的金沙清池茶。在金沙县境内，如今仍留有保存完好的野生茶园、贡茶碑、茶马古道、茶交易市场（江西会所）和成活数千年的古茶树，其贡茶文化底蕴非常丰富。

为充分发掘和宣传金沙县贡茶文化，提升特色茶叶产业化水平，实现茶叶增效、农民增收目标，金沙县人民政府从 2009 年 3 月开始着手组织申报"中国贡茶之乡"，2009年 5 月 9 日顺利通过省级验收，并向中国茶叶流通协会申报推荐。经中国茶叶流通协会组织专家论证后，同意并于 6 月 17 日下发了《关于命名金沙县为"中国贡茶之乡"》的批复，并希望金沙县依托"中国贡茶之乡"，继续完善茶文化的开发和保护，加大茶文化宣传和推介，提升茶叶的产业化水平。7 月 26 日，在 2009 中国贵州国际绿茶博览会开幕式上，金沙县委副书记、县长韩平上台接受了"中国贡茶之乡"荣誉匾牌。

2014 年 12 月，"金沙贡茶"获得农业部地理标志认定（图 13-3）；2018 年，金沙县清池茶获国家地理标志产品保护。地域保护范围为：城关镇、沙土镇、安底镇、禹谟镇、岩孔镇、清池镇、岚头镇、源村乡、官田乡、后山乡、长坝乡、木孔乡、茶园乡、化觉乡、高坪乡、平坝乡、西洛乡、龙坝乡、桂花乡、石场苗族彝族乡、太平彝族苗族乡、箐门苗族彝族仡佬族乡、马路彝族苗族乡、安洛苗族彝族满族乡、新化苗族彝族满族乡、大田彝族苗族布依族乡等 26 个乡镇。地理坐标为东经 105°47′~106°44′、北纬 27°07′~27°46′，区域生长面积 1250km²，种植面积 1 万 hm²，年产量达 1000t 多。

为了对金沙贡茶产品进行全面规范，该县制定了《金沙县绿茶种植和加工标准体系汇编》，明确产品外在感观特征，形似鱼钩，绿润、披毫，栗香浓，汤色黄绿明亮，滋味醇厚、回味甘甜，叶底嫩绿匀整。内在品质指标，根据贵州省农产品质量安全检测中心分析，金沙贡茶营养丰富，其中茶多酚 14%~15%、咖啡碱 2.7%~3.0%、茶氨酸 3.4~3.8

图 13-3 金沙贡茶地理标志登记证书

（g/100g）、谷氨酸 0.2~0.3（g/100g）、酪氨酸 0.2~0.3（g/100g）、精氨酸 0.1~0.2（g/100g）。

为了充分发挥"金沙贡茶"这一来之不易的荣誉所带来的经济效益和社会效益，金沙县委、县政府加大了贡茶之乡茶文化遗址的保护和修缮，积极在中国茶叶流通协会网站、《茶世界》《贵州日报》《西部开发报》《茶周刊》等报刊上进行专题、专栏文章宣传，使"金沙贡茶"成为金沙真正的名片，成为茶产业快速发展的服务器和助推器，成为农村经济快速发展的又一抓手。

二、纳雍高山茶

在纳雍，茶种在山上，山插在云中，高海拔的纳雍，茶与山的美妙结合，实在是一种不可多得的意境。正因为如此，中国茶叶流通协会特别青睐纳雍茶，2010 年 10 月授予纳雍"中国高山生态有机茶之乡"美誉。全国人大原副委员长、中国国民党中央委员会原主席周铁农题写"中国高山生态有机茶之乡"11 个字赠予纳雍，使得纳雍茶锦上添花！中共纳雍县委、县政府高度重视"纳雍高山茶"的地理证明商标，于 2017 年 5 月组织申报，2018 年 12 月获国家市场监督管理总局"纳雍高山茶"地理标识认定，地域保护范围为纳雍县所辖范围内 26 个乡（镇、街道办事处）、427 个村（社区、居委会），目前主要按照《纳雍高山绿茶》（DB 522425/T 001—2017）、《纳雍高山红茶》（DB 522425/T 002—2017）标准生产纳雍高山绿茶和纳雍高山红茶。

三、纳雍县出口茶叶基地建设情况

近年来，纳雍县委、县政府高度重视出品茶叶基地建设，采用"五统一（统一派出人员脱产培训、统一采购茶叶加工机械、统一向银行申请大额发展贷款、统一使用茶叶品牌、统一规范种植流程）、五不栽（劣质品种和病苗弱苗不栽、无管理能力的农户不栽、贫瘠不适合种茶土地不栽、不按照标准种植的不栽、连片规模不达 7hm² 的土地不栽）、四选好（选好茶区、选好茶地、选好茶农、选好茶苗）、三转变（种植地方从荒山荒坡向旱地熟地转变、种植形式从分散种植向集中连片种植转变、发展方式从数量效益型向质量安全效益型转变）、四手抓（一手抓苗圃基地建设、一手抓茶园和加工厂房建设、一手抓茶叶科技示范园区建设、一手抓质量安全建设）"种植理念，严格按照有机茶园标准指导茶叶生产，在 5699hm² 茶园中便认证有机茶园 1033.3hm²，占 18.13%，这为打造出口茶叶基地奠定了基础。特别是贵州雾翠茗香生态农业开发有限公司采用"猪—沼—茶"循环农业经济，建立 460hm² 高山有机茶园，得到欧盟进口食品安全标准生产基地认证，获得"中国美丽茶园"荣誉称号。

纳雍县茶叶出口是从 2003 年开始，仅有纳雍县贵茗茶业有限公司办理茶叶出口备案登记手续，当年出口茶叶 0.5t，换取外汇 2500 美元，主要出口东南亚；到 2008 年纳雍县茶叶出口企业有纳雍县贵茗茶业有限公司、贵州府茗香茶业有限公司、贵州富嵩生态茶业有限公司 3 家，出口茶叶 1.05t，换取外汇 61764.7 美元，主要出口东南亚、德国；2018 年纳雍县茶叶出口企业有贵州雾翠茗香生态农业开发有限公司（图 13-4）、贵州府茗香茶业有限公司、纳雍县贵茗茶业有限公司、纳雍县九阳农业综合开发有限公司、纳雍县山外山有机茶业开发有限责任公司 5 家，出口茶叶 6.53t，换取外汇 526612.9 美元，主要出口东北亚、东南亚等地。

图 13-4 出口食品原料基础
检验检疫证书

四、绿色农产品评价情况

为搭建毕节市农产品网上产销对接的"高速路"，有效提升全市名优农特产品的知名度，有效提高企业对市场的响应速度，为助推"毕货出山"，扎实抓好"贵州绿色农产品"整体品牌建设工作：一是制定了《关于开展"贵州绿色农产品"整体品牌建设工作实施方案》进行任务分解，落实了责任；二是充分利用"世界认可日"等大型宣传活动、深入企业走访和微信公众号宣传等方式，大力宣传"贵州绿色农产品"整体品牌建设工作，增强企业对"贵州绿色农产品"品牌的认知度和企业参与打造"贵州绿色农产品"整体品牌的积极性；三是采取邀请专家和自己培训的方式，对企业开展"贵州绿色农产品"整体品牌建设知识培训，共培训企业 272 家，培训人员 342 人；四是每月对各县（区）工作推进情况进行通报，并由分管领导带队对工作推进较慢的县（区）进行现场督促，确保任务稳步推进。

图 13-5 贵州雾翠茗香生态农业
开发公司企业信用评级

截至目前，全市共有 3 家茶企业 9 个产品通过"贵州绿色农产品"评价，有效证书 3 张；推荐 16 家企业的 119 个产品入驻"贵州绿色农产品"网地方馆（图 13-5）。

五、质量监管措施

（一）茶园质量监管

为了加强茶园质量监管工作，毕节市在贵州省委网络信息安全和信息化委员会办公室的大力支持下，于 2019 年 4 月在贵州三丈水生态发展有限公司、贵州乌蒙利民农业开发有限公司茶叶生产基地建立了信息化管理示范基地，面积 1373hm^2，这为茶企建立完善的产品质量可溯体系奠定了基础。同时，在毕节市质量技术监督局的指导下，成功申报了纳雍县、金沙县"国家有机产品认证示范创建区"和大方县"贵州省有机产品认证示范创建区"，以示范区建设带动全市有机产业发展；在农业技术部门的指导与帮助下，茶企逐步建立和完善了茶园投入品购入、使用登记造册制度；执法部门随时开展农产品质量安全检查，严厉打击危禁农药进入农资市场和不合格茶叶产品进入流通市场，积极从源头上加大茶园质量监管，有效杜绝了各种损害消费者利益的事件发生。

（二）绿色防控

为了认真做好干净茶、放心茶，确保茶叶质量可靠、品质优异。近来年，毕节市在中华人民共和国农业农村、贵州省农业农村局的大力支持下，遵循"预防为主，综合治理"方针，从茶园整个生态系统出发，综合运用杀虫灯、色板、以草防草等各种防治措施，创造不利于病虫害滋生和有利于各类天敌繁衍的环境条件，保持茶园生态系统的平衡和生物多样性，将农药残留降低到规定的标准范围或直接不施用。短短几年，全市茶园绿色防控技术运用从无到有，2018 年已达到 6113hm^2，并建立"林—灌—草"立体生态茶园 3733hm^2，分别占当年茶园面积 29014.4hm^2 的 20.37%，12.44%。

（三）茶旅融合

为了提升茶产业的经济效益和社会效益，促进茶旅整合发展，近年来，毕节市紧紧围绕着百里杜鹃、九洞天、冷水河国家级湿地保护区、三丈水省级森林公园、油杉河等景区，按照"生态、绿色、有机、安全、特色、高效"的要求大力推进茶旅融合发展，2018 年已建 4133hm^2 茶旅融合茶园，占当年茶园面积 29014.4hm^2 的 13.77%。

（四）质量认证

毕节市各级各部门均高度重视严把产品质量关，积极组织茶叶经营主体广泛开展质量认证，据统计，截至 2018 年 12 月，全市共有 14 家茶企业通过有机产品认证，获得有机产品认证证书 24 张。其中，有机种植证书 14 张，产品为茶鲜叶种植，认证面积 1763hm^2（占茶园总面积的 5.87%），认证年产量 1018.02t；有机加工证书 10 张，认证年产量 162.5t，年产值 4610 万元，产品有绿茶粉、绿茶、红茶（其中绿茶粉认证年产量 0.9t，年产值 90 万元；绿茶认证年产量 104t，年产值 2116 万元；红茶认证年产量 57.6t，年产

值 2404 万元）。另外，全市茶园通过无公害认
证 22443hm^2、绿色认证 667hm^2、欧盟进口食品
安全标准生产基地认证 460hm^2，分别占茶园总
面积的 74.78%，2.22%，1.53%；已开展 SC 认
证 36 家，通过 HACCP 认证 4 家（图 13-6）。

（五）随机抽检

为了确保广大消费者能够喝上干净茶、放
心茶，毕节市各级各部门积极配合上级有关部
门广泛开展茶叶产品随机抽检工作，并在此基
础上，于 2015 年增配毕节市农产品质量检测中
心茶叶检测仪器设备，开展茶叶产品农药残留
检测，检测参数：氯氟氰菊酯、氰戊菊酯、氧
化乐果、乙酰甲胺磷、杀螟硫磷、联苯菊酯、
甲氰菊酯、溴氰菊酯、氯氰菊酯。2017 年检测

图 13-6 贵州雾翠茗香生态农业开发有限
公司 HACCP 体系认证证书

茶叶样品 46 个，合格率 100%；2018 年检测茶叶样品 63 个、合格 100%；2019 年上半年
检测茶叶样品 31 个，合格率 100%。

扶贫篇

第十四章

茶产业属于劳动密集型产业，且投入大、见效慢、周期长，仅靠群众自主发展茶产业极不现实。毕节市作为脱贫攻坚的主战场，各级各部门始终心系贫困群众，对培育壮大特色优势茶产业大力支持，积极整合各类资金扶持茶产业发展，茶产业带动贫困农户脱贫致富的作用越来越明显。

一、毕节市扶贫资金用于茶产业的基本情况

发展茶产业投入大、见效慢、周期长，若仅靠刚刚解决温饱的农民群众发展茶产业是非常不现实的情况。因此，自2013年以来，各县（区）根据自身实际，采取了灵活多样的经营主体培育工作：金沙县引进浙江露笑集团和依托恒大集团帮扶建立新茶园；百里杜鹃管理区成立贵州百里杜鹃瑞禾生态农业投资集团有限公司，采取由公司统一组织栽种，3年后交给村集体或农户经营管理，实现近期完成农业产业结构调整，中长期实现茶产业多效益叠加利好；七星关区与四川联合成立控股的贵州七星奢府茶业发展有限公司；更多地方则采取践行"塘约经验"，实行村社合一，通过"三变"，明确村集体、合作社、农户及贫困户利益联结机制。

据统计，2013—2018年全毕节市共8个县（区）对茶产业脱贫项目进行了资金投入，共计开展项目29个，投入总资金27779.18万元，其中财政专项扶贫资金2615.67万元，覆盖农户数84549户、337983人，其中贫困户14167户、53882人，带动贫困户人均增收897元。2013年投入资金1012.1万元，其中财政专项扶贫资金678万元，覆盖农户数2066户8092人，其中贫困户484户2061人，带动贫困户人均增收2953.74元。2014年投入资金1762万元，其中财政专项扶贫资金523.96万元，覆盖农户数3716户14670人，其中贫困户601户2063人，带动贫困户人均增收2788.03元。2015年投入资金1130.25万元，其中财政专项扶贫资金274.50万元，覆盖农户数2008户、8911人，其中贫困户381户1598人，带动贫困户人均增收2615.30元。2016年投入资金2581万元，其中财政专项扶贫资金413.60万元，覆盖农户数2104户8500人，其中贫困户448户1821人，带动贫困户人均增收1334.75元。2017年投入资金7437.83万元，其中财政专项扶贫资金475.62万元，覆盖农户数67698户270442人，其中贫困户10152户38926人，带动贫困户人均增收396.60元。2018年投入资金13856万元，其中财政专项扶贫资金250万元，覆盖农户数6957户27368人，其中贫困户2101户7413人，带动贫困户人均增收1949.79元。其中，由于纳雍县实施2016年和2017年低产茶园（管理）改造项目，涉及贫困户较多，带动贫困户收益较低，造成2016年及2017年全市带动贫困户人均增收较低。

二、开展茶产业助力脱贫攻坚的具体做法

（一）成立茶产业工作专班

毕节市县两级紧紧围绕着农业产业结构调整工作要求，成立了茶产业工作专班，由市县分管农业的县级领导任班长，相关单位负责人为成员，负责组织决策领导茶产业精准扶贫工作，便于对全市范围的茶产业布局进行调控和指导。

（二）制定茶产业精准扶贫实施方案

各县（区）根据自身扶贫工作实际，组织有关专家进行了实地调研，制定了茶产业精准扶贫实施方案，明确了扶贫工作目标、任务、措施。

（三）落实工作实施主体

有了扶贫方案、工作目标、工作任务，就必须要有具体的实施主体。通过出台优惠政策，鼓励茶企业及农民专业合作社吸纳贫困户参与茶产业发展中，一方面茶企业和合作社获得政府政策扶持，减少了投入成本；一方面贫困户获得发展平台，通过土地流转、劳动力投入等获得收入，实现了真正的"双赢"局面。

（四）帮扶主体茶企业开展了深入细致帮扶调查工作

茶企业为了做到"真扶贫、扶真贫"，深入到扶贫乡镇、村、农户进行调查，了解他们需要什么，知道他们需要什么，掌握致贫原因，以便制定帮扶措施和脱贫目标。

（五）积极创造和探索新的工作机制，建立茶企业扶贫工作模式

一是茶企业以茶园入股形式参与扶贫，贫困户以扶贫资金或土地入股，每年获得分红，同时贫困户可以在不同的生产季节参与茶园生产和管理，通过务工增加收入。二是对有一定劳动能力和学习能力的贫困户，通过对其进行技术培训后聘用参与到茶园管理工作中，按月发放工资。一户贫困户有一人参与，工资收入基本可以保证整户脱贫。

三、茶产业对精准扶贫工作的贡献

（一）精准扶贫城乡大众受益

茶产业的发展加快脱贫攻坚的进程。各县（区）在开展驻村帮扶活动中大力发展茶产业，提高城乡居民收入。近年来，由于国家实行退耕还林还草，部分山地流转，农村出现大部分的剩余劳动力，发展茶产业，解决了农村剩余劳动力的就业和务工问题。

（二）茶产业助推旅游观光业的发展

各地茶企业正在逐步探索茶旅结合的产业发展模式，把茶产业与发展观光旅游业结合起来，带动当地各项产业的发展。如中岭镇坪山的贵州雾翠茗香生态农业开发有限公司有效实现了茶旅结合，每逢节假日，游客们举家到来，吃的、喝的、玩的样样俱全当

地农户向游客提供优质服务，即使游客增加了游玩的体验，又能为农户带来收入。

四、茶产业助推精准扶贫的启示

（一）坚持创新发展，加快农民增收

在新常态下，一是推行干部驻村与"村第一书记"运行机制，切实加强了村级组织政治、思想、制度、能力和作风建设加快茶产业发展和全面建成小康社会步伐，这一成功经验值得总结推广，在加强调研指导基础上，进一步增强村级组织在脱贫攻坚中的基础性作用；二是加强选人用人制度创新，把创新作为引领发展的第一动力，把人力作为支持发展的第一资源，加快形成以创新为主要引领和支持的经济体系与发展模式。

（二）坚持绿色发展，保护绿水青山绿色发展

一是党的十八届五中全会提出的"创新、协调、绿色、开放、共享"五大发展理念是最具时代创新特色的亮点。当前，我们一要增强城乡绿色发展意识，坚持绿色发展保护青山绿水，不断提高区域性城镇绿化和森林覆盖率，新型城镇化引领公众增强城镇绿化意识。二是增强绿水青山与金山银山的发展意识。着力把绿水青山科学持续转变为金山银山，以乡村旅游业为突破，实现经济发展可持续增长。在发展茶产业中弘扬创新精神和先进文化，大力倡导"敢为人先、勇于冒尖"的创新精神，以先进的茶文化凝聚更多更好的正能量，加快做大做强做优毕节的茶产业，把绿水青山变为发展茶产业的优势，融入国家"一带一路"建设，助推全球化进程。

（三）坚持开放发展，强化内生动力

一方面，要加强茶产业制度建设与创新。要想在加快发展中扬长避短，认真研究提高对外开放的质量和联动性，形成与外界深度融合的互利格局，要以开放创新思维用好人才第一资源，走好开放发展之路。切实加强区域性茶产业对外开放的制度建设与创新，把"五大发展理念"与本地区经济社会发展实际结合起来，坚持以科学的制度鼓励和引导大众创业和万众创新，培育茶产业的增长优势。另一方面，要加快发展区域性茶产业非公有经济，注重人才培养、市场预测、资金周转等。加快茶叶等富民产业更好更快的发展，按照人人参与、人人尽力、人人享有的要求，坚守底线，突破重点，完善制度、引导预期。在大力发展茶产业中增加城乡居民的收入，让广大人民群众在精准扶贫工作中得更多实惠，为实现民族复兴中国梦作出更多贡献。

茶产业是一项惠民工程，深受贫困户的好评，大力发展茶产业，给大多数贫困户带来就业生机，既保证家无空巢老人、留守儿童，又能解决足不出户能赚钱养家糊口，增加贫困户的收入，给社会带来和谐环境。精准扶贫，已成为当前十分重大的一项政治任

务和民生工程。解决精准扶贫问题，需要综合施策，调动社会各方力量参与。通过产业扶贫实现"造血式"的精准扶贫，是一项功在当今、利及长远的有效举措。

五、茶产业助力脱贫攻坚成功案例

（一）毕节市七星关区实施产业扶贫助力脱贫攻坚

实施产业扶贫，就是为了带动更多群众脱贫致富，在于群众享受到发展的红利。

对于七星关区杨家湾镇开林村村民周礼尧来说，村里发展的茶产业让他生活发生了极大的改变。2018 年 11 月以来，七星关区在农业产业结构调整中，因地制宜，在该区杨家湾镇、放珠镇接壤的几个村打造 333.3hm² 高标准观光旅游茶园示范基地。至此，一场轰轰烈烈的产业革命在两个乡镇拉开了帷幕。

常年在外打零工的周礼尧看到村里也能务工挣钱后，便放弃了外出务工的念头，一头扎进了茶园基地，这一干就是半年多。

"每天将近 100 元的工资，加上土地流转费，半年多有近 2 万元的收入。"周礼尧说，在家门口务工，既能解决收入问题又能照顾到家庭，感觉生活越来越好了。

茶园基地覆盖了开林村 586 户群众，为了更好地带动全村群众发展，开林村"两委"积极谋划，在全村成立了 10 个工作组，把村里的劳动力有机集合起来，因工派人，让每户农户都能享受到产业发展带来的红利。

如今，茶园基地一期建设已经完工，各项工作正有序推进中，群众积极参与到各个项目的建设，增加了收入的同时，看到荒山渐渐披上绿装，群众脸上的笑容日渐凸显。像周礼尧一样的群众，也越来越多。

（二）纳雍县"三种模式"助推茶产业发展

为进一步调优农业产业结构,打赢脱贫攻坚战,近期来,毕节市纳雍县阳长镇推行"三种模式"助推茶产业发展，促进农业增效、农民增收、农村增绿。

"公司＋基地"发展模式。流转土地的农户，公司按每年每亩 400~500 元支付土地流转费。政府每公顷茶叶补助公司 3 万元，公司优先录用土地户和贫困户到基地开展茶叶种植、管护和采摘工作，按每个工时 80~100 元支付农户工资。农户通过流转土地变成产业工人，净收土地流转费和务工费，保障农户收入。

"农户＋基地"发展模式。不愿流转土地和有劳动力的农户，按照政府统一规划在自家土地上种植茶叶，自己管护、采摘和销售。政府每公顷茶叶补助农户 3 万元，无偿提供技术服务，协助农户与公司签订保底回收价格，最大限度降低农户风险。

"村'两委'＋农户＋基地"发展模式。不愿流转土地和没有劳动力的农户,由村"两委"

或农户聘用当地村民和贫困户帮助种植、管护和采摘茶叶。政府将每公顷茶叶补助农户的 3 万元请村"两委"代管，农户进行监督，在支付茶苗费用和工人工资后，补助款剩余部分留给农户。政府免费提供技术服务，协助农户与公司签订保底回收价格和销售茶叶，保障农户收益。

由于措施得当，该镇农户种植茶叶的热情高涨，茶叶种植工作成效明显，有力推进了农业产业结构调整、脱贫攻坚、美丽乡村建设等工作。

（三）金沙县通过引进龙头企业带动农户脱贫

引进龙头企业如浙江露笑集团等投入茶产业建设，依托企业自己的农产品销售渠道，让企业生产出的茶产品通过企业的销售网络进行销售，乡、村只负责组织实施，群众只负责务工领薪，切实解决了销售的后顾之忧。引进的龙头企业如贵州金沙贡茶茶业有限公司，大力推广"龙头企业＋合作社＋农户"等模式发展茶产业，推动龙头企业、合作社、农户三方结成成果共享、风险共担的利益共同体，抱团发展产业，帮助农户稳定获得订单生产、劳动务工、反租倒包、政策红利、入股分红等多渠道收益，给农产品销售上上"多保险"。

六、乡村振兴工作将持续茶产业发展

按照党的十九大安排部署，我国在 2020 年取得脱贫攻坚决定性胜利后，为了全面实现国家富强、民族振兴、人民幸福的"中国梦"，乡村振兴必将是今后一段时期农业农村工作的重要内容，其最终目标就是要不断提高农民在产业发展中的参与度和受益面，彻底解决农村产业和农民就业问题，确保当地群众长期稳定增收、安居乐业。

毕节市虽有"川滇黔之锁钥，扼滇楚之咽喉，控巴蜀之门户，长江珠江之屏障"的称呼，但现在各县已通高速公路，成贵高铁即将开通，渝昆高铁、昭黔铁路、叙毕铁路立项修建，区域交通枢纽正逐步形成，为培育茶叶交易市场创造了便利条件。因此，在茶旅融合发展出现新业态的情况下，要充分利用毕节市拥有得天独厚的适宜茶树生长的自然资源禀赋、丰富繁多的古茶树资源、富含有益人体健康微量元素的土壤、气候冷凉致病虫害发生少和茶树新梢持嫩性强利于制作高端茶叶产品的优势；特别是茶产业属劳动密集型产业，对劳动力的素质和体质要求不高，可实现劳动力就地转移就业、惠及耆耋老人和垂髫儿童的特点，紧紧围绕着国务院印发《关于进一步促进贵州经济社会又好又快发展的若干意见》文件提出"要积极推进茶叶基地建设，努力提高茶叶加工能力和水平，提升黔茶知名度和市场竞争力"和贵州省委、省政府将茶产业列为"五张名片"，出台系列扶持政策的有利条件，加快推进毕节市茶旅一体化发展新模式，既能充分展现"绿水青山就是金山银山"的发展理念，还能牢牢守住发展和生态"两条底线"，推进乡村振兴工作。

参考文献

陆羽.茶经 [M].哈尔滨：黑龙江科学技术出版社，2010.

常璩.华阳国志 [M].济南：齐鲁书社，2010.

贵州通志 [M].北京：中央民族大学出版社，1980.

贵州省毕节地区地方志编纂委员会.大定府志 [M].北京：中华书局，2000.

贵州省大方县编纂委员会.大定县志 [M].毕节市：贵州省大方县编纂委员会办公室，
1985.

贵州省大方县地方志编纂委员会，大方县志 [M].北京：方志出版社，1996.

班固.汉书 [M].桂林：漓江出版社，2018.

织金县地方志办公室.平远州志 [M].毕节市：织金县地方志办公室，2002.

扬雄.方言 [M].上海：人民出版社，1959.

曹学佺.蜀中广记 [M].北京：国家图书馆出版社，2014.

曹元宇.本草经 [M].上海：上海科学技术出版社，1987.

周春元，王燕玉，张祥光，等.贵州古代史 [M].贵阳：贵州人民出版社，1982.

中国历史图集编辑组.中国历史图集 [M].上海：中华地图学社，1975.

张廷玉.明史 [M].北京：中华书局，1984.

陆羽，陆延和.茶经·续茶经 [M].北京：北京联合出版公司，2017.

毕节县地方志编纂委员会.毕节县志 [M].贵阳：贵州人民出版社，1996.

北京大陆桥文化传媒.人类的十大考古发现 [M].北京：中国旅游出版社，2005.

司马迁，李翰文.史记 [M].北京：北京联合出版公司，2016.

陈宗懋，杨亚军.中国茶经 [M].上海：上海文化出版社，2011.

仇尼.中国风味食品大全 [M].石家庄：河北科学技术出版社，1990.

贵州农民报社.长石人民公社史 [M].贵阳：贵州人民出版社，1959.

毕节市农业委员会，毕节市茶产业协会.生态毕节·古茶飘香 [M].[内部资料].

张贤芬.纳雍古树茶 [M].[内部资料].

《中国茶典》编委会 . 中国茶典 [M]. 贵阳：贵州人民出版社，1995.

贵州文库编辑出版委员会 . 乾隆贵州通志 [M]. 贵阳：贵州人民出版社，2019.

贵州省织金县地方志编纂委员会 . 织金县志 [M]. 北京：方志出版社，1997.

刘学洙 . 贵州开发史话 [M]. 贵阳：贵州人民出版社，2001.

《大方县农牧志》编委会 . 大方县农牧志 [M].[内部资料]，1900.

吉克曲日 . 博葩特依 [M]. 北京：民族出版社，2019.

陈澔 . 礼记 [M]. 上海：上海古籍出版社，2016.

福格 . 听雨丛谈 [M]. 北京：中华书局，1984.

儒者 . 仪礼 [M]. 北京：中国社会科学出版社，2006.

张大复 . 梅花草堂笔谈 [M]. 上海：上海国学研究社，1936.

附录一

近代毕节市茶产业发展大事记

1955年，贵州省农林厅印发《为选拔烤烟、棉花、蚕桑、茶叶辅导员模范工作者参加省劳模大会的通知》，明确毕节推选1名茶叶辅导员。

1956年，经贵州省民政厅批准同意成立毕节县高桥游民改造农场，1980年更名为贵州省毕节市周驿茶场，属毕节市民政局主管的差额拨款事业单位。

毕节地区革命委员会生产领导小组财贸、农林办公室印发《关于召开茶叶生产现场会议的通知》，会议决定于2月11—26日在金沙县城关召开，规模170人。

1968年，威宁县小海公社合作生产队、大箐生产队各自试种5.33hm²成片茶园获得成功，这是贵州也是全国海拔最高的茶园。

1969年3月7—12日，毕节地区革命委员会批准贸易办公室召开全区茶叶工作会议，将"分户采摘、分户加工、谁采谁得"的做法，改为"集体采摘、集体加工、集体交售"。

1971年，组建威宁彝族苗族回族自治县炉山茶场，1981年根据贵州省政府的安排改制为威宁彝族苗族回族自治县农垦国营炉山茶场。

1974年，春，全省茶叶生产现场会在威宁召开。

1977年，黔西县谷里区组织4万多农民群众投工投劳建成区办乡镇企业黔西茶场，茶园面积189hm²，开创了乡镇企业办茶场的先例。

1978年，春季，威宁彝族苗族回族自治县农垦国营炉山茶场把生产的第一批春茶样送给时任中共中央主席、中央军委主席和国务院总理华国锋同志品尝，深得其好评。

1986年初，毕节地区农业技术推广站开始执行"星火计划"项目——引进和推广遵义毛峰（该茶于1983年荣获农业部优质产品奖）名茶采制技术，于1989年荣获毕节地区科技进步四等奖。

1988年10月，毕节地区林果药茶开发公司成立，把"三林一茶"（速生林、经济林、果木林各1亿株，茶叶13333hm²）工程列为毕节试验区建设的重要内容狠抓落实。

1995年5月，毕节地区周驿茶场研制的乌蒙毛峰经贵州省名茶评审委员会评定为省级名茶，随后制定并发布了《乌蒙毛峰（黔Q／BZ001—1995）》标准。

1997 年 1 月 1 日，中国当代著名茶学专家陈椽老先生品尝毕节地区林果药茶开发公司研制的道开佛茶后欣然题词"高原佳茗、茶族奇葩"。

1999 年，经中国农学会推荐，中国农业科学院茶叶研究所许允文研究员到民革中央定点扶贫联系县——纳雍进行帮扶，揭开了发展高山生态有机茶产业之路的序幕。

2002 年 10 月，纳雍县贵茗茶业有限责任公司生产的"贵茗翠剑"在浙江省杭州市举办的第四届中国国际名茶博览会上荣获国际名茶金奖，掀起了毕节地区送样评比的热潮。

2003 年 8 月 19 日，贵州省金沙县清池茶叶专业合作社注册成立，是全区第一家从事茶叶产销活动的股份制专业合作社。

2006 年 2 月 27 日，纳雍县茶产业协会成立大会召开，政协副主席李德超出席大会并当选为会长，中国农业科学院茶叶研究所许允文教授受聘为顾问。

2007 年 12 月 4—5 日，中国农业科学院茶叶研究所党委书记陈直在贵州省农业厅副厅长万流方的陪同下，赴大方县竹园乡海马宫村和纳雍县姑开乡云雾坡茶场实地考察调研。

2008 年 1 月 14 日开始，毕节地区遭受连续 40 余天雪凝灾害，给茶产业发展造成了重大经济损失。2 月 20 日，毕节地区召开专员办公会议专题研究茶产业发展情况，并制定了茶产业的发展目标是到 2020 年建立 66667hm² 茶叶生产基地。3 月 15 日，毕节地区组织召开茶产业发展工作会议。4 月 13 日，华南农业大学与毕节地区行署签订校地合作协议。4 月 28 日，中国农业科学院茶叶研究所与毕节地区行署战略合作协议书上签字。4 月 29 日，中国农业科学院茶叶研究所、贵州省茶叶科学研究所对《毕节地区茶产业发展规划（2008—2020 年）》进行论证。

2009 年 1 月 9 日，贵州毕节地区茶产业协会召开成立大会。3 月 13 日，金沙县、纳雍县作为 2009 年新增中央财政现代农业生产发展茶产业示范县，共获 533hm² 茶叶生产基地建设补助资金 2400 万元。6 月 17 日，金沙县被中国茶叶流通协会命名为"中国贡茶之乡"。7 月 18 日，纳雍县委、县政府出台《2009 年茶产业发展工作安排意见》，从而在该县迅速掀起了流转土地建立新茶园的热潮。7 月 26 日，在"2009 中国贵州国际绿茶博览会"开幕式上，授予金沙县"中国贡茶之乡"和"贵州省十大名茶称号"荣誉匾牌。7 月，贵州省大方县九洞天资源开始有限责任公司茶叶分公司生产的"九洞天"牌九洞天仙茗毛尖、九洞天仙茗翠片，贵州天灵茶叶有限责任公司生产的"天灵寺"牌天灵女儿茶荣获第八届"中茶杯"全国名优茶评比一等奖。10 月 28 日，中国茶叶流通协会 69 号文件命名纳雍县、金沙县为全国重点产茶县。11 月 6 日，由纳雍县茶产业办公室、质量技术资质局（以下简称"质监局"）共同承担制订任务的《纳雍县有机茶标准体系》《纳雍县绿茶标准体系》通过了由贵州省农委等单位组建的专家组审定。11月29日，毕节地委专题会议研究决定在中央财政专项《巩固退耕还林成果专项资金特色经果林建设》项目资金中列支1800万元资金支持金沙、纳雍、威宁三县分别发展新茶园667hm²。

2011年2月，时任贵州省委书记栗战书为贵州大定府茶业开发有限公司题字"融入国际化、实现现代化、体现人文化、突出生态化"。8月17日，由贵州省农业委员会组织专家对《毕节地区茶产业发展规划（2010—2015年）》进行论证。10月19日，毕节地区在纳雍县召开全区茶产业发展促进会。10月28日，"第六届中国茶业经济年度集会暨2010中国贵州国际绿茶博览会"在中国历史文化名城遵义开幕，会议授予纳雍县"中国高山生态有机茶之乡"称号。

2011年3月11日，由毕节地区农业技术推广站申报的《名优茶机械化加工技术运用与推广》项目荣获贵州省农业丰收计划二等奖。7月8—10日，威宁县乌撒茶艺表演队在2011年贵州国际绿茶博览会茶艺大赛中荣获金奖。12月23日召开的贵州省首届茶业经济年会颁奖晚会上，毕节地区农技站高级农艺师聂宗顺等11名同志分别荣获贵州省"十一五"茶产业发展科技类、行政类、茶农类贡献奖。

2012年4月28—29日，毕节试验区首届"生态原茶·香溢乌蒙"万人品茗活动在七星关区人民公园举行。6月20日，毕节市茶产业发展大会在黔西县召开。7月7—9日，中国茶产业首席专家、中国农业科学院茶叶研究所所长杨亚军到毕节地区考察，并受聘为茶产业发展技术顾问。7月24日，《关于加快高山生态茶产业发展的实施意见》文件下发。10月7日，中共中央政治局常委、国务院总理温家宝在贵州毕节视察，充分肯定了毕节地区走茶产业脱贫之路的做法。

2013年5月4日，毕节市农业委员会组织对"纳雍县高山生态有机茶产业示范园建设规划"、"金沙县贡茶高效农业示范园区建设规划"进行论证。9月11—13日，中国农业科学院茶叶研究所茶树资源与改良研究中心副主任、国家茶叶产业技术体系育种与种苗研究室岗位科学家陈亮研究员现场鉴定纳雍县水东乡姑箐村古茶树为比较古老的秃房茶品种，拉开了市古茶树保护与开发利用的序幕。10月8—14日，毕节市组织考察组赴云南省临沧市凤庆、双江两县，学习古茶树保护与产业化开发的先进经验。

2014年4月26—28日，在贵州省第三届茶业经济年会上，纳雍县山外山有机茶业开发有限责任公司生产的彝岭苗山茶及纳雍县泓霖农业综合开发有限公司生产的箐峰雾牌白茶分别荣获首届"黔茶杯"名优茶评比特等奖、一等奖。5月6日，纳雍县举办"珙桐之乡授牌仪式暨纳雍茶产业品牌建设研讨会"，并在河北省开设乌蒙纳雍茶专卖店，迈出了在销区开设茶叶专卖店的步伐。5月9日，毕节市茶产业协会换届选举。7月24日，纳雍县山外山茶业有限公司为了回馈家乡父老的厚爱，举办了首届"彝岭苗山"采茶节活动。8月27—28日，在民革中央和东部省、市民革组织的支持下，发挥"纳雍茶产业专家服务支持团队"的优势，在纳雍县举办首届"乌蒙茶韵"人文讲坛。

2015年4月1—2日，由毕节市总工会主办，市人力资源和社会保障局、市农委协办的毕节市手工制茶技能大赛在纳雍县举办。8月25—27日，毕节市"原生态·奢香茶·馨乌蒙"大众品茗暨"奢香贡茶杯"夏秋茶比赛在七星关区举办。8月25日，毕节市邀请中国茶叶科学研究所副所长鲁成银在市委党校作"新常态下毕节茶叶品牌发展战略"专题讲座。

2016年3月30日，经毕节市质监局批准，"纳雍古树茶标准化技术委员会成立大会"在纳雍县市场监督管理局举行。8月27日，2016年毕节市"原生态·奢香茶·馨乌蒙"大众品茗暨"奢香贡茶杯"茶叶比赛开幕式在金沙举行。9月18日，贵州省茶叶协会邀请中国茶树品种专家陈栋赴威宁县香炉山茶园调研世界最高海拔茶园（2277m）。9月28日，贵州乌撒烤茶茶业有限公司蔡国威、贵州七星太极古树茶开发有限公司张俊在贵州省第五届手工制茶技能大赛上分获手工制作青茶（乌龙茶）、红条茶一等奖。10月29日，大方县以利茶场选送的以利绿茶、毕节七星古茶开发有限公司选送的太极古茶（绿茶）在2016贵州秋季斗茶赛分别荣获"绿茶茶王""古树茶叶茶王"。

2017年2月14—15日，贵州省政协委员、贵州师范大学国家重点工程实验室专家到金沙县、纳雍县调研。2月16日，贵州省人大常委会、省农业科学院到纳雍县调研姑箐古茶树的保护与利用情况。3月14日，毕节市质监局同意发布《纳雍高山绿茶地方标准》和《纳雍高山红茶地方标准》。4月20—21日，毕节市2017年"奢香贡茶杯"斗茶赛暨纳雍县首届茶博会在纳雍县厍东关乡总溪河游客服务中心举行。4月22日，中国农业科学院茶叶研究所副所长鲁成银到威宁县实地考察论证后权威发布：威宁香炉山茶园海拔2277m，是世界上海拔最高的人工茶园，而且这里没有连续一个月温度在22℃以上，也就是唯一没有夏天的茶园。5月6日，贵州省总工会授予威宁县香炉山茶园蔡国威、贵州七星太极古树茶开发有限公司张俊"贵州省五一劳动奖章"。6月9日，金沙县古茶树开发专业合作社选送的"清贡牌千年绿"在"都匀毛尖·贵台红杯"首届贵州古茶树斗茶比赛中荣获"古树绿茶茶工奖"。8月16—17日，中国茶叶学会理事长、中国农业科学院茶叶研究所所长江用文赴大方县调研茶产业。9月7—9日，毕节七星古茶开发有限责任公司的许凤云在贵州省第六届手工制茶比赛（安顺瀑布毛峰·朵贝贡茶杯第二赛段）活动中荣获手工制作红茶一等奖。10月，由毕节市农业委员会、毕节市茶产业协会编写的《生态毕节·古茶飘香》画册面市。11月23日，在广州市天河区，来自贵州省纳雍县的"山"货在这里隆重向粤商、京商等推介，既具"颜值"又具"品质"的茶叶等原生态农特产品让参会客商眼前为之一亮。11月24日，由毕节市承办的"丝绸之路·黔茶飘香"（广州站）万人品茗活动在广州大厦举行。

2018年1月16日，国家质量监督检验检疫总局批准金沙县"清池茶"为国家地理标志保护产品。3月5日，毕节市政协组织召开"一月一协商"专题座谈会，并组建"毕节市政协茶产业智库"。3月29日，2018年首届纳雍高山茶"开茶节"暨"万人品茗"活动在纳雍县人民广场盛大举行。5月12—13日，贵州七星太极古树茶开发有限公司选送的古树红茶、纳雍县山外山有机茶业开发有限责任公司选送的古树绿茶在"太极古茶杯"2018年贵州省首届古树茶加工技能大赛比赛暨第二届古树茶斗茶赛上均荣获茶王奖。5月31日，毕节市下发《毕节市发展高山生态茶产业三年行动方案（2018—2020年）》。6月9—11日，毕节市第五届"奢香贡茶杯"茶博会暨贵州省第七届手工制茶与首届评茶师技能大赛在威宁县举办。9月29日，毕节市政府办召开了《中国茶全书·贵州毕节卷》编纂工作启动仪式。12月29日，在贵州省第七届茶叶经济年会上，纳雍县山外山茶业有限公司荣获贵州茶行业史上第一个绿茶类特别金奖。

 # 附录二

表 1　毕节市历年茶园面积及产量统计表

年份	种植面积 / hm²	采摘面积 / hm²	产量 / t	税收 / 万元
1980	5426	–	8049	–
1981	5355	–	8525	–
1982	5269	–	9497	–
1983	5320	–	11755	–
1984	5603	–	11946	–
1985	5184	3299	587	–
1986	5107	3443	479	–
1987	4802	3249	735	–
1988	4503	3167	788	–
1989	4805	2430	771	–
1990	6352	3093	897	–
1991	7605	2942	815	–
1992	8317	5064	890	–
1993	7810	5048	934.5	–
1994	7875	5274	910	–
1995	7886	5506	830	–
1996	7954	5546	1018	–
1997	8056	5310	735	–
1998	7954	5456	705	–
1999	7567	5401	770	–
2000	7651	–	781	–
2001	7409	5298	664	–
2002	5912	3807	620	–
2003	5686	4163	620	–
2004	5737	4208	626	–
2005	5949	4296	678	–
2006	5808	4059	686	–
2007	5958	4059	648	–

年份	种植面积 / hm²	采摘面积 / hm²	产量 / t	税收 / 万元
2008	6395	4278	657	14
2009	7074	4443	644	16
2010	9858	4723	565	14
2011	14325	6563	936	12
2012	18485	6586	1085	32
2013	21528	7775	1187	24
2014	25629	12055	2073	23
2015	26564	13594	2417	20
2016	26810	14268	2653	7
2017	26810	14268	2653	10
2018	29014.4	13588.3	3281	142

注：本表茶园面积、采摘面积、产量均为统计数据。

表 2　毕节市茶产业科技成果表

序号	获奖项目名称	获奖等级	主持单位	负责人	获奖年度	备注
1	毕节地区茶叶生产区划	贵州省人民政府科技成果二等奖	毕节地区农业局	董孝玲	1982 年	
2	地方历史名茶的考察研究	贵州省人民政府科技成果二等奖	毕节地区农业技术推广站	董孝玲	1982 年	主持
3	早衰茶园更新	毕节地区行政公署科技成果四等奖	毕节地区农业技术推广站	董孝玲	1989 年	主持
4	名茶遵义毛峰采制技术引进推广	毕节地区行政公署科技成果四等奖	毕节地区农业技术推广站	董孝玲	1989 年	主持
5	遵义毛峰研制及推广	贵州省人民政府科技成果三等奖	毕节地区农业技术推广站	董孝玲	1995 年	参与
6	名优茶机械化加工技术运用与推广	贵州省农业丰收计划二等奖	毕节地区农业技术推广站	聂宗顺	2010 年	主持
7	无公害及有机茶生产技术普及推广	贵州省农业丰收计划二等奖	毕节地区农业技术推广站	聂宗顺	2011 年	主持
8	良种茶树扦插育苗技术运用	贵州省农业丰收计划三等奖	毕节市茶产业协会	聂宗顺	2012 年	主持
9	高山生态茶效技术研究	贵州省农业丰收计划三等奖	毕节市茶产业协会	聂宗顺	2014 年	主持
10	幼龄茶园增效促管技术运用	贵州省农业丰收计划三等奖	毕节市农业技术推广站	聂宗顺	2017 年	主持

表3　毕节市茶企（专业合作社）获奖情况统计表

序号	茶企（专业合作社）名称	法人代表	所在地	注册商标	获奖情况	备注
1	贵州乌撒烤茶茶业有限公司	蔡定常	威宁县炉山镇	乌撒烤茶	2012年第十届中国国际农产品交易会金奖	茶艺表演
2					2015年中国（贵州·遵义）国际茶文化节暨茶产业博览会金奖	
3	纳雍县贵茗茶业有限公司	汪琦涛	纳雍县姑开乡	贵茗翠剑	2002年第四届国际名茶评比金奖	
4					2004年"蒙顶山杯"国际名茶金奖	
5					2009年第十六届上海国际茶文化节"中国名茶"金奖	
6	贵州省纳雍县大自然开发有限责任公司	陈强	纳雍县化作乡	康芪	2003年第四届中国国际食品博览会金奖	
7					2005年第六届"中茶杯"绿茶一等奖	
8					2006年第六届国际名茶博览会金奖	
9					2007年第三届中国国际茶业博览会金奖	
10	贵州省府茗香茶业有限公司	李娟	纳雍县乐治镇	府茗香	2004年"蒙顶山杯"国际名茶金奖	
11					2004年第二届中国国际专利与名牌博览会金奖	
12	纳雍县雍熙茶叶有限公司	陈富贤	纳雍县左鸠戛乡	雍熙碧龙	2004年第七届中国（广州）国际食品工业展览会金奖	
13	纳雍县创钰茶业有限责任公司	盖春祥	纳雍县羊场乡	创钰	2012年第二届"国饮杯"全国茶叶评比一等奖	
14	贵州省黔西县纪鑫实业有限公司	赵高洪	黔西县谷里镇	花都松针	2014年第二届"黔茶杯"绿茶一等奖	
15	纳雍县山外山有机茶业开发有限责任公司	李光举	纳雍县姑开乡	彝岭苗山	2013年第一届"黔茶杯"绿茶特等奖	
16					2014年第二届"黔茶杯"绿茶一等奖	
17					2015年第三届"黔茶杯"红茶特等奖	
18					2016年第四届"黔茶杯"红茶特等奖	
19					2017年第五届"黔茶杯"红茶一等奖	
20					2017年第五届"黔茶杯"绿茶特等奖	
21					2017年第十二届·"中茶杯"绿茶特等奖	
22					2017年第十二届"中茶杯"绿茶一等奖	
23					2018年度贵州茶行业绿茶类特别金奖	
24					2018年第六届"黔茶杯"红茶一等奖	
25	纳雍县山外山有机茶业开发有限责任公司	李光举	纳雍县姑开乡	彝岭苗山	2018年"太极古茶杯"贵州省第二届古树茶斗茶赛古树绿茶茶王	

序号	茶企（专业合作社）名称	法人代表	所在地	注册商标	获奖情况	备注
26	纳雍县万年水茶业有限公司	王鹏	纳雍县水东镇	水凝芳	2018 年第六届"黔茶杯"绿茶特等奖	
27	七星太极古茶开发有限公司	谢涛	七星关区亮岩镇	七星古茶	2016 年贵州省秋季斗茶赛古树茶类茶王	古树绿茶
28					2018 年"太极古茶杯"贵州省第二届古树茶斗茶赛古树红茶茶王	
29	贵州大方县九洞天资源开发有限责任公司	李发永	大方县猫场镇	九洞天	2009 年第十六届上海国际茶文化节"中国名茶"金奖	现已更名为大方县以利茶场
30					2009 年第八届"中茶杯"绿茶一等奖	
31					2011 年第九届"中茶杯"绿茶一等奖	
32	大方县以利茶场	朱茂琴	大方县猫场镇	九洞天	2016 年贵州省秋季斗茶赛绿茶类茶王奖	
33	贵州省金沙县茶叶专业合作社	何光汶	金沙县清池镇	清水塘	2009 年第十六届上海国际茶文化节"中国名茶"金奖	
34	贵州天灵茶业有限责任公司	杨驰宇	金沙县源村镇	天灵寺	2009 年第十六届上海国际茶文化节"中国名茶"金奖	
35					2009 年第八届"中茶杯"绿茶一等奖	
36	金沙县沁天茶叶有限公司	李培党	金沙县清池镇	沁天鹤林	2009 年第八届"中茶杯"绿茶一等奖	
37					2010 年第五届"中绿杯"金奖	
38	贵州金沙贡茶茶业有限公司	徐少华	金沙县鼓场镇	金沙贡	2013 年第十届"中茶杯"绿茶一等奖	
39	金沙县古茶树开发专业合作社	罗先毅	金沙县清池镇	清贡	2017 年"都匀毛尖·贵台红杯"首届贵州古树茶斗茶赛茶王	
40	贵州原乡王茶生态旅游开发有限责任公司	李东阳	金沙县源村镇	弘茂	2017 年第五届"黔茶杯"红茶一等奖	

注：收集的产品获奖情况只限"中茶杯"和"黔茶杯"特等奖、一等奖,贵州省斗茶赛(古树茶斗茶赛)茶王奖和金奖,省级以上举办的茶博会金奖。

表 4 毕节市茶楼茶馆统计表

序号	茶楼茶馆名称	负责人	经营性质	地址	主营业务
1	毕节洪山国际大酒店有限公司	金烈森	其他有限责任公司	毕节市七星关区洪山宾馆内	住宿、餐饮、棋牌、KTV、出售字画及工艺品、茶馆等
2	毕节市叶子快捷酒店有限公司	邵国琼	有限责任公司（自然人投资或控股）	毕节市七星关区碧海街道兴业路讯维塑业公司8 号门面	住宿、餐饮、足疗、养生、棋牌、茶馆、KTV 等

序号	茶楼茶馆名称	负责人	经营性质	地址	主营业务
3	毕节市七星关区乌蒙民族风情度假山庄旅游有限公司	申世香	有限责任公司（自然人投资或控股）	毕节市七星关区林口镇迎丰村中海组 23 号	旅游、餐饮、生态农业观光、茶馆等
4	毕节市新宇商务宾馆有限公司	王济梅	有限责任公司（自然人独资）	毕节市七星关区德溪街道毕节学院中段十二中对面新宇大厦三、四楼商场	住宿、餐饮、棋牌、茶馆、健身房、KTV 等
5	毕节市福星吉瑞酒店有限公司	朱朝慧	有限责任公司（自然人独资）	毕节市七星关区麻园街道办开行路东升华庭 1-1 号门面	住宿、餐饮、棋牌、茶馆、酒吧、KTV 娱乐等
6	七星关区陈太珍茶馆	陈太珍	个体工商户	毕节市七星关区三板桥办事处茶亭村十一中对面	茶馆
7	七星关区大胜茶室	杨大胜	个体工商户	毕节市七星关区双狮路 89 号	茶室
8	七星关区盛丰农业茶文化体验馆	王永莲	有限责任公司（自然人投资或控股）	毕节市七星关区碧阳街道同心步行街 17 栋	茶道茶艺、茶产品销售
9	七星关区碧阳茶汇	王祖刚	个体工商户	毕节市七星关区碧阳街道同心步行街 17 栋	茶道茶艺、茶产品销售
10	七星关区同心语茶汇		个体工商户	毕节市七星关区碧阳街道同心步行街 17 栋	茶道茶艺、茶产品销售
11	七星关区清和茶道	郑荣洋	个体工商户	毕节市七星关区滨河西路同心路口碧阳国际城三楼	茶道茶艺、茶产品销售、美食
12	毕节市禾众酒店管理服务有限公司	尹昱晗	有限责任公司（自然人投资或控股）	毕节市七星关区文博路与碧阳大道交叉路口众隆财富 8 楼	住宿、棋牌、健身房、KTV、美容美发、茶馆等
13	纳雍高山有机茶体验馆	彭江	个体工商户	毕节市七星关区毕节市七星关区碧阳街道同心步行街 3 栋	茶道茶艺、茶产品销售
14	七星金兰	陈雨虹	个体工商户	毕节市七星关区毕节市七星关区百管杜鹃路锦星苑 1-1-1-7 号	茶道茶艺、茶产品销售、美食
15	七星关区奢府茗茶茶馆	汪启蒙	个体工商户	毕节市七星关区碧阳街道同心步行街 9-1 号商铺	茶饮服务、茶叶、茶具、茶制品零售
16	听雨楼	徐芳	个体工商户	毕节市七星关区碧阳街道同心步行街湖心	茶道茶艺、茶产品销售
17	七星关区春双乐茶馆	申艳梅	个体工商户	毕节市七星关区桂花村水井四组 65-66 号	茶馆
18	七星关区隐庄茶楼	吴磊	个体工商户	毕节市七星关区麻园街道办百里杜鹃路星城 1 号门面 4-1	茶水零售、茶叶销售、餐饮
19	大方县向日葵休闲茶楼	陈丰梅	个体工商户	大方县金龙新区迎宾大道中段（财富新城）	茶馆

序号	茶楼茶馆名称	负责人	经营性质	地址	主营业务
20	大方奢香驿站酒店管理有限责任公司	赵明菊	有限责任公司（自然人独资）	大方县红旗街道办事处人民中路	棋牌、茶馆、健身房、酒吧、KTV、美容美发等
21	大方县俐辉源酒店	李俐	个体工商户	大方县顺德街道办事处迎宾大道支线	旅馆、餐饮、茶馆
22	大方县老友记咖啡茶馆	李鸿	个体工商户	大方县红旗小区五组团2号楼13号门市	咖啡、茶饮服务，卷烟、酒类、百货零售
23	黔西县素朴镇老赵茶室	赵高飞	个体工商户	黔西县素朴镇学堂村第3组315号	茶馆
24	贵州全明星装饰有限公司	徐世全	有限责任公司（自然人投资或控股）	七星关区开行路花鸟市场A栋2单元3楼	商场、宾馆、酒店、美容院、茶楼等
25	大方县向日葵休闲茶楼	陈丰梅	个体工商户	大方县金龙新区迎宾大道中段（财富新城）	茶馆
26	黔西县心相约茶楼	谢福波	个体工商户	黔西县金凤大道公安备勤楼A1-24-1	茶水
27	贵州宏鑫岐宾馆有限公司	吴友君	有限责任公司（自然人独资）	黔西县素朴镇新大街学堂村二组248号	住宿、餐饮、休闲茶馆等
28	金沙县苑茶金黄茶楼	周元俊	个人独资企业	金沙县鼓场街道黄金大酒店内	品茶、茶艺、咖啡、茶叶销售
29	金沙县梦樵品艺馆	袁静	个体工商户	金沙县城关镇长安路193号	茶叶、茶具销售
30	金沙县茶人之家红茶馆	毛诗勇	个体工商户	金沙县鼓场街道黄金大酒店内	饮品、品茶、咖啡、棋牌、茶艺
31	金沙县众意茶楼	邓贤星	个体工商户	金沙县沙土镇民心广场3-3号楼2楼	休闲棋牌、品茶
32	金沙县岚头镇大众茶馆	谢浪	个体工商户	金沙县岚头镇岚丰社区二组	茶馆、烟酒销售
33	金沙县茶园镇啊峰花灯茶馆	郑明菊	个体工商户	金沙县茶园镇敦丰社区河坎组	提供花灯艺术表演场馆服务，茶水、食品、烟酒销售
34	金沙县茶园镇唐超花灯茶馆	唐超	个体工商户	金沙县茶园镇敦丰社区大竹林组	提供花灯艺术表演场馆服务，茶水、食品、烟酒销售
35	贵州金沙丽豪酒店有限公司	谢德林	有限责任公司（自然人投资或控股）	金沙县鼓场街道泰山路（丽水金沙）1-1号	住宿、餐饮、茶楼、烟酒、理疗按摩、会议
36	金沙县茶园远林花灯茶馆	程远林	个体工商户	金沙县茶园镇民乐村干桥组	花灯、茶室
37	金沙县黄金茶楼	周元俊	个体工商户	金沙县鼓场街道黄金大酒店内	茶叶销售、小吃服务

序号	茶楼茶馆名称	负责人	经营性质	地址	主营业务
38	茗香茶楼	王体幸	个体工商户	金沙县清池镇清池街上	预包装兼散装食品、酒类、茶叶零售、茶座等
39	织金县壹间茶馆	韩毅	个体工商户	织金县绮陌街道碧桂园商业街 6-7 号商铺	茶叶、古玩、字画、特色茶点、工艺礼品、餐饮
40	王成勋茶楼	王成勋	个体工商户	纳雍县阳长镇小坝子村	茶楼
41	威宁县茗鼎茶楼	陈洁	个人独资企业	威宁县六桥街道双霞路	正餐、茶馆
42	威宁县中水镇荣誉茶楼	陈彩	个体工商户	威宁县中水镇新街	茶室
43	威宁县海边街道沁馨园茶楼	许如选	个体工商户	威宁县海边街道中央步行街	茶室、棋牌娱乐
44	威宁县四海茶楼	赵紫雄	个体工商户	威宁县海边街道滨海大道	茶馆服务
45	贵州天居酒店有限公司	龙远梅	有限责任公司（自然人投资或控股的法人独资）	威宁县海边街道滨海大道养生基地酒店公寓 1 号楼（原朗玉酒店内）	酒店管理、茶馆、会展、礼仪服务
46	威宁县茗鼎茶楼	陈洁	个人独资企业	威宁县六桥街道双霞路	正餐、茶馆
47	威宁县玲东茶馆	万绍碧	个体工商户	威宁县草海镇中心北巷	茶馆
48	威宁县草海镇乌撒烤茶馆	蔡定粉	个体工商户	威宁县海边街道西海村	预包装、散装食品、茶叶、茶艺培训服务
49	威宁县四叶草红茶馆	徐龙云	个体工商户	威宁县六桥街道办事处威宣路	茶饮、小吃服务
50	威宁县清怡阁茶馆	熊天梅	个体工商户	威宁县六桥街道建设西路	茶馆
51	威宁县夕阳红老年活动中心	陈冬梅	个体工商户	威宁县海边街道阳光海韵	室内娱乐活动、茶馆、餐饮等
52	威宁县启龙茶韵茶吧	张广得	个体工商户	威宁县海边街道草海商贸城	茶馆
53	威宁县陈忠才茶馆	陈忠才	个体工商户	威宁县二塘镇产底村	茶室
54	威宁县乡音农家乐餐馆	胡万梅	个体工商户	威宁县海边街道江家湾	正餐、茶馆
55	威宁县清乐竹韵茶馆	徐龙云	个体工商户	威宁县六桥街道广园路（和风世纪广场）	茶饮、小吃、咖啡、其他日用品零售
56	威宁县乡音农家乐餐馆	胡万梅	个体工商户	威宁县海边街道江家湾	正餐、茶馆
57	赫章鑫海商务会所	马勇	个体工商户	赫章县城关镇小河路	茶楼

序号	茶楼茶馆名称	负责人	经营性质	地址	主营业务
58	贵州百里杜鹃索玛花海酒店管理有限公司	成应洪	有限责任公司（非自然人投资或控股的法人独资）	百里杜鹃管理区鹏程管理区鹏程社区青木组	酒店、餐饮、娱乐、茶楼等
59	贵州百里杜鹃索玛花海酒店管理有限公司鹏程分公司	罗艺文	其他有限责任公司分公司	百里杜鹃管理区鹏程管理区鹏程社区公租房	餐饮、娱乐、茶楼等
60	毕市金海湖新区万平宾馆	陈万平	个体工商户	毕节市金海湖新区竹园乡老街村	住宿、棋牌、茶馆、KTV、酒吧、美容美发等

表5 毕节市茶企（专业合作社）统计表

县区	企业（专业合作社）名称	法人	联系电话	基地所在乡村
七星关区（7个茶企、19个专业合作社）	贵州毕节市乐达商贸有限公司	王祖刚	13339672666	朱昌镇大坡
	贵州茂岑白茶发展有限公司	石政	13658570176	朱昌镇花厂村、法启村
	贵州七星奢府茶业发展有限公司（贵州毕节恒生绿色生态开发有限公司）	王永莲	18188072555	杨家湾镇
	贵州屋脊心文化发展传播有限公司	陈磊	15519311119	八寨镇中厂社区
	毕节七星古茶开发有限公司	谢涛	13508570207	亮岩镇太极村
	贵州可为农牧生态有限公司	吴浩然	15308576038	野角乡北山村、白龙村
	毕节市长春堡镇茶叶有限责任公司	张时孝	18786461655	长春堡镇长春村
	七星关区青场镇青松村白茶专业合作社	吴付顺	15096553777	青场镇青松村
	七星关区红岩河白茶种植专业合作社	吴道钧	15985478108	青场镇海寨村
	七星关区生态白茶种植专业合作社	王天会	13688578856	青场镇火冲村
	七星关区青场镇青杠林珍稀白茶种植专业合作社	彭玉名	15284644380	青场镇青松村
	毕节市七星关区初都河白茶种植农民专业合作社	王菊英	15772779188	青场镇初都村
	贵州省毕节市七星关区青场镇锦鹏有机白茶种植专业合作社	吴道鹏	13118518488	青场镇青坝村
	七星关区青场镇青松白茶种植农民专业合作社	安军	18085794777	青场镇青松村
	七星关区青场镇珍希白茶种植农民专业合作社	张君	18985350382	青场镇木山村
	七星关区山脚村神仙坡种养殖场	陈思奎	18858737503	朱昌镇山脚村
	七星关区亮岩镇众诚农业发展专业合作社	叶虎	13885709201	亮岩镇核桃村
	七星关区桥头村农业开发专业合作社	赵朝俊	18486557621	亮岩镇桥头村
	七星关区燕子口镇官河村农特产品销售专业合作社	吴仕军	13885778437	燕子口镇官河村
	七星关区燕子口镇雄丰村种植专业合作社	穆康俊	18212668881	燕子口镇雄丰村
	跃辉茶叶专业合作社	尚国跃	15985467188	八寨镇岩口村

县区	企业（专业合作社）名称	法人	联系电话	基地所在乡村
	七星关区大河乡鸡姑村合盛种植专业合作社	吴义斌	14728689666	大河乡鸡姑村
	七星关区小吉场镇农兴村生猪养殖专业合作社	李中贵	13765888700	小吉场镇龙兴村
	七星关区水箐镇新地村振兴种养殖专业合作社	吴长进	15285789666	水箐镇新地村
	普宜镇万花园蜜蜂养殖专业合作社	胡登友	15285722886	普宜镇木窝村
	七星关区层台镇幸福村众合种植养殖专业合作社	陈良举	13885788313	层台镇幸福村
大方县（8个茶企、5个专业合作社）	毕节花海风景园林工程有限公司	孙雪莲	15599326628	猫场镇碧脚村
	贵州奢香茶叶有限公司	颜淑芬	18198182752	果瓦乡茶园村
	贵州大方仙女峰生态农业发展有限公司	曾善烁	13059985871	雨冲乡红旗村
	大方县绿丰实业有限公司	张文忠	18685339998	鸡场乡松林村
	贵州安益农牧业开发有限公司	代仁品	18212789222	安乐乡营脚村
	大方县星宿乡村镇建设开发有限责任公司	高阳	15085905767	星宿乡重山村、峻岭村
	贵州华方生物科技有限公司	赵庆勇	13708588578	星宿乡重山和峻岭两村
	黔南州弘茗农业发展有限公司	朱正忠	13984406682	果瓦乡茶园村、鹅塘村
	大方县古银杏农民种植专业合作社	甄在军	13899418191	雨冲乡红旗村
	大方县晏山红果园专业合作社	晏福珍	13985365805	雨冲乡红旗村
	大方县盛地油杉农民专业合作社	王家利	13885775328	雨冲乡红旗村
	大方县油杉河瑞龙经果林农民专业合作社	胡江	13678572072	雨冲乡油杉村
	星源食用菌林下种养殖专业合作社	唐勇	18785717666	星宿乡龙山村
黔西县（5个茶企、10个专业合作社）	黔西县黔龙茶叶有限公司	张恩学	13595722168	谷里镇五里村等
	黔西县亿鑫实业有限公司	杨梅	13329679688	谷里镇五里村等
	黔西县中坪镇农业发展有限公司	刘绍祥	13885762789	中坪镇建设村等
	贵州宝石现代农业发展有限公司	曾善根	15067225425	金兰镇金兰村
	贵州隆兴生态农业开发有限公司	袁再华	15186139119	中坪镇证明村
	金兰镇宝石种养殖农民专业合作社	曾建	15284622786	金兰镇宝石村
	金兰镇双庆村起航种养殖农民专业合作社	袁永贵	15117532161	金兰镇双庆村
	黔西县金兰镇金兰村兴盛种养殖农民专业合作社	李祖元	13885734175	金兰镇金兰村
	黔西县新仁化竹茶场	何景	18230936030	新仁乡文化村
	黔西县小街茶叶农民专业合作社	赵高洪	13595734318	谷里镇小街村
	黔西县银河农民种植专业合作社	张业军	15308577116	大关镇银河村
	黔西县众鑫茶叶农民种植专业合作社	彦能举	13984709272	雨朵镇龙场村等
	黔西县谷里镇周显军茶叶专业种植合作社	周显军	13984594469	谷里镇新金村等
	黔西县素朴茶叶农民专业合作社	李中立	13508574696	素朴镇学堂村

县区	企业（专业合作社）名称	法人	联系电话	基地所在乡村
	黔西县木弄村茶叶农民专业合作社	杨光友	15985478818	协和乡木弄村
	金沙县梦樵茶业有限责任公司	陈勇	13310703688	龙坝乡
	贵州三丈水生态发展有限公司	邱进	13985366399	后山乡
	贵州黔山古茶有限责任公司	田婧	13311318256	西洛乡
	金沙县沁天茶业有限责任公司	李培党	15329676881	清池镇
	金沙悟道贡茶有限公司	朱水城	13707291138	长坝乡
	金沙县八宝山天然贡茶公司	张绍志	13595247876	禹谟镇
	贵州省金沙县弘丹成生态农业发展有限责任公司	庞高福	13698547899	源村乡
	贵州省神峰茶叶有限责任公司	任西鹏	13638579420	清池镇
	贵州黔之源生态农业发展有限公司	张存沪	18085773331	柳塘镇桃园村
	贵州金丽农业投资有限公司	邹兴	18985876420	岩孔街道永丰社区
	贵州省天灵茶叶有限责任公司	戴恩霞	14786104022	后山乡
	金沙县清池茶业有限公司	黄文建	13885756398	清池镇
	金沙县京贡生态农业有限公司	王永利	18685759999	桂花乡
	贵州金沙贡茶茶业有限公司	谢德安	18076041001	岚头镇
金沙县（20个茶企、20个专业合作社）	金沙县清池张氏茶庄	张德永	13984772381	清池镇
	金沙县鑫源林业开发有限责任公司	王之勇	13984713365	鼓场街道
	贵州蒲欣瑞丰茶叶专业有限公司	马蒲林	13908227838	桂花乡
	金沙台农农业科技有限公司	申彤	18984715500	龙坝乡
	金沙县巨芳茶叶有限责任公司	梁忠权	13116475858	清池镇
	贵州天马山旅游开发有限公司	刘天胜	13658576388	柳塘镇前胜村
	金沙县禹谟镇云峰茶叶专业合作社	樊秀强	13595777541	禹谟镇
	金沙县鸿泰绿色产业专业合作社	吴平	13638576648	岩孔镇
	金沙县诚富植保专业合作社	王总	15285708408	沙土镇
	金沙县禹谟镇秀山农业专业合作社	腾召元	13984702713	禹谟镇
	金沙县乌蒙山有机茶叶专业合作社	徐光友	13508570828	龙坝乡
	金沙县沙兴农业专业合作社	彭波	13595796674	禹谟镇
	金沙县白云山茶叶专业合作社	刘成全	13985896558	岩孔镇
	金沙县森源林业发展专业合作社	雷辉强	13885748110	平坝乡金塔村
	金沙县岚头镇茅兰有机茶叶专业合作社	王胜雄	13765886352	岚头镇
	金沙县安底五龙集体经济股份合作社	赵长宏	13984776088	安底镇五龙村
	金沙县安底陡滩集体经济股份合作社	张桂芬	15329373580	安底镇陡滩村
	金沙县安底民主集体经济股份合作社	张毅	18184324409	安底镇民主村

县区	企业（专业合作社）名称	法人	联系电话	基地所在乡村
	贵州省金沙县茶叶专业合作社	何光汶	15085712500	清池镇
	金沙县红豆杉茶叶专业合作社	高祥洪	13708576219	岩孔镇
	金沙茂森农业专业合作社	吴启发	15285731865	源村乡石刘村
	金沙县井峰合作社	黄安静	13984784778	禹谟镇
	贵州省金沙云海茶叶专业合作社	李兴义	13638172119	西洛乡
	金沙县岩孔镇龙湾茶叶专业合作社	王发军	15934746969	岩孔镇
	金沙县建态茶叶专业合作社	刘朝平	15934776488	长坝乡
	金沙县清泉白茶专业合作社	冯光伦	13885752344	长坝乡
	贵州乌蒙利民农业开发有限公司	蔡靖	13885943375	双堰街道、板桥镇
	贵州织金鑫田农业综合开发有限公司	聂清明	13908578308	珠藏镇先锋村、链子村
	贵州宜合生态农业开发有限公司	王佳龙	18785331610	板桥镇白果村
	织金县晟茂生态农业有限责任公司	刘泽军	15117609729	板桥镇白果村垮田组
	贵州木之芽生态农业开发有限公司	张淑	15885886952	板桥镇永兴村马家寨组
织金县（11个茶企、4个合作社）	织金县嘉睿农旅文化传媒有限责任公司	付晓艳	15117613788	板桥镇跃进村、幸福村、兴发村
	贵州乌蒙谷丰农业产业化科技有限公司	张华	13885723976	桂果镇兴平村
	织金聚海湖生态旅游发展有限公司	孙海燕	18885138899	猫场镇
	织金县珠藏镇龙兴生态茶业有限责任公司	叶发伟	15390316881	珠藏镇华山村
	贵州伟欣聚农业发展有限公司	郭华	15519779459	板桥镇和平村
	贵州彬耀园生态农业开发有限公司	孟杰	18798372757	板桥镇幸福村
	织金县精忠高山有机茶叶农民专业合作社	周程忠	13765898936	金龙乡中寨村
	织金县黑土镇有机生态茶示范基地	陆光华	13638573162	黑土镇梭岗村
	织金县八步街道营盘村合作社	宋天会	13765866395	八步街道
	织金县黑土镇梭岗村新场种养殖农民专业合作社	刘廷友	18286325150	黑土镇梭岗村
纳雍县（26个茶企、19个专业合作社）	纳雍县原生态农业综合开发有限责任公司	杨国军	13908576148	化作乡裸都村、董地乡罗嘎村
	纳雍县贵茗茶业公司	汪琦涛	13908570032	姑开乡合兴村
	纳雍县鸿霖农业综合开发有限公司	陈志明	15086393999	化作乡以麦村、锅圈岩乡上田坝村
	纳雍县高山有机茶业公司	李国品	13885700448	姑开乡寨块村
	纳雍县九阳农业综合开发有限公司	陈学祥	13885780726	化作乡黑塘村、抵纳村

县区	企业（专业合作社）名称	法人	联系电话	基地所在乡村
	纳雍县山外山茶业公司	李光举	15902670267	姑开乡永德村、寨块村
	纳雍县黔茏茶业有限责任公司	杨友祥	13698553176	姑开乡合兴村
	纳雍县雾翠茗香生态农业综合开发公司	谭正义	13312488998	鬃岭镇坪山村
	纳雍县创钰茶叶公司	盖春祥	15885209666	羊场乡繁荣村、曾底坝村、羊场村
	纳雍县茗生茶业有限责任公司	高超	13985367964	化作乡
	纳雍县茗山茶业有限责任公司	李扬清	13908570754	曙光乡坡头村、五山村
	纳雍县雍熙茶叶有限公司	陈富贤	13678579432	昆寨乡建新河村
	纳雍县大自然开发有限责任公司	陈强	13985870486	化作乡益新村
	贵州省府茗香茶业有限公司	李娟	13985880122	乐治镇蚕箐村
	贵州富嵩生态茶业有限责任公司	周红	15934770111	王家寨镇大冲村
	纳雍县云雾有机茶业有限责任公司	陶生洪	13985352300	鬃岭镇铁厂村
	纳雍县林箐生态茶业有限责任公司	林家梅	13984745507	张家湾镇白赖村
	纳雍县丰家丫口有机茶业有限责任公司	段敏	13885770088	阳场镇丰家丫口村
	纳雍县茏泉茶叶有限公司	罗华	15685731333	昆寨乡建新河村
	贵州省纳雍县晨康高山有机茶有限责任公司	刘勇	13595790088	龙场镇滑竹箐、勺座村
	贵州省纳雍县唯博现代农业开发有限公司	陈方	13984763899	王家寨镇以物坝村
	纳雍县华鸿农业科技发展有限公司	张华	13595780603	雍熙镇闹地村
	纳雍县万年水茶业有限公司	王鹏	15086398599	张家湾镇白赖村、小河村
	纳雍县鑫茗茶业有限责任公司	罗兴友	13595740296	左鸠嘎乡拖歪村、下挖房村、龙口村
	纳雍县江河茶叶公司	彭江	18085796000	厍东关乡下厂村
	纳雍县水东大树茶开发有限公司	张青银	13595747608	水东乡独山村、箱子村
	纳雍县福雍茶场	陈云平	18188073888	鬃岭镇池塘村
	纳雍县姑开乡圣友茶叶农民专业合作社	杨友祥	13698553176	姑开乡合兴村
	纳雍县天山茶叶农民专业合作社	陈富贤	13885780299	纳雍县左鸠戛乡
	纳雍县锅圈岩乡汛沣茶叶农民专业合作社	罗凯	18985897053	锅圈岩乡拥护村
	纳雍县张家湾镇坪箐有机茶专业合作社	林家碧	13984745507	张家湾镇白勒村
	苦李科大炉上茶叶专业合作社	胡全权	13195277611	百兴镇苦李科村
	纳雍县山里青有机茶专业合作社	陈丽	18212807288	姑开乡合心村、化作乡裸都村
	纳雍县昆寨乡龙泉茶叶农民专业合作社	罗华	15685731333	昆寨乡建新河村

县区	企业（专业合作社）名称	法人	联系电话	基地所在乡村
	纳雍县尖山生态茶叶种植场	吴学琴	13698572945	新房乡河头上村、纸厂村
	纳雍县六育种植农民专业合作社	陈学祥	13885780726	化作乡黑塘村、抵纳村
	纳雍县水凝芳茶叶农民专业合作社	王鹏	15086398599	张家湾镇白赖村、小河村
	纳雍县厍东关乡老虎坡茶叶农民专业合作社	查勇	15934790555	厍东关乡黑沙垮村
	纳雍县嵩流茶叶农民专业合作社	肖淞牛	13765850829	化作乡化作村
	纳雍县众合种植农民专业合作社	朱海	13984560436	锅圈岩乡青山村
	纳雍县王家寨镇路尾坝村含露香茶叶农民专业合作社	姜远洪	18786468599	王家寨镇路尾坝村
	纳雍县家和福茶叶产业农民专业合作社	郑厚鹏	13984788638	老凹坝乡唐家坝村
	纳雍县锦茗茶叶农民专业合作社	杨曦	13984580652	左鸠嘎乡拖歪村、下挖房村、龙口村
	纳雍县乐治镇有机茶专业合作社	王华	13985880900	乐治镇加车村
	纳雍县华茗种植业专业合作社	刘晓华	13984733266	水东乡金子村、新房乡邹沙村
	农垦国营炉山茶场	赵庆光	13885701289	炉山镇
	贵州乌撒烤茶茶业有限公司	蔡定常	13985875678	庐山镇
	威宁县星臣茶叶有限公司	应云燕	18884933956	哈喇河
	威宁县文昌茶厂	杨昌乔	13595791318	金钟镇
	威宁县黔脊春茶叶有限公司	张文艺	13885731072	炉山镇
	威宁县金源茶厂	杨祖文	18230877482	麻乍镇
威宁（6个茶企、10个专业合作社）	威宁县云贵林茶叶种植专业合作社	王江	13668577741	云贵乡
	威宁县哲觉兴润种养殖专业合作社	倪兴跃	13595731119	哲觉镇
	威宁县鸿泰种植农民专业合作社	杨本艾	15186198299	庐山镇
	威宁县乌撒农产品专业合作社	陈江	13595711649	哲觉镇
	威宁县发展农民养殖专业合作社	锁培贤	18786545699	哈喇河
	威宁县云帆种养殖专业合作社	罗云	13595778021	龙街镇
	威宁县永丰同心种养殖专业合作社	张云	18785766686	小海镇
	威宁县国有黑石林场	马永顺	15685479699	黑石镇
	威宁县哲觉镇丽平种植场	文山	13984781866	哲觉镇
	威宁县明河种养殖专业合作社	孔令富	13885751553	庐山镇
赫章县（4个茶企、2个专业合作社）	赫章县夜郎王茗有限责任公司	李浩洋	15329975310	赫章县水塘乡
	赫章县仁达农业综合开发有限公司	常履文	13984562866	赫章县六曲河镇
	赫章县康兴扶贫开发有限公司	娄贵锋	13985221686	罗州乡红岩村
	贵州黔鼎红茶叶有限公司	李春	18085784400	赫章县古基镇

县区	企业（专业合作社）名称	法人	联系电话	基地所在乡村
百管委（4个茶企、12个专业合作社）	赫章县财神镇小海村茶叶种植专业合作社	熊家军		赫章县财神镇
	贵州省赫章县同心茶叶农民专业合作社	林小平	13885790297	赫章县水塘乡
	贵州百里杜鹃红杜鹃生态茶叶有限公司	高勋	13508578065	鹏程管理区
	百里杜鹃云崖天鑫茶文化发展有限公司	高廷玉	13820566933	金坡乡
	百里杜鹃金坡乡化窝村鸿图有限责任公司	杨丰帆	13985364743	金坡乡化窝村
	百里杜鹃茶香劳务服务有限公司	蔡尚书	15934798316	金坡乡林丰村
	百里杜鹃迎丰村农业发展专业合作社	陈永荣	13638575859	普底乡迎丰村
	百里杜鹃仁和乡永兴村种养殖专业合作社	皮焕文	15286553445	仁和乡永兴村
	百里杜鹃金荣种养殖专业合作社	陈金祥	13595781641	大水乡营山村
	百里杜鹃江安种养殖专业合作社	刁宪江	13885798419	大水乡高潮村
	百里杜鹃华熙农业开发专业合作社	余琳	18748585188	沙厂乡中山社区
	百里杜鹃黄泥乡槽门利民专业合作社	潘兴平	15117581638	黄泥乡槽门村
	百里杜鹃沙厂乡营竹村劳务专业合作社	尚庆荣	13984755865	沙厂乡营竹村
	百里杜鹃仁和乡双坝村种养殖专业合作社	梁德俊	13721583150	仁和乡双坝村
	百里杜鹃逸洋生态种养殖农民专业合作社	李伟	18228577688	金坡乡煤洞场村
	百里杜鹃响水村种养殖专业合作社	赵茂均	13595754249	仁和乡响水村
	百里杜鹃大水乡箐山村众鑫种养殖专业合作社	黄克宇	15885300378	大水乡箐山村
	贵州百里杜鹃风景名胜区古彝茶叶农民专业合作社	付安友	13638156576	大水乡
金海湖（3个茶企、3个专业合作社）	贵州海马宫茶业有限公司	申翠岗	13885787916	竹园乡海马宫村
	贵州大定府茶业有限公司	王淑俊	13984842008	双山镇法书村
	毕节金海湖新区扶贫开发投资有限公司	邓江	18286755115	竹园乡、文阁乡
	毕节金海湖新区仙玉种养殖专业合作社	李定明	15085817305	竹园乡海马宫村
	毕节金海湖新区鹅海吉利种养殖专业合作社	聂贵鹅	15285679798	岔河镇亦乐村；文阁乡安庆社区
	毕节金海湖新区雄威种养殖专业合作社	孟令熊	18386155495	文阁乡文阁村

后记

在毕节市委、市政府的高度重视下，在《中国茶全书·贵州卷》编纂委员会的精心指导下，毕节市精心组建了《中国茶全书·贵州毕节卷》编纂委员会，由市农业农村局负责牵头编纂，并于2018年9月29日召开启动大会。

承担编纂工作的同志从探寻毕节产茶历史、深挖毕节特色茶文化、如实反映毕节茶产业发展现状的角度出发，发扬吃苦耐劳、不辱重托的主人翁精神，兢兢业业地认真查阅历史资料、收集典故传说、现场采访记录、精心拍摄图片等方式，在掌握大量资料的基础上，按照《中国茶全书》编纂工作的统一要求，历时一年有余完成了《中国茶全书·贵州毕节卷》编纂工作。

在《中国茶全书·贵州毕节卷》编写过程中，原毕节地区人大工委副主任、市茶产业协会会长赵英旭多次组织召开编纂工作推进会议，毕节市史志办、档案局、统计局、文联、民政局、供销社、税务局、质监局、扶贫办、工商局等部门及各县（区）茶办、茶企、文艺爱好者提供了部分图片、资料，市财政局给予了资金保障，杨春明、刘靖林、周明宽等一批文学造诣很深的同志对《中国茶全书·贵州毕节卷》进行了精心审稿，为该书的正式出版作出了巨大贡献，在此一并感谢！

出版《中国茶全书·贵州毕节卷》是毕节茶界献给中国共产党建党一百周年的礼物，也是加快推进毕节高山生态茶产业发展、助推脱贫攻坚和乡村振兴工作的一本工具书。

编　者

2020 年 6 日